Teubner Studienbücher

Physik

Becher/Böhm/Joos: **Eichtheorien der starken und elektroschwachen Wechselwirkung.**
2. Aufl. DM 39,80 / ÖS 311,– / SFr 39,80

Berry: **Kosmologie und Gravitation.** DM 26,80 / ÖS 209.– / SFr 26,80

Bopp: **Kerne, Hadronen und Elementarteilchen.** DM 34,– / ÖS 265,– / SFr 34,–

Bourne/Kendall: **Vektoranalysis.** 2. Aufl. DM 28,80 / ÖS 225,– / SFr 28,80

Büttgenbach: **Mikromechanik.** 2. Aufl. DM 34,– / ÖS 265.– / SFr 34.–

Carlsson/Pipes: **Hochleistungsfaserverbundwerkstoffe.**
DM 28,80 / ÖS 225,– / SFr 28,80

Engelke: **Aufbau der Moleküle.** 2. Aufl. DM 44,– / ÖS 343.– / SFr 44,–

Fischer/Kaul: **Mathematik für Physiker.**
Band 1: Grundkurs. 2. Aufl. DM 48,– / ÖS 375.– / SFr 48,–

Fouckhardt: **Photonik.** DM 32,80 / ÖS 256,– / SFr 32,80

Goetzberger/Wittwer: **Sonnenenergie.** 3. Aufl. DM 32,– / ÖS 250,– / SFr 32,–

Gross/Runge: **Vielteilchentheorie.** DM 39,80 / ÖS 311,– / SFr 39,80

Großer: **Einführung in die Teilchenoptik.** DM 26,80 / ÖS 209,– / SFr 26,80

Großmann: **Mathematischer Einführungskurs für die Physik.**
7. Aufl. DM 36,80 / ÖS 287,– / SFr 36,80

Grotz/Klapdor: **Die schwache Wechselwirkung in Kern-, Teilchen- und Astrophysik.** DM 46,– / ÖS 359,– / SFr 46,–

Heil/Kitzka: **Grundkurs Theoretische Mechanik.** DM 39,– / ÖS 304,– / SFr 39,–

Heinloth: **Energie.** DM 42,– / ÖS 328,– / DM 42,–

Henzler/Göpel: **Oberflächenphysik des Festkörpers.**
2. Aufl. DM 59,80 / ÖS 467,– / SFr 59,80

Kamke/Krämer: **Physikalische Grundlagen der Maßeinheiten.**
DM 26,80 / ÖS 209,– / SFr 26,80

Kleinknecht: **Detektoren für Teilchenstrahlung.** 3. Aufl. DM 32,– / ÖS 250,– / SFr 32,–

Kneubühl: **Repetitorium der Physik.** 5. Aufl. DM 48,– / ÖS 375,– / SFr 48,–

Kneubühl/Sigrist: **Laser.** 3. Aufl. DM 44,80 / ÖS 350,– / SFr 44,80

Kopitzki: **Einführung in die Festkörperphysik.** 3. Aufl. DM 46,– / ÖS 359,– / SFr 46,–

Kunze: **Physikalische Meßmethoden.** DM 28,80 / ÖS 225,– / SFr 28,80

Lautz: **Elektromagnetische Felder.** 3. Aufl. DM 32,– / ÖS 250,– / SFr 32,–

Lindner: **Drehimpulse in der Quantenmechanik.** DM 28,80 / ÖS 225,– / SFr 28,80

Lindner: **Grundkurs Theoretische Physik.** DM 59,80 / ÖS 467,– / SFr 59,80

Lohrmann: **Einführung in die Elementarteilchenphysik.**
2. Aufl. DM 26,80 / ÖS 209,– / SFr 26,80

B. G. Teubner Stuttgart

Teubner Studienbücher Angewandte Physik

H. Fouckhardt

Photonik

Teubner Studienbücher
Angewandte Physik

Herausgegeben von
Prof. Dr. rer. nat. Andreas Schlachetzki, Braunschweig
Prof. Dr. rer. nat. Max Schulz, Erlangen

Die Reihe „Angewandte Physik" befaßt sich mit Themen aus dem Grenzgebiet zwischen der Physik und den Ingenieurwissenschaften. Inhalt sind die allgemeinen Grundprinzipien der Anwendung von Naturgesetzen zur Lösung von Problemen, die sich dem Physiker und Ingenieur in der praktischen Arbeit stellen. Es wird ein breites Spektrum von Gebieten dargestellt, die durch die Nutzung physikalischer Vorstellungen und Methoden charakterisiert sind. Die Buchreihe richtet sich an Physiker und Ingenieure, wobei die einzelnen Bände der Reihe ebenso neben und zu Vorlesungen als auch zur Weiterbildung verwendet werden können.

Photonik

Eine Einführung in die integrierte Optoelektronik und technische Optik

Von Prof. Dr. rer. nat. Henning Fouckhardt
Technische Universität Braunschweig

mit Abbildungen von Andreas Schürmann

B. G. Teubner Stuttgart 1994

Prof. Dr. rer. nat. Henning Fouckhardt (Verfasser)

1959 in Hannover geboren. 1978 Abitur in Hannover. 1979 bis
1984 Physikstudium an der Universität Göttingen. Dazwischen
von 1981 bis 1982 Studium der „Computer Sciences" an der University of California, San Diego. 1984 bis 1985 wiss. Mitarbeiter
am Dritten Physikalischen Institut des Fachbereichs Physik der
Universität Göttingen. 1985 bis 1988 wiss. Mitarbeiter am Institut
für Hochfrequenztechnik im Fachbereich Elektrotechnik der
Technischen Universität Braunschweig. 1987 Promotion (Physik –
Universität Göttingen). 1988 bis 1989 wiss. Mitarbeiter bei Bell
Communications Research Inc. (Bellcore) in Red Bank, New Jer-
sey, USA. 1989 bis 1991 Mitarbeiter im Bereich Forschung und
Entwicklung der Division Analytische Meßtechnik der Hewlett-
Packard GmbH Deutschland in Waldbronn. Seit 1991 Professor
am Institut für Hochfrequenztechnik im Fachbereich Elektrotechnik der Technischen Universität Braunschweig, Leiter der Abtei-
lung Optoelektronik.

Andreas Schürmann (Illustrator)

1963 in Bremerhaven geboren. 1982 Abitur am technischen
Gymnasium in Cuxhaven. 1982 bis 1984 Ausbildung zum Maschinenschlosser in Bremerhaven. 1984 bis 1985 Tätigkeit als
Maschinenschlosser bei der Maschinenfabrik Schlotterhose in
Bremerhaven. 1986 bis 1988 Beginn eines Maschinenbaustudiums an der Technischen Universität Braunschweig. 1988 bis
1991 Fortsetzung des Maschinenbaustudiums an der Technischen Universität Hamburg-Harburg. 1992 bis 1994 Ausbildung
zum Technischen Illustrator in Dortmund.

Die Deutsche Bibliothek – CIP-Einheitsaufnahme

Fouckhardt, Henning:
Photonik : eine Einführung in die integrierte Optoelektronik
und technische Optik / von Henning Fouckhardt. Mit Abb. von
Andreas Schürmann. – Stuttgart : Teubner, 1994
   (Teubner-Studienbücher : Angewandte Physik)
    ISBN 978-3-519-03099-7   ISBN 978-3-322-94734-5 (eBook)
    DOI 10.1007/978-3-322-94734-5

Herstellung: Druckhaus Beltz, Hemsbach/Bergstraße

Vorwort und Danksagung

Das vorliegende Buch ist nach Notizen zu drei meiner Spezialvorlesungen für Studierende nach dem Vordiplom im Fachbereich Elektrotechnik der Technischen Universität Braunschweig entstanden, wobei die Vorlesungen im Rahmen dieses Buches nicht vollständig wiedergegeben werden können. Die Titel der Vorlesungen lauten: Technische Optik, Integrierte Optik in III/V-Halbleitern und Optoelektronik.

In meinen Vorlesungen und in diesem Buch betone ich das intuitive Verständnis des Stoffes - aus der Überzeugung, daß vor einem detaillierten Erfassen der theoretischen Zusammenhänge und Feinheiten ein Gefühl für die wichtigen Phänomene, Größenordnungen und Wechselwirkungen kommen muß. Das detaillierte Verständnis kann nach meiner Auffassung erst in den studentischen und später in den wissenschaftlichen Arbeiten wachsen. Der intuitive Ansatz bietet die Chance, Lücken in der gedanklichen Herleitung und damit die notwendigen Annahmen und Randbedingungen, unter denen bestimmte Zusammenhänge gelten, zu erkennen und nicht den "Wald vor lauter Bäumen" zu übersehen. - Das Literaturverzeichnis ist entsprechend insbesondere auf weiterführende und vertiefende Lehrbücher ausgelegt.

Die Abbildungen sind von Herrn Andreas Schürmann teilweise im Rahmen seiner Abschlußarbeit einer Ausbildung zum Technischen Illustrator angefertigt worden. Dabei hat er besonders auf gemeinsamen Stil und Übersichtlichkeit geachtet.

Ein solches Buch basiert immer auf der direkten oder indirekten Mithilfe vieler Personen, gerade auch wenn Ergebnisse aus den wissenschaftlichen Arbeiten im Umfeld des Verfassers in den Inhalt aufgenommen werden. Allen diesen Personen sei gedankt. Ganz besonders möchte ich die Mithilfe von Thomas Delonge und Roland Freye aus meiner Abteilung Optoelektronik am Institut für Hochfrequenztechnik der TU Braunschweig erwähnen, die bei der Zähmung des Textverarbeitungssystems geholfen und einige Vorlagen für die Abbildungen eingebracht haben. Herrn Dr. Jürgen Mähnß von der Universität Ulm, meinem guten Freund, danke ich sehr herzlich für die gründliche Durchsicht des Manuskripts und viele Verbesserungsvorschläge. Er übernahm diese Aufgabe, nachdem sie mein Vater, Lüder Fouckhardt, als zeitlich erster Korrektor durch seinen Tod nicht mehr vollenden konnte.

6

Auch meinem Vater möchte ich nicht nur für diese Mühe danken. Wesentliche Impulse für den Stil dieses Buchs gingen von ihm aus.

Sowohl der Illustrator als auch der Verfasser möchten den "Menschen, mit denen sie leben", Barbeleis Schäfer beziehungsweise Barbara Kopp, für die Geduld, mit der sie die vielen Abende und Wochenenden ertragen haben, an denen dieses Buch entstand, und für ihre Mithilfe danken.

Auch den Herren Prof. A. Schlachetzki (Braunschweig) und Prof. M.J. Schulz (Erlangen) als Herausgeber dieser Buchreihe gilt mein herzlicher Dank. "Last, not least" sei Herrn Dr. P. Spuhler und Herrn D. Schauerte vom Teubner-Verlag für ihre Mühe mit einem, der nur von Sätzen, aber überhaupt nicht vom Buchsatz Ahnung hat, gedankt.

Verfasser und Illustrator bleibt nur noch, den Lesern/innen zu wünschen, daß dieses Buch einiges der Faszination vermittelt, die sie selbst für die beschriebenen modernen Gebiete aus den Bereichen Optik und Halbleiter empfinden.

Dieses Buch ist
Susanne Fouckhardt gewidmet,
in Gedenken an Lüder Fouckhardt.

Braunschweig, im April 1994   H. Fouckhardt

Inhaltsverzeichnis

Formelzeichen und Symbole

(Angaben hier meistens ohne Indizierung,
vektorielle Größen häufig nur als Beträge geschrieben)

a	Abstand,
	Asymmetrieparameter bei Filmwellen,
	Index für "angrenzend",
	Kristallgitterkonstante,
	Koeffizient,
	Quantenfilmdicke,
	Streckungsfaktor
$\tilde{A}$	Polarisierbarkeit
A	Markierungspunkt
A_{12}	Einstein-Koeffizient der Absorption
Al	Aluminium
ALE	"atomic layer epitaxy"
AlGaAs	Aluminiumgalliumarsenid
Al_2O_3	Aluminiumoxid
ARROW	"antiresonant reflecting optical waveguide/waveguiding"
As	Arsen
Au	Gold = Aurum
α	Absorptionskoeffizient
α_1	Einfallswinkel
α_2	Reflexionswinkel
b	Bildweite,
	normierte Größe in Abhängigkeit der Verluste bei Lasern,
	Spaltbreite,
	Tunneldistanz
B	Beobachtungsebene,
	Beobachtungspunkt,
	Bildhöhe,
	magnetisches B-Feld,
	Markierungspunkt,

	Phasenparameter bei Filmwellen
Be	Beryllium
BH	"buried heterostructure"
BPM	"beam propagation method"
β	Ausfallswinkel = Brechungs- oder Beugungswinkel, reelle Ausbreitungs- = Phasenkonstante
$\tilde{\beta}$	Größe in Abhängigkeit vom Beugungswinkel
c	Vakuum-Lichtgeschwindigkeit
C	Integrationskonstante, Konstante, Markierungspunkt
χ	dielektrische Suszeptibilität
C	Kohlenstoff
Ca	Calcium
$CaCO_3$	Calciumcarbonat, Kalkspat
d	Abstand, Resonatorlänge, Summe aus Gegenstands- und Bildweite
D	dielektrische Verschiebung, Öffnungsdurchmesser, Zustandsdichte
D_Z	Zahl der elektronischen Zustände
DH	"double heterostructure"
δ	Diracsche Delta-Funktion, Modenverstimmung
e	$= 2.718281828$
E	elektrische Feldstärke einer elektromagnetischen Welle, Energie
$\mathcal{E}$	externe elektrische Feldstärke, über Elektroden angelegt, interne elektrische Feldstärke am pn-Übergang
$\vec{e}_x$	Einheitsvektor in x-Richtung
$\vec{e}_y$	Einheitsvektor in y-Richtung
$\vec{e}_z$	Einheitsvektor in z-Richtung
E_{ex}	Exzitonenbindungsenergie
E_d	Dotierstoffniveau von Donatoren
E_F	Fermi-Energie
E_g	Bandlückenenergie
E_i	intrinsische Energie
E_n	Fermi-Energie bei n-Dotierung
EH	EH-Welle im Filmwellenleiter

EIM	Effektiv-Index-Methode
Eu	Europium
ϵ_0	Influenzkonstante = elektrische Feldkonstante
	$= 8.8542 \cdot 10^{-12}\,\mathrm{As/(Vm)}$
ϵ_r	Dielektrizitätszahl
ϵ_r'	Realteil der Dielektrizitätszahl
ϵ_r''	Imaginärteil der Dielektrizitätszahl
$\epsilon = \epsilon_0\epsilon_r$	Dielektrizitätskonstante $=$ Permittivität
η	komplexe Brechzahl,
	Überlappungsintegrale,
	Wirkungsgrade
f	Brennweite,
	Feldverteilung,
	Fermi-Verteilung,
	Symbol für Funktion
F	Finesse,
	Fourier-Transformierte der Feldverteilung f,
	Kraft
F_n, F_2	Fermi-Niveau der Elektronen im Leitungsband
	auf der n-Seite eines pn-Übergangs
F_p, F_1	Fermi-Niveau der Löcher im Valenzband
	auf der p-Seite eines pn-Übergangs
FIB	"focussed ion beam"
FFT	"fast Fourier transform"
$\mathcal{F}$	Fourier-Transformation
g	Gegenstandsweite,
	Gitterkonstante (bei der Beugung),
	Interferenzebenenabstand bei der Weißlichtholografie,
	Laser-Verstärkungsfaktor ("gain")
G	Gegenstandshöhe
Ga	Gallium
GaAs	Galliumarsenid
Ga(NP)	Galliumnitridphosphid
Ge	Germanium
GRINSCH	"graded index separate confinement heterostructure"
γ	"blaze"-Winkel (bei Beugungsgittern),
	komplexe Ausbreitungskonstante,
	komplexer Selbstkohärenzgrad
Γ	Ausbreitungskonstante,
	Füllfaktor,

	komplexe Selbstkohärenzfunktion
h	Abstand,
	Filmwellenleiterdicke,
	Plancksches Wirkungsquantum $= 6.626176 \cdot 10^{-34}\,\mathrm{Js}$
$\hbar$	$= h/(2\pi)$ (aus Planckschem Wirkungsquantum)
hh	"heavy hole"
H	magnetisches H-Feld
$\mathcal{H}$	Cauchyscher Hauptwert des Integrals
He	Helium
HE	HE-Welle im Streifenwellenleiter
HOE	holografische optische Elemente
i	Laufindex
I	Lichtintensität,
	Stromstärke
I_c	kritische Intensität bei nichtlinearen Richtkopplern
In	Indium
InGaAsP	Indiumgalliumarsen(id)phosphid
InGaAs	Indiumgalliumarsenid
InP	Indiumphosphid
InSb	Indiumantimonid
IR	infraroter Spektralbereich
I_{21}	Einstein-Koeffizient der induzierten/stimulierten Emission
j	imaginäre Einheit,
	Laufindex,
	Stromdichte
J_1	Bessel-Funktion erster Gattung erster Ordnung
k	Boltzmann-Konstante $= 1.38062 \cdot 10^{-23}\,\mathrm{J/K}$,
	Laufindex,
	Kristallimpuls,
	Wellenzahl $= \lambda/(2\pi)$
K	Kontrast
kfz	kubisch-flächenzentriert
κ	Extinktionskoeffizient,
	Koppelfaktor
l	Laufindex,
	Linsenabstand bei Dupletts
	Weglänge,
lh	"light hole"
L	Länge
L_c	Kopplungslänge bei Richtkopplern

Li	Lithium
$LiNbO_3$	Lithiumniobat
LPE	"liquid phase epitaxy" = Flüssigphasenepitaxie (-anlage)
LSA	longitudinale sphärische Aberration
λ	Vakuum-Wellenlänge
m	Laufindex,
	Masse
M	Abbildungsmaßstab = Vergrößerung,
	Markierungspunkt
MBE	"molecular beam epitaxy"
	= Molekularstrahlepitaxie (-anlage)
MOCVD	"metal organic chemical vapor deposition"
	= metallorganische Gasphasenepitaxie
MOVPE	"metal organic vapor phase epitaxy" = MOCVD
MQW	"multiple quantum well(s)" = Vielfachquantenfilm
μ_0	Induktionskonstante = magnetische Feldkonstante
	$= 1.2566 \cdot 10^{-6} \mathrm{Vs}/(\mathrm{Am})$
μ_r	Permeabilitätszahl
$\mu = \mu_0 \mu_r$	Permeabilitätskonstante = Permeabilität
n	Besetzungsinversion,
	Brechzahl,
	Elektronendichte
n_Z	Zahl der besetzten elektronischen Zustände, Elektronenzahl
$\vec{n}$	Normalenvektor
n_{eff}	effektiver Brechungsindex
N	Anzahldichte von Ladungsträgern,
	Anzahl von Diskretisierungspunkten,
	Dipoldichte,
	effektiver Brechungsindex,
	normierte Größe in Abhängigkeit
	der Besetzungsinversion bei Lasern
N	atomarer Stickstoff
Nb	Niob
Ne	Neon
NTCDA	Naphthalintetracarbonsäuredianhydrid
ν	Frequenz der Lichtwelle
ν_{Det}	Detektor-Grenzraumfrequenz
ν_{Mod}	Modulationsfrequenz
ν_x, ν_y	Raumfrequenzen in x- und y-Richtung
$\nu_{1/2}$	Frequenz-Halbwertsbreite der Fabry-Perot-Resonanzen

O	Markierungspunkt
O	atomarer Sauerstoff
$\omega = 2\pi\nu$	Kreisfrequenz der Lichtwelle
OWL	optische Weglänge
p	Dipolmoment,
	Impuls,
	Löcherdichte,
	normierte Größe in Abhängigkeit der Pumpleistung bei Lasern
P	Beobachtungspunkt,
	dielektrische Polarisation,
	Lichtleistung,
	Markierungspunkt
P_c	kritische Schaltlichtleistung bei
	nichtlinearen optischen Richtkopplern
P	Phosphor
Pb	Blei = Plumbum
PbEuSeTe	Bleieuropiumselen(id)tellurid
PbSeTe	Bleiselen(id)tellurid
PbSnTe	Bleizinntellurid
PTCDA	Perylentetracarbonsäuredianhydrid
φ	Amplitudenprofil der elektrischen Feldstärke
	einer elektromagnetischen Welle
ϕ	Phasenverschiebung
Φ	Austrittsarbeit,
	Phasensprung an optischen Grenzflächen
ψ	quantenmechanische Wellenfunktion
π	$= 3.141592654$
q	Elementarladung $= 1.602189 \cdot 10^{-19}$ As
Q	Lichtquelle,
	normierte Größe in Abhängigkeit der Photonenzahl bei Lasern
QCFE	"quantum confined Franz-Keldysh effect"
	$=$ quantenunterstützter Franz-Keldysh-Effekt
QCSE	"quantum confined Stark effect"
	$=$ quantenunterstützter Stark-Effekt
$q\chi$	Elektronenaffinität
qed	"quod erat demonstrandum" $=$ "was zu beweisen war"
r	Amplitudenreflexionsfaktor,
	Entfernung,
	Koeffizienten im elektrooptischen Tensor,
	Radius bei Zylinderkoordinaten,

	Übergangsraten
$\vec{r}$	Ortsvektor
R	elektrischer Widerstand,
	Entfernung,
	(Intensitäts-) Reflektivität,
	Reflektivität gekoppelter Fabry-Perot-Resonatoren
$\mathcal{R}$	Reflektivität eines Fabry-Perot-Resonators
Re	Realteil
RHEED	"reflection high energy electron diffraction"
RTBT	"resonance tunneling bipolar transistor"
ϱ	Ladungsdichte
ρ	Argument in Reihenentwicklungen
	und trigonometrischen Funktionen,
	Ladungsdichte
s	Strecke längs eines Pfads
$\vec{s}$	Ausbreitungsvektor
S	Markierungspunkt,
	Ebene,
	Spiegel
S	Schwefel
Sb	Antimon $=$ Stibium
Se	Selen
Si	Silizium
SH	"single heterostructure"
Sn	Zinn $=$ Stannum
SEED	"self electro-optic effect device"
S_t	Strahlteiler
S_{21}	Einstein-Koeffizient der spontanen Emission
t	Amplitudentransmissionsfaktor,
	Zeit
Δt	Kohärenzzeit
T	Zeitmittelungsintervall,
	Temperatur,
	Transmissionsverteilung,
	(Intensitäts-) Transmissivität,
	Transmissivität gekoppelter Fabry-Perot-Resonatoren
$\mathcal{T}$	Transmissivität eines Fabry-Perot-Resonators
Te	Tellur
Ti	Titan
τ	Verzögerungszeit

TE	TE-Welle, transversal elektrische Welle im Filmwellenleiter
TEM	TEM-Welle, transversal-elektromagnetische Welle
TM	TM-Welle, transversal magnetische Welle im Filmwellenleiter
TSA	transversale sphärische Aberration
Θ	Glanzwinkel,
	Winkel bei linear polarisiertem Licht
u	spektrale Strahlungsenergiedichte
U_{Foto}	Fotospannung
UHF	Ultrahochfrequenz
UV	ultravioletter Spektralbereich
v	elektrisches Potential,
	Phasengeschwindigkeit einer Lichtwelle im Medium
V	Abbèsche V-Zahl,
	elektrische Spannung,
	Filmparameter bei Filmwellenleitern,
	quantenmechanisches Potential,
	Volumen
V_0	Diffusionsspannung am pn-Übergang,
	Potentialbarrierenhöhe
Vis	"visible" - sichtbarer Spektralbereich
VPE	"vapor phase epitaxy" $=$ Gasphasenepitaxie
W	Übergangswahrscheinlichkeitsraten
w_{el}	Energiedichte
x	Abstand,
	Achsrichtung und Koordinate,
	Anteil einer Komponente in einem Materialsystem,
	zum Beispiel Aluminium-Anteil in $Al_xGa_{1-x}As$
X	Abstand
y	Achsrichtung und Koordinate
z	Achsrichtung und Koordinate
Z	Markierungspunkt
Zn	Zink
ZnS	Zinkblende
ZnSe	Zinkselenid
$\angle$	Winkel
$\forall$	"für alle"
$\triangle$	Laplace-Operator,
	Symbol für Änderung
$\vec{\nabla}$	Nabla-Operator
$\varnothing$	Durchmesser

∥	parallel
⊥	senkrecht
$\propto$, $\sim$	proportional

(Die Bedeutung der Indizierung variiert je nach Situation, ist aber selbsterklärend und häufig als Durchnumerierung oder Achsenbezeichnung gedacht. Zur Unterscheidung von Größen werden auch häufig die zusätzlichen Symbole ˆ oder ˜ verwendet. Vektoren werden mit einem Pfeil ⃗ über dem Buchstaben gekennzeichnet, konjugiert-komplexe Zahlen mit einem Stern *.)

1 Einleitung

Kern des Buches ist die integrierte Optik - unter besonderer Berücksichtigung von III/V-Halbleitern. Die Hinzunahme aktiver Bauelemente zu den Konzepten der integrierten Optik führt zur Optoelektronik. Für alle Erscheinungen und Anwendungen, bei denen neben Elektronen Photonen eine wichtige Rolle spielen, hat sich als Oberbegriff das Kunstwort "Photonik" (in Anlehnung an die Bezeichnung Elektronik) herausgebildet. Viele Autoren und Autorinnen verwenden es synonym für Optoelektronik und speziell integrierte Optoelektronik.

Die Optoelektronik wird in dem vorliegenden Buch vornehmlich, aber nicht nur vor dem Hintergrund ihrer Anwendungen in der optischen Nachrichtentechnik gesehen. Auch neuere, sich erst in jüngster Zeit entwickelnde Anwendungsfelder, wie die Mikrosytemtechnik, werden kurz behandelt. Viele der vorgestellten Konzepte greifen auf Prinzipien der klassischen Optik, aber auch auf die moderne Optik, wie etwa die Fourier-Optik, zurück. Daher werden in den Anfangskapiteln die notwendigen Grundlagen erläutert. Es ist erstaunlich, wie viele Konzepte der klassischen Optik in den modernen Anwendungen eine Renaissance erleben.

Für viele moderne Bauelemente der integrierten Optik und Optoelektronik werden Strukturen mit quantenmechanischen Abmessungen im Bereich von wenigen Nanometern verwendet. Auf ihre Funktionsweise wird besonders eingegangen. Die Herstellung solcher Strukturen ist nicht ohne moderne epitaktische Kristallwachstums- und Lateralstrukturierungsverfahren denkbar, auf die ebenfalls hingewiesen wird.

Es ist faszinierend zu sehen, wie die immer neuen Anforderungen und Ideen aus der Anwendung die Halbleiterstrukturierungsverfahren vorantreiben und umgekehrt die technologischen Fortschritte neue Ideen und Anwendungen bewirken, an die noch vor kurzem niemand zu denken wagte.

2 Prinzipien der Optik

2.1 Fermatsches Prinzip

Die Mechanik beinhaltet die Beschreibung von Vorgängen und Größen unserer täglichen Erfahrung, wie der Bewegung von Körpern und der Kräfte, die zu der Bewegung geführt haben. Dadurch konnte sich eine sehr "handfeste" Theorie herausbilden: die Newtonsche Mechanik. In der Optik hatte es der Mensch immer mit etwas zu tun, das nicht "greifbar" war, so daß die Theorien von Anfang an einen anderen Weg gingen. Es wurde nach allgemeineren Prinzipien gesucht, nach denen sich Lichtstrahlen verhalten. Warum läuft ein Lichtstrahl diesen Weg und nicht den benachbarten (etwas abgeänderten)? Solche Fragestellungen sind die Basis für die sogenannten Variationsprinzipien (Variation = Abänderung). Die Methoden und Denkweisen der Variationsprinzipien haben sich letztlich auch in den Hamiltonschen und Lagrangeschen Theorien der Mechanik niedergeschlagen.

Schon etwa zu Beginn unserer heutigen Zeitrechnung wurde in der Optik nach solchen Variationsprinzipien gesucht; ein Ergebnis der Überlegungen war der Schluß: Licht nimmt den kürzest möglichen Weg. Auf diese Weise konnte die Reflexion an einer glatten optischen Grenzfläche beschrieben werden, wie in Abb. 2.1a veranschaulicht ist. Jeder Weg, der von demjenigen Strahlweg $\overline{ABC}$ abweicht, für den die Gleichheit zwischen Einfalls- und Ausfallswinkel $\alpha_1 = \alpha_2$ (Winkel zwischen Strahl und Einfallslot) gilt, ist länger als der Weg $\overline{ABC}$.

Damit konnte allerdings die Brechung an optischen Grenzflächen nicht erklärt werden. Fermat formulierte das Prinzip deshalb um: Licht nimmt den Weg, den es in der kürzesten Zeit durchlaufen kann. Mit diesem Ansatz konnten sowohl Reflexion als auch Brechung gedeutet werden, wie sie sich in dem Brechungsgesetz ausdrückt. Die Situation ist in Abb. 2.1b wiedergegeben. Ein Lichtstrahl verfolgt den Weg $\overline{ABC}$. Die Größen α_1 und β sind Einfalls- und Brechungswinkel, h_1 und h_2 die Abstände der Punkte A und C von der Grenzfläche, x und X sind die Projektionen auf die Grenzfläche der Abstände von A nach B und von A nach C. Die Größen n_1 und n_2 sind die Brechzahlen

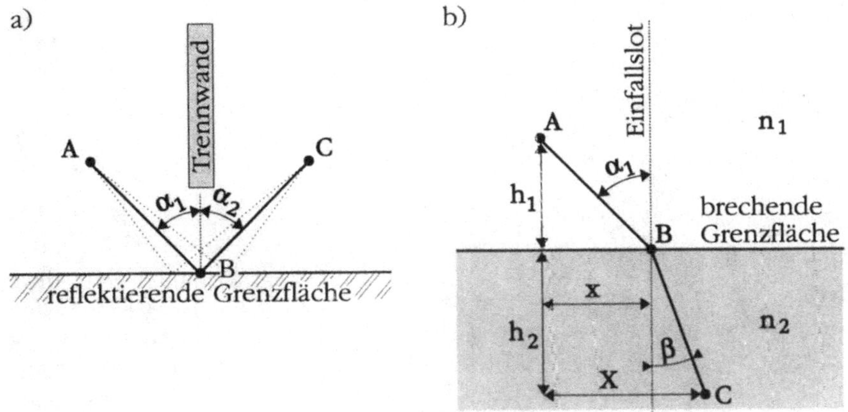

Abb. 2.1: Veranschaulichung des Fermatschen Prinzips an den Beispielen a) Reflexion und b) Brechung inklusive der Definition einiger Größen für die Herleitung

der Medien in Strahlrichtung vor und hinter der optischen Grenzfläche mit den entsprechenden Lichtgeschwindigkeiten v_1 und v_2 in den Medien $_1$ und $_2$. Für die Zeit t, die der Strahl für die Ausbreitung von A nach C benötigt, gilt

$$
\begin{aligned}
t &= \frac{\overline{AB}}{v_1} + \frac{\overline{BC}}{v_2} \\
&= \frac{\sqrt{h_1^2 + x^2}}{v_1} + \frac{\sqrt{h_2^2 + (X - x)^2}}{v_2}.
\end{aligned}
\tag{2.1}
$$

Die Bedingung

$$
\frac{dt}{dx} = 0
\tag{2.2}
$$

wird zur Bestimmung des Extremums gesetzt. Daraus folgt:

$$
\frac{dt}{dx} = \frac{\frac{1}{2}2x}{v_1\sqrt{h_1^2 + x^2}} + \frac{-\frac{1}{2}2(X - x)}{v_2\sqrt{h_2^2 + (X - x)^2}} = 0.
\tag{2.3}
$$

Durch die Winkel ausgedrückt, ergibt sich daraus:

$$
\frac{\sin \alpha_1}{v_1} = \frac{\sin \beta}{v_2}
\tag{2.4}
$$

Unter Berücksichtigung von

$$v = \frac{c}{n} \tag{2.5}$$

folgt das Brechungsgesetz :

$$n_1 \sin \alpha_1 = n_2 \sin \beta \tag{2.6}$$

Da Lichtwege relativ leicht zu vermessen sind und es demgegenüber oft un-
praktisch ist, mit Zeiten zu arbeiten, die ein Lichtstrahl für das Durchlaufen
einer Strecke benötigt, wird das Fermatsche Prinzip umformuliert und - unter
Berücksichtigung der unterschiedlichen Geschwindigkeiten der elektromagnetischen Welle in den verschiedenen Medien - auf die zurückgelegten Strecken
bezogen; dabei ist die Brechzahl des Materials zu berücksichtigen. Das umfor-
mulierte Fermatsche Prinzip lautet: Licht nimmt den Weg mit der kürzesten
optischen Weglänge "OWL", wobei diese das Produkt aus Weglänge und
Brechzahl ist; das heißt,

$$t = \frac{1}{c} \int\limits_{optischer Pfad} n \, ds = \frac{"OWL"}{c} \tag{2.7}$$

muß minimiert werden. Das Fermatsche Prinzip geringster Zeit oder auch geringster optischer Weglänge hat Fehler. Ein wichtiges Beispiel hierfür ist ein
innen verspiegeltes Ellipsoid. Definitionsgemäß sind alle Wege zwischen den
Brennpunkten mit einer Reflexion gleich lang. Also ist keine Pfadlänge minimal. Aber es gilt doch wenigstens, daß die Pfadlänge gegen kleine Änderungen des Weges unempfindlich - stationär - ist. Das bedeutet, daß die Ableitung
der optischen Weglänge nach dem Parameter der Änderung verschwinden
muß, ohne daß immer von einem Minimum die Rede ist. Die moderne Fas-
sung des Fermatschen Prinzips lautet deshalb: ein Lichtstrahl nimmt einen
optischen Pfad, dessen Länge gegenüber Änderungen des Pfades stationär
ist. In dieser Formulierung wird das Variationsprinzip deutlich.

Schon aus dem so abstrakt wirkenden Fermatschen Prinzip folgen einige wichtige Aussagen, die sehr konkrete Bedeutungen auch für die Anwendungen
haben; der Einfachheit halber soll hier die Version des Fermatschen Prinzips
mit dem Postulat der kürzesten optischen Weglänge verwendet werden:
1) Es existiert eine Einfallsebene! Einfallender sowie reflektierter und/oder
transmittierter Strahl bilden eine Ebene, die senkrecht auf der optischen
Grenzfläche steht; diese Ebene wird Einfallsebene genannt. Würde zum Beispiel der reflektierte Strahl irgendwie seitlich aus dieser Ebene austreten,
widerspräche dies der Forderung, daß die optische Pfadlänge minimal ist.

2) Strahlen, deren Startpunkte und deren Zielpunkte identisch sind und die auf dieselben optischen Elemente treffen, haben gleiche optische Weglängen zurückgelegt und damit dieselbe Laufzeit zwischen den Punkten gehabt. Diese Folgerung aus dem Fermatschen Prinzip ist wichtig bei der Überlagerung sehr kurzer optischer Pulse, deren räumliche Ausdehnung nur einigen Wellenlängen entspricht.

3) Das Fermatsche Prinzip läßt keine Folgerungen für die Richtungen der Lichtstrahlen zu. Deshalb müßte der Lichtweg umkehrbar sein; und so ist es auch. Das heißt, ein zurücklaufender Lichtstrahl nimmt exakt denselben Weg wie zuvor - in umgekehrter Richtung.

2.2 Abbildungen

Eine optische Abbildung ist gegeben, wenn sich von einem Punkt des betrachteten Objekts ausgehende (oft reflektierte oder gestreute) Strahlen infolge des Einflusses optischer Elemente wieder in einem Punkt treffen, der dann Bildpunkt genannt wird. Treffen sich alle Strahlen von einem bestimmten Objektpunkt - falls sie nicht gerade zum Beispiel durch Blenden oder wegen des begrenzten Öffnungswinkels des Objektivs abgeblockt werden - wieder in dem entsprechenden Bildpunkt, handelt es sich um eine ideale Abbildung.

Leider oder oft zum Glück ist die Natur nicht ideal. Es kommt immer zu einer Verschmierung der Bildpunkte, zu sogenannten Abbildungsfehlern, wobei dieser Begriff leicht falsch zu verstehen ist. Denn zunächst sind dafür physikalische Phänomene verantwortlich, die kaum als nicht ideal bezeichnet werden können; so führt schon die infolge der Begrenztheit der Strahlenbündel auftretende Beugung zu einer Verschmierung der Bildpunkte. Darüber hinaus können bestimmte Linsenformen (sphärisch, parabolisch etc.) immer nur für einen bestimmten Abbildungsmaßstab, für bestimmte Objektpunkte und bestimmte Wellenlängen ideal sein. Auch dies entspringt physikalischen und mathematischen Gesetzmäßigkeiten. Erst danach sind solche Abbildungsfehler zu nennen, die zum Beispiel infolge schlechter Herstellung der optischen Elemente auftreten. Dies sind etwa Linsenkrümmungen, die nicht der beabsichtigten Oberflächenform entsprechen.

In die obige Definition der optischen Abbildung scheint zwar die Funktionsweise einer Sammellinse, nicht aber die einer Zerstreuungslinse hineinzupassen. Hier hilft die Einführung des Konzepts der "virtuellen" Punkte und Abbildungen. Es ist von virtuellen Objekt- oder Bildpunkten die Rede, wenn

Strahlen durch die Wirkung optischer Elemente aus einem gemeinsamen Objektpunkt zu kommen scheinen oder sich ohne die optischen Elemente in einem gemeinsamen Bildpunkt treffen müßten. Mit dieser Vorstellung kann die obige Definition der Abbildung beibehalten werden.

Abbildungen gehorchen der Abbildungsgleichung:

$$\frac{1}{f} = \frac{1}{g} + \frac{1}{b},\tag{2.8}$$

die etwas weiter hinten hergeleitet werden wird. Hierbei sind g und b die Abstände des Objekts und des Bildes von der Ebene, in der sich die Linse befindet, Gegenstands- und Bildweite genannt. Die Größe f ist die Brennweite, derjenige Abstand, der der Gegenstandsweite für ein im Unendlichen liegendes Bild entspricht, beziehungsweise der Abstand, der der Bildweite für ein im Unendlichen liegendes Objekt entspricht. Oder anders ausgedrückt: aus Strahlen, die aus einem Punkt auf der Brennebene (der Ebene im Abstand der Brennweite von der Linse) divergieren, werden parallele Strahlen und umgekehrt. Die Brennweite ist positiv bei Sammellinsen und negativ bei Zerstreuungslinsen. Im letzteren Fall ist auch entweder die Gegenstandsweite oder die Bildweite negativ, da es sich um ein virtuelles Bild oder ein virtuelles Objekt handelt. Bei zylindersymmetrischen optischen Anordnungen wird die Rotationssymmetrieachse als sogenannte optische Achse definiert. Strahlenbündel, die zwar in sich parallel sind, aber nicht parallel zur optischen Achse verlaufen, treffen sich auf einer gekrümmten Fläche, zu der in ihrem Kreuzungspunkt mit der optischen Achse die Brennebene die Tangentialebene darstellt. Die Schnittpunkte von Brennebenen und optischer Achse werden Brennpunkte genannt. Die Situation ist in Abb. 2.2 dargestellt, wobei als neue Größen die Gegenstandshöhe G und die Bildhöhe B hinzugekommen sind. Mit den obigen Definitionen folgt aus den Aussagen und der Abbildungsgleichung, daß aus Brennpunktstrahlen (Strahlen, die durch den Brennpunkt gehen) Parallelstrahlen (Strahlen, die in sich parallel und parallel zur optischen Achse verlaufen) werden und umgekehrt. Dies kann zur Konstruktion der Zeichnungen zur Darstellung optischer Abbildungen ausgenutzt werden. Hinzu kommt der Mittelpunktstrahl, der in der Darstellung ohne Ablenkung durch das abbildende optische Element hindurchtritt und deshalb auch sehr einfach zur Konstruktion des Bildes genutzt werden kann.

Diese Darstellung ist insofern vereinfachend, als ignoriert wird, daß die Strahlen sowohl an der vorderen als auch an der hinteren Oberfläche der Linse gebrochen werden; die Skizze faßt diese beiden Brechungsvorgänge in einem zu-

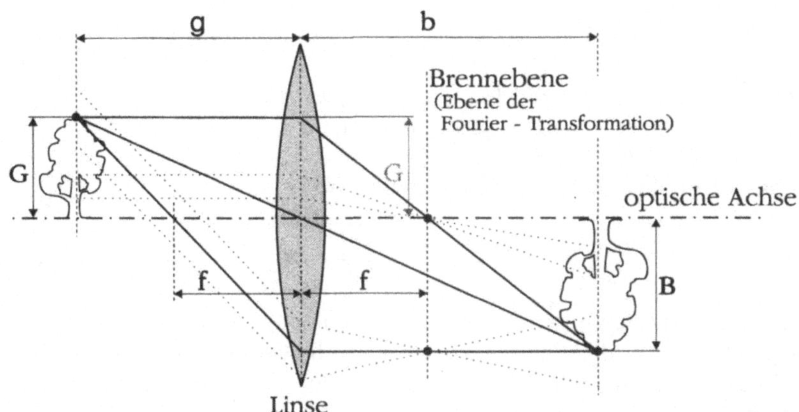

Abb. 2.2: Prinzipskizze zur optischen Abbildung inklusive der Defintion der Größen Gegenstandshöhe G, Bildhöhe B, Gegenstandsweite g, Bildweite b und Brennweite f

sammen, der der sogenannten Hauptebene der Linse zugeordnet wird. Diese Annahme ist nur bei sogenannten "dünnen Linsen" zulässig, bei denen die Dicke sehr viel geringer als ihre Brennweite ist.

In Kap. 3 werden wir auf die Abb. 2.2 zurückkommen und behandeln, warum die hintere Brennebene auch als "Ebene der Fourier-Transformation" betrachtet werden kann.

Im Zusammenhang mit der Abbildungsgleichung (2.8) ist wichtig zu verstehen, daß es für ein bestimmtes Linsensystem und einen festen Abstand zwischen Objekt und Bild entweder gar keine oder aber zwei mögliche Abbildungen gibt. Davon stellt eine eine Vergrößerung und die andere eine Verkleinerung dar. Dies ergibt sich folgendermaßen aus der Abbildungsgleichung:

$$\frac{1}{b} = \frac{1}{f} - \frac{1}{g} = \frac{g-f}{fg}, \tag{2.9}$$

$$b = \frac{fg}{g-f}, \tag{2.10}$$

$$b(g-f) = fg. \tag{2.11}$$

Mit

$$d = g + b \tag{2.12}$$

folgt weiter:

$$b(d - b - f) \;=\; f(d - b), \tag{2.13}$$

$$b^2 - b(d - f) \;=\; fb - fd, \tag{2.14}$$

$$b^2 - bd + fd \;=\; 0 \tag{2.15}$$

Daraus ergibt sich nach dem Viëtarischen Wurzelsatz:

$$b_{1,2} = +\frac{d}{2} \pm \sqrt{\frac{d^2}{4} - fd}, \tag{2.16}$$

wobei der Ausdruck unter der Wurzel für eine physikalisch sinnvolle Lösung ≥ 0 sein muß. Für die kleinere Lösung b_2 ist die Gegenstandsweite größer als die Bildweite; es handelt sich um eine Verkleinerung. Für den größeren Wert b_1 der Bildweite liegt eine Vergrößerung vor. Wie sich aus Abb. 2.2 entnehmen läßt, besitzt die Abbildung nach dem Strahlensatz den Abbildungsmaßstab

$$M = \frac{B}{G} = \frac{b}{g}. \tag{2.17}$$

Wegen der hier angenommenen Vorgabe eines festen Abstands

$$d = b + g \tag{2.18}$$

gelten für die beiden Lösungen $_1$ und $_2$ die Beziehungen:

$$b_1 \;=\; g_2, \tag{2.19}$$

$$b_2 \;=\; g_1. \tag{2.20}$$

Für eine 1:1-Abbildung, das heißt $M = 1$, gilt $g = b = 2f$.

Der Mittelpunktstrahl ist ein Hilfsstrahl zur Konstruktion, da er geradlinig durch die Linse hindurchgeht; dies ist letztlich eine Folgerung aus dem Strahlensatz. Denn für den Winkel α_o, den ein objektseitiger Mittelpunktstrahl mit der optischen Achse bildet, gilt nach Gl. (2.17):

$$\tan \alpha_o = \frac{G}{g} \;=\; \frac{1}{g}(\frac{g}{b}B)$$

$$\qquad\quad = \frac{B}{b} = \tan \alpha_B \tag{2.21}$$

mit $\tan \alpha_B$ als Steigung des bildseitigen Mittelpunktstrahls. Objekt- und bildseitige Steigung sind also gleich, das heißt der Mittelpunktstrahl geht ungebrochen durch die Linse, was gezeigt werden sollte.

Wichtig ist, daß es bei festem Abstand d zwischen Objekt und Bild im allgemeinen für eine feste Brennweite f keine Lösung für b gibt, selbst wenn die Linse noch so lange in den vorgegebenen Grenzen von d hin- und hergeschoben wird - was immer wieder vorkommt.

Die Abbildungsgleichung verdeutlicht unter anderem, daß es zur groben Bestimmung der Brennweite bei den meisten Linsen oder Linsensystemen ausreicht, eine leuchtende Deckenlampe auf einen Tisch scharf abzubilden. Die Gegenstandweite geht unter diesen Bedingungen üblicherweise bereits gegen unendlich, so daß Bild- und Brennweite etwa gleich sind. Dann braucht nur noch der Abstand der Linse zum Tisch abgeschätzt zu werden.

Mit der Abb. 2.2 kann nachträglich die Abbildungsgleichung hergeleitet werden. Mit den Strahlensätzen ergibt sich neben $B/G = b/g$ (Gl. (2.17)) auch:

$$\frac{B}{G} = \frac{b-f}{f} \tag{2.22}$$

Dadurch ist auch

$$\frac{b}{g} = \frac{b-f}{f}. \tag{2.23}$$

Damit folgt weiter:

$$\frac{b}{g} = \frac{b}{f} - 1, \tag{2.24}$$

$$\frac{1}{g} = \frac{1}{f} - \frac{1}{b}, \tag{2.25}$$

$$\frac{1}{f} = \frac{1}{g} + \frac{1}{b}, \qquad \text{qed.} \tag{2.26}$$

Bei dicken Linsen werden zwei Hauptebenen eingeführt, von denen aus die Entfernungen zu zählen sind. Diese Ebenen sind die Tangenten in den Schnittpunkten mit der optischen Achse an die gekrümmten Flächen, in denen sich Brennpunktstrahlen mit den dazugehörenden Parallelstrahlen schneiden, wie in Abb. 2.3 für zwei verschiedene Linsenformen dargestellt ist. Ausgangspunkt der Konstruktion der Hauptebenen sind die Parallelstrahlen auf einer Seite der dicken Linse. Zum einen werden sie geradeaus (vorwärts oder rückwärts) verlängert, so als wäre kein abbildendes Element vorhanden. Zum anderen werden sie unter Berücksichtigung ihrer doppelten Brechung an den beiden Grenzflächen durch die Linse verfolgt (zum Beispiel

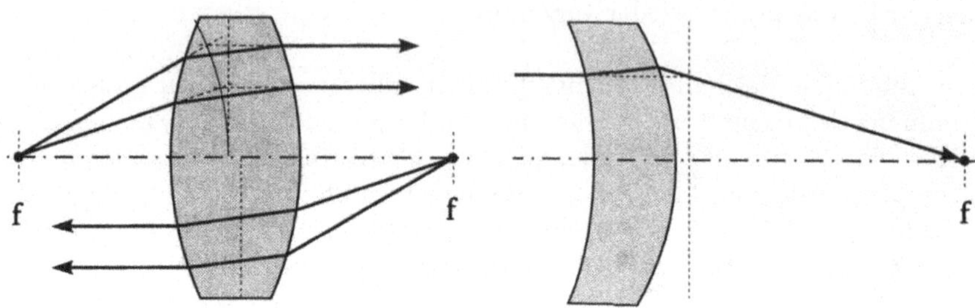

Abb. 2.3: Konstruktion der Hauptebenen bei dicken Linsen über Parallelstrahlen. Es existieren zwei Hauptebenen (siehe Teilbild a). Hauptebenen
können auch außerhalb des Linsenkörpers liegen (Teilbild b - nur eine der
beiden Hauptebenen ist dargestellt)

mit numerischen "ray tracing"-Methoden [VER 81, YAR 85], die in diesem
Buch nicht behandelt werden). Diese zweimal gebrochenen Strahlen werden verlängert, bis sie die optische Achse schneiden. Zur anderen Seite werden sie verlängert, bis sie die Verlängerung der Parallelstrahlen treffen. Die
Schnittpunkte aus Parallelstrahlen und dazugehörenden Brennpunktstrahlen
definieren eine gekrümmte Fläche. Die Tangentialebene an diese Fläche im
Schnittpunkt mit der optischen Achse wird als Hauptebene definiert. Wie
Abb. 2.3b verdeutlicht, können eine oder beide Hauptebenen auch außerhalb
des Linsenkörpers liegen. Der Schnittpunkt der Brennpunktstrahlen mit der
optischen Achse definiert den Brennpunkt und gleichzeitig die Brennweite als
sein Abstand zur gerade konstruierten Hauptebene. Mit diesen sich gegenseitig bedingenden Definitionen von Hauptebene und Brennweite ist auch
gewährleistet, daß die üblichen Regeln gelten: Parallelstrahlen werden zu
Brennpunktstrahlen und umgekehrt.

Systeme aus mehreren Linsen - hier sollen der Einfachheit halber, um das
Prinzip zu veranschaulichen, Systeme aus zwei dünnen Linsen betrachtet werden - können auf zwei Arten beschrieben werden. Zum einen können sie gewissermaßen wie kompliziert geformte dicke Linsen betrachtet und ihre Hauptebenen entsprechend bestimmt werden. Zum anderen können die charakte-

ristischen Weiten auf die einzelnen Hauptebenen der vorderen (vordersten)
beziehungsweise der hinteren (hintersten) dünnen Linse bezogen werden. In
diesem Fall existieren aber zwei verschiedene Brennweiten, eine objektseitige
f_O und eine bildseitige f_B. Mit f_1 und f_2 als Brennweiten der vorderen und
der hinteren dünnen Linse und dem Linsenabstand l ergibt sich daraus nach
einer hier nicht vorgeführten Herleitung [HEC 89]:

$$f_O \;=\; \frac{f_1(l-f_2)}{l-(f_1+f_2)}, \tag{2.27}$$

$$f_B \;=\; \frac{f_2(l-f_1)}{l-(f_1+f_2)}. \tag{2.28}$$

Für $l \to 0$ folgt damit für die effektive Brennweite $f = f_O = f_B$ des Dupletts:

$$\frac{1}{f} = \frac{1}{f_1} + \frac{1}{f_2}; \tag{2.29}$$

Nun aber zu einigen der Abbildungsfehler [HEC 89, BER 87]. Für Abbildungen von einem Punkt auf einen Punkt sind zum Beispiel einzelne bikonvexe,
doppelt hyperbolische Linsen mit entsprechender Krümmung geeignet; selbst
in diesem Fall sind diese Linsen nur für einen bestimmten Abbildungsmaßstab, eine bestimmte Wellenlänge und einen bestimmten Objektpunkt ideal.
Das bedeutet natürlich, daß die aus Kostengründen am häufigsten verwendeten sphärischen Linsen noch weniger den idealen abbildenden optischen
Elementen gleichkommen. Aberrationen, das heißt Abbildungs- oder Linsenfehler, folgen also aus der Physik und nur zu einem kleinen Teil aus mangel-
hafter Herstellung. Linsenfehler können teilweise durch Verwendung mehrlin-
siger Systeme korrigiert werden, aber auch diese Korrektur gilt üblicherweise
nur für einen Abbildungsmaßstab und einige wenige Wellenlängen und Objektpunkte exakt.

Viele Berechnungen zur Strahlausbreitung gehen von der Annahme aus, daß
Strahlen nur unter einem flachen Winkel zur optischen Achse verlaufen. Damit kann im Brechungsgesetz $\sin \angle = \angle$ gesetzt werden, was dem Abbrechen
der sin-Reihenentwicklung nach dem 1. Term entspricht. Bei Verwendung
dieser Annahme wird von der Gaußschen Optik, der Paraxialoptik oder der
Optik 1. Ordnung gesprochen. ("Ray tracing"-Programme verwenden für die
Berechnung der Effektivgrößen eines optischen Systems diese paraxiale Näherung. Demgegenüber kommt für die Zeichen- und Strahlbündelbefehle die genaue Rechnung zum Tragen, werden die Strahlen eben entlang ihres Weges

"verfolgt".)

Die obigen Aussagen erwecken vielleicht den Eindruck, daß die Paraxialoptik nur als schlechte Näherung zu sehen ist. Tatsächlich ist es aber so, daß ein perfektes optisches System, das alle eingefangenen Strahlen von einem Gegenstandspunkt in einen Bildpunkt abbildet, ein Bild an der Stelle und von der Größe erzeugt, wie es die Paraxialtheorie vorschreibt. Anders ausgedrückt: die in der Realität auftretenden Abweichungen von den Ergebnissen der Paraxialtheorie führen zu einer Verschlechterung der Abbildung.

Zusammenfassend kann gesagt werden, daß die Qualität einer Abbildung durch folgende Punkte beeinflußt wird:
* Abweichungen von der Paraxialtheorie,
* Abweichungen von der idealen Linsenform,
* Mehrfarbigkeit (Polychromasie),
* ungünstige Materialauswahl,
* nicht optimale Herstellungsgüte der abbildenden optischen Elemente.

Bei der Behandlung der Aberrationen werden oft nur solche betrachtet, die einem Strahlverlauf entsprechen, der durch Hinzunahme des 2. Terms der sin-Reihenentwicklung, also des Terms 3. Ordnung, berücksichtigt werden würde; dies sind die sogenannten Seidel-Aberrationen. Sie heißen:
* sphärische Aberration,
* Astigmatismus,
* Koma,
* Feldkrümmung (Bildfeldwölbung, "Petzval field curvature"),
* Verzeichnung.

Die sphärische Aberration ist in Abb. 2.4 für eine Sammellinse veranschaulicht. Das in der Zeichnung dargestellte Strahlenbündel wird der Einfachheit halber als in sich parallel (kollimiert) und parallel zur optischen Achse angenommen. Randnahe Strahlen des Bündels haben einen Fokus der näher an dem abbildenden Element liegt als der für achsennahe Strahlen. Dadurch werden Brenn- und Bildpunkte verschmiert; das Bild wird unscharf. Die Abkürzungen LSA und TSA in Abb. 2.4 stehen für longitudinale und transversale sphärische Aberration. Die sphärische Aberration hängt von der Linsenform, der Orientierung der Linse zur optischen Achse (Schrägheit) und dem Abbildungsmaßstab ab. Selbst bei kurzbrennweitigen Linsen ($f \approx 20\,\mathrm{mm}$) kann die LSA mehrere Millimeter betragen. In

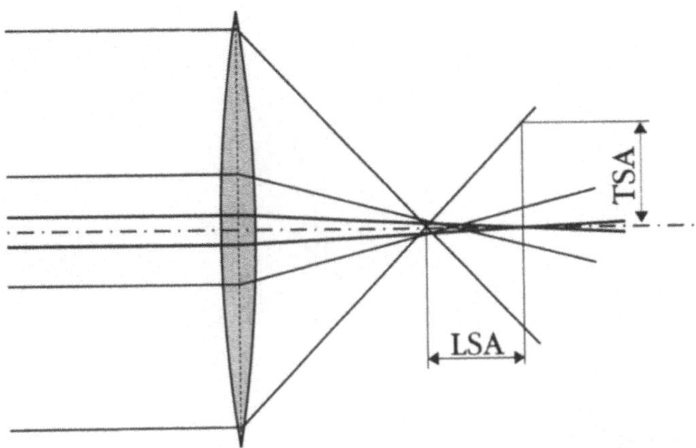

Abb. 2.4: Prinzipskizze zur sphärischen Aberration: Strahlen, die weiter von
der optischen Achse entfernt verlaufen, haben ihren Brennpunkt näher an der
Sammellinse. Die Abkürzungen LSA und TSA bezeichnen die longitudinale
und die transversale sphärische Aberration

der Praxis kommt es häufig vor, daß Strahlenbündel unterschiedlicher Wellenlänge ein Objektiv unterschiedlich weit ausleuchten. Diese Unterschiede
für die Farben verstärken den Effekt der sphärischen Aberration noch. Mit
Dupletts aus konvexen und konkaven Linsen können sphärische Aberrationen
teilweise ausgeglichen werden.

Der Astigmatismus macht sich bei schräg zur optischen Achse durch die Linse
verlaufenden Strahlenbündeln bemerkbar. Dabei ist gar nicht die Linseneigenschaft ausschlaggebend, sondern jede der beiden Brechungen an den beiden optischen Grenzflächen. Die Ursache des Astigmatismus soll mit Abb. 2.5
verdeutlicht werden. O sei ein Objektpunkt, von dem ein Strahlenbündel
schräg zur Normalen (zur optischen Achse) auf eine brechende Grenzfläche
divergiert. Durch die Ablenkung der Strahlen infolge der Brechung scheinen
die Strahlen von "effektiven" Objektpunkten herzukommen. Das Entscheidende ist, daß es zwei solche gedachten Gegenstandspunkte gibt. Um dies zu
erklären, müssen kurz zwei Definitionen genannt werden. Der Strahl $\overline{OZ}$ definiert die Mitte des Strahlenbündels und zusammen mit der optischen Achse
$\overline{OA}$ eine "mittlere Einfallsebene". Diese Ebene wird in diesem Zusammenhang Meridionalebene genannt. M_a und M_b sind Punkte auf der Meridionalebene. Die dazu senkrechte Ebene, die ebenfalls den Strahl $\overline{OZ}$ enthält, ist

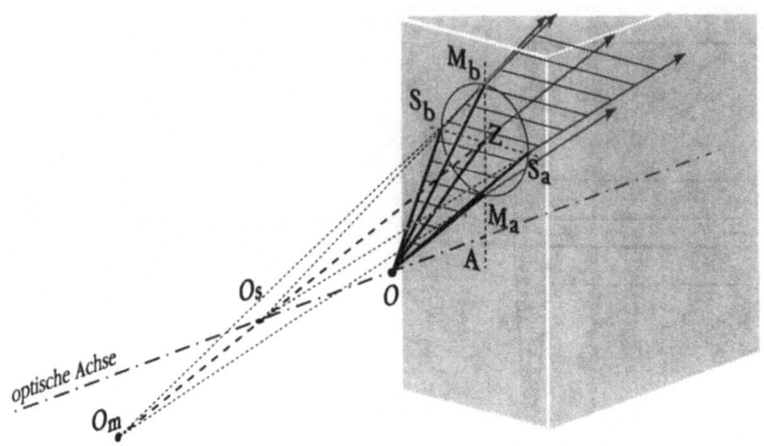

Abb. 2.5: Prinzipskizze zum Astigmatismus - ausführliche Erklärung im Text

die sogenannte Sagittalebene. S_a und S_b sind Punkte auf der Sagittalebene. Alle Meridionalstrahlen haben dieselbe Einfallsebene, die auch mit der mittleren Einfallsebene identisch ist. Die Sagittalstrahlen haben unterschiedliche Einfallsebenen, die aber alle die optische Achse enthalten. Gerade deshalb und, weil die Strahlen, die in S_a und S_b aus der brechenden Grenzfläche austreten, gleiche auf die mittlere Einfallsebene projizierte Brechungswinkel besitzen, lassen sie sich rückwärts in einen Punkt O_s auf der optischen Achse verlängern. Die Strahlen, die in M_a und M_b aus der Grenzfläche austreten, haben dazu und untereinander andere auf die mittlere Einfallsebene projizierte Brechungswinkel. Sie lassen sich deshalb rückwärts nur in einen anderen scheinbaren Gegenstandspunkt O_m verlängern, der nicht auf der optischen Achse liegt. Meridional- und Sagittalstrahlen besitzen also unterschiedliche effektive Objektpunkte und Gegenstandsweiten. Dann müssen nach der Abbildungsgleichung aber auch die Bildweiten unterschiedlich sein. Das heißt, die beiden Fokalebenen von Meridional- und Sagittalebene sind unterschiedlich; erstere liegt näher an der Linse. Damit verschmiert das Bild auch in der Richtung parallel zur optischen Achse. Die Stärke des Astigmatismus hängt ebenfalls von der Linsenform und dem Abbildungsmaßstab ab.

Das Koma mit kometenartigen Verzerrungen der Bildpunkte kann als Folge oder Begleiterscheinung von sphärischer Aberration und Astigmatismus gesehen werden. Es tritt bei Objekten mit großen Anteilen weit außerhalb der optischen Achse deutlich auf. Unterschiedliche (gedachte) Ringe des Objektivs um die optische Achse herum haben unterschiedliche Brennweiten (sphärische Aberration); für Strahlenbündel schräg zur optischen Achse hat jeder dieser "Ringe" aber auch zwei Brennweiten (Astigmatismus), einen für die Meridional- und einen für die Sagittalstrahlen. Diese Fehler können durch Einsatz von Blenden, die die äußeren Teile des Objektivs (die äußeren Ringe, um in diesem Bild zu bleiben) abdecken, reduziert werden. Etwas weiter unten wird angesprochen werden, daß Blenden aber auch zusätzliche Abbildungsfehler verursachen können.

Eine ideale Abbildung findet von einer gekrümmten auf eine gekrümmte Fläche statt. Da aber die Aufnahmefläche (etwa eine Filmschicht) üblicherweise eben ist, sind Verzerrungen unausweichlich, die unter dem Begriff Bildfeldwölbung zusammengefaßt werden. Oft ist auch das Objekt eben (etwa eine Druckvorlage), so daß die ideale Bildfläche noch stärker gekrümmt sein müßte, als sie ist, so daß diese Aberrationen nochmals verstärkt werden.

Die Abbildungsfehler unter dem Namen Verzeichnung sind eine Folge der Bildfeldkrümmung im Zusammenhang mit einer Blende vor oder hinter dem Objektiv, wobei diese "Blende" auch durch eine Linsenfassung dargestellt werden kann. Je nachdem, ob die Blende vor oder hinter dem Objektiv angebracht ist, werden Strahlen, die vom Objekt flacher oder steiler zur optischen Achse laufen, ausgeblendet [BER 87]. Die von einem Objektpunkt kommenden verbleibenden Strahlen ergeben dann in der Bildebene, die ja nicht die ideale Bildfläche darstellt, einen "Bildpunktfleck", dessen Zentrum näher an der optischen Achse oder weiter von ihr entfernt liegt, als er sollte. Daher sind die Bilder im ersten Fall gedrungen; es ist von "tonnenförmiger Verzeichnung" die Rede. Im anderen Fall sind die Bilder zum Rand hin auseinandergezogen, weshalb von "kissenförmiger Verzeichnung" gesprochen wird.

Zu den fünf Seidel-Aberrationen kommen chromatische Aberrationen hinzu: der unterschiedliche Strahlverlauf und speziell unterschiedliche Brennweiten für verschiedene Wellenlängen als Folge der Wellenlängenabhängigkeit der Brechzahl (Dispersion). Ein Maß für die Wellenlängenabhängigkeit der Brechzahl eines Materials ist die Abbè-Zahl oder V-Zahl:

$$V = \frac{n_{mittel} - 1}{n_{klein} - n_{gross}} \tag{2.30}$$

mit den drei Brechzahlen für die kleinste, mittlere und größte Wellenlänge des verwendeten Wellenlängenbereichs. Für viele praktische Anwendungen im sichtbaren Spektralbereich zwischen etwa 400 und 750 nm Vakuum-

Wellenlänge wird oft folgende speziellere Definition verwendet:

$$V = \frac{n_d - 1}{n_F - n_C},$$
(2.31)

wobei die Indizes $_d$ für die Helium-d-Linie bei 587.6 nm, $_F$ für die Wasserstoff-F-Linie mit 486.1 nm und $_C$ für die Wasserstoff-C-Linie bei 656.3 nm Wellenlänge stehen.

Um mit einem System aus zwei dünnen Linsen, die miteinander in Kontakt sind, die Brennweite des Systems über den gesamten Spektralbereich möglichst konstant zu halten - also chromatische Aberrationen zu vermeiden -, muß folgende hier nicht hergeleitete Beziehung gelten [HEC 89]:

$$f_{1,mittel}V_1 + f_{2,mittel}V_2 = 0$$
(2.32)

mit $f_{1,mittel}$ und $f_{2,mittel}$ als Brennweiten der beiden Einzellinsen für eine mittlere Wellenlänge sowie V_1 und V_2 als ihre V-Zahlen. Da die V-Zahlen der optischen Materialien > 0 sind, folgt weiter, daß es sich bei dem Duplett um eine Sammellinse ($f_1 > 0$) und eine Zerstreuungslinse ($f_2 < 0$) handeln muß. Die Frage ist nun, wie die V-Zahlen der beiden Linsen zueinander sein müssen, um möglichst geringe chromatische Aberrationen zu erzielen. Aus Gl. (2.32) folgt zunächst nach Auflösung nach f_2 und Kehrwertbildung:

$$\frac{1}{f_2} = -\frac{V_2}{f_1 V_1}.$$
(2.33)

Aus Gl. (2.29) folgt:

$$\frac{1}{f_2} = \frac{f_1 - f}{f f_1}$$
(2.34)

Gleichsetzen der beiden Ausdrücke (2.33) und (2.34) für $1/f_2$ führt zu:

$$-\frac{V_2}{f_1 V_1} = \frac{f_1 - f}{f f_1},$$
(2.35)

$$-\frac{V_2}{V_1} = \frac{f_1}{f} - 1,$$
(2.36)

$$\frac{f_1}{f} = \frac{V_1 - V_2}{V_1},$$
(2.37)

$$f_1 = f\frac{V_1 - V_2}{V_1}.$$
(2.38)

Analog folgt: $\quad f_2 = f\frac{V_2 - V_1}{V_2}.$
(2.39)

Um geringe Aberrationen zu haben, müssen die Krümmungen der optischen Grenzflächen klein, die Brennweiten also groß sein. Aus den obigen Gleichungen ergibt sich dann aber, daß zur Duplett-Optimierung der Ausdruck $| V_1 - V_2 |$ und damit die Differenz der V-Zahlen groß sein müssen. Ungünstige Materialauswahl bedeutet, dies nicht zu berücksichtigen.

2.3 Maxwellsche Gleichungen und Wellengleichung

In der geometrischen Optik werden Lichtstrahlen bei ihrem Verlauf durch optische Elemente betrachtet. Dies ist eine vereinfachende Beschreibung, da sie der Wellennatur des Lichts nicht voll gerecht wird. Lichtstrahlen können zwar als lokale Normale (Lot auf die Tangente) auf eine Wellenfront verstanden werden, aber beispielsweise Beugungserscheinungen können mit der Vorstellung von Lichtstrahlen nicht beschrieben werden. Die genaue Theorie geht von den Maxwellschen Gleichungen [ALO 77, GER 89] aus, die hier weder abgeleitet noch plausibel gemacht werden sollen. Sie lauten in differentieller Form für isotrope Medien:

$$\text{Ampère-Maxwell: } rot\,\vec{H} = \vec{\nabla} \times \vec{H} \;=\; \vec{j} + \epsilon_0 \epsilon_r \frac{\partial \vec{E}}{\partial t} \qquad (2.40)$$

$$\text{Faraday: } rot\,\vec{E} = \vec{\nabla} \times \vec{E} \;=\; -\mu_0 \mu_r \frac{\partial \vec{H}}{\partial t} \qquad (2.41)$$

$$\text{Gauß, magnetisch: } div\,\vec{H} = \vec{\nabla} \cdot \vec{H} \;=\; 0 \qquad (2.42)$$

$$\text{Gauß, elektrisch: } div\,\vec{E} = \vec{\nabla} \cdot \vec{E} \;=\; \frac{\varrho}{\epsilon_0 \epsilon_r} \qquad (2.43)$$

mit

$$\vec{\nabla} = \left(\frac{\partial}{\partial x}, \frac{\partial}{\partial y}, \frac{\partial}{\partial z} \right) \qquad (2.44)$$

als Nabla-Operator, $\vec{E}$ und $\vec{H}$ als elektrischem und magnetischem Feldvektor der elektromagnetischen Welle, ϱ als Ladungsdichte, $\vec{j}$ als Stromdichte, ϵ_0 und ϵ_r als elektrische Feldkonstante und Dielektrizitätszahl sowie μ_0 und μ_r als magnetische Feldkonstante beziehungsweise Permeabilitätszahl.

Die Gleichung $div\,\vec{H} = 0$ bedeutet, daß bisher keine magnetischen Monopole nachgewiesen wurden. Die Existenz eines einzigen magnetischen Monopols würde aber sofort die Ladungsquantelung erklären, wie aus einer Herleitung folgt [GRE 78], die nicht in dieses Buch gehört.

Aus den Maxwellschen Gleichungen folgt die Wellengleichung, wie für den Spezialfall des materie- und quellenfreien Raums gezeigt werden soll:

$$\vec{\nabla} \times \vec{H} - \epsilon_0 \frac{\partial \vec{E}}{\partial t} = 0 \tag{2.45}$$

$$\vec{\nabla} \times \vec{E} + \mu_0 \frac{\partial \vec{H}}{\partial t} = 0 \tag{2.46}$$

$$\vec{\nabla} \cdot \vec{H} = 0 \tag{2.47}$$

$$\vec{\nabla} \cdot \vec{E} = 0. \tag{2.48}$$

Auf Gl. (2.45) wird der *rot*-Operator angewendet:

$$\vec{\nabla} \times (\vec{\nabla} \times \vec{H}) - \epsilon_0 \frac{\partial}{\partial t} \vec{\nabla} \times \vec{E} = 0, \tag{2.49}$$

wobei im zweiten Ausdruck die Ableitungen nach dem Ort mit der nach der Zeit vertauscht wurden, was möglich war, da die Ableitungen unabhängig voneinander sind. Da

$$\vec{\nabla} \times (\vec{\nabla} \times \vec{H}) = \vec{\nabla} \cdot (\vec{\nabla} \cdot \vec{H}) - \triangle \vec{H} \tag{2.50}$$

mit

$$\triangle = \vec{\nabla} \cdot \vec{\nabla} = \frac{\partial^2}{\partial x^2} + \frac{\partial^2}{\partial y^2} + \frac{\partial^2}{\partial z^2} \tag{2.51}$$

als Laplace-Operator, und mit der Gl. (2.46) folgt weiter:

$$\vec{\nabla} \cdot (\vec{\nabla} \cdot \vec{H}) - \triangle \vec{H} + \mu_0 \epsilon_0 \frac{\partial^2 \vec{H}}{\partial t^2} = 0. \tag{2.52}$$

Da nach Gl. (2.47)

$$\vec{\nabla} \cdot (\vec{\nabla} \cdot \vec{H}) = \vec{\nabla} \cdot (0) = 0, \tag{2.53}$$

folgt mit

$$\mu_0 \epsilon_0 = \frac{1}{c^2}, \tag{2.54}$$

wobei c die Vakuum-Lichtgeschwindigkeit ist, die Wellengleichung:

$$\triangle \vec{H} - \frac{1}{c^2} \frac{\partial^2}{\partial t^2} \vec{H} = 0; \tag{2.55}$$

analog für das E-Feld:

$$\triangle \vec{E} - \frac{1}{c^2} \frac{\partial^2}{\partial t^2} \vec{E} = 0. \tag{2.56}$$

Aus Gl. (2.56) folgt mit dem Ansatz

$$\vec{E} \sim \exp(j\omega t) = \exp(j\frac{2\pi}{\lambda}ct), \qquad (2.57)$$

wobei

$$\omega = 2\pi\nu = 2\pi\frac{c}{\lambda} = (\frac{2\pi}{\lambda})c = kc \qquad (2.58)$$

mit ω, ν, λ und k in dieser Reihenfolge als Kreisfrequenz, Frequenz, Vakuum-Wellenlänge und Wellenzahl der elektromagnetischen Welle, die zeitunabhängige Wellengleichung für das elektrische Feld der elektromagnetischen Welle im Vakuum:

$$\triangle \vec{E} + k^2\vec{E} = 0. \qquad (2.59)$$

Im Medium taucht noch die Brechzahl n auf:

$$\triangle \vec{E} + k^2 n^2 \vec{E} = 0. \qquad (2.60)$$

2.4   Gaußsche Strahlenbündel

Zunächst soll gezeigt werden, daß reale Strahlenbündel, die immer eine endliche Querausdehnung haben, im freien Raum fast TEM-Wellen (transversal elektrisch und magnetisch) sind - aber nur fast. Lichtwellen selbst mit Gaußschem Strahlenbündel sind aber "sehr viel transversaler" als akustische Wellen. Das Folgende stellt eine grobe Abschätzung nach Verdeyen [VER 81] dar. Bei Separierung des Nabla-Operators in einen transversalen (Index $_{x,y}$) und einen longitudinalen (z-Koordinate) Anteil gilt nach der Maxwellschen Gleichung (2.48) im quellenfreien Raum:

$$\vec{\nabla} \cdot \vec{E} = \vec{\nabla}_{x,y} \cdot \vec{E}_{x,y} + \frac{\partial}{\partial z}E_z = 0 \qquad (2.61)$$

Die Hauptänderung des Feldes entlang der z-Richtung ergibt sich etwa aus einem Term $\exp(-j(2\pi/\lambda)z)$, so daß

$$\frac{\partial E_z}{\partial z} \approx -j\frac{2\pi}{\lambda}E_z. \qquad (2.62)$$

Außerdem kann mit dem Durchmesser $D_{x,y}$ des Strahlenbündels abgeschätzt werden:

$$\vec{\nabla}_{x,y} \cdot \vec{E}_{x,y} \approx \frac{E_{x,y}}{D_{x,y}} \qquad (2.63)$$

mit $E_{x,y} = \sqrt{E_x^2 + E_y^2}$. Mit den Abschätzungen ergibt sich nach Gl. (2.61):

$$\frac{E_{x,y}}{D_{x,y}} \approx j\frac{2\pi}{\lambda}E_z. \tag{2.64}$$

$$|E_z| \approx \frac{\lambda}{2\pi D_{x,y}} |E_{x,y}| \tag{2.65}$$

In der Praxis haben die Strahlenbündel oft Durchmesser um 1mm. Mit $\lambda = 633\,\text{nm}$ für rotes He-Ne-Laser-Licht und $D_{x,y} = 0.5\,\text{mm}$ folgt zum Beispiel $|E_z| / |E_{x,y}| \approx 1/5000$; das heißt, der Quotient $|E_z| / |E_{x,y}|$ ist sehr klein für sichtbare Wellenlängen und einigermaßen große Bündeldurchmesser. Die Annahme von TEM-Wellen für optische Strahlenbündel ist demnach meist gerechtfertigt. Wenn es sich aber um Lichtquerschnitte in der Größenordnung typischer Foki von einigen Mikrometern Durchmesser handelt, kann es sein, daß diese Annahmen nicht mehr gelten.

Oft stellen Gaußsche Strahlenbündel - das sind Wellen mit Wellenfronten, entlang derer die Amplitudenverteilung eine Gauß-Funktion darstellt - mögliche Lösungen der Wellengleichung dar. Für das Lösen der zeitunabhängigen Wellengleichung, Gl. (2.60), wird häufig ein Ansatz gewählt, der die Ausbreitung der Welle von der Amplitudenverteilung trennt [VER 81]:

$$E(x,y,z) = E_0\,\varphi(x,y,z)\,\exp(-jknz). \tag{2.66}$$

Der erste Term stellt den Amplitudenfaktor dar. Der zweite Term beschreibt die Abweichung von der "Ebenheit" der Welle; er ist auch noch z-abhängig, da sich die Amplitude im Verlauf der Ausbreitung noch ändern kann. Mit dem dritten Term, der die Ausbreitung beschreibt, wird implizit die Annahme einer ebenen Welle gemacht, das heißt einer Welle mit ebener Wellenfront und homogener (konstanter) Amplitude entlang der Wellenfront. So gesehen, beschreibt der zweite Term die Abweichung von der Homogenität einer ebenen Welle. Nach Einsetzen dieses Ansatzes in die zeitunabhängige Wellengleichung und einer Rechnung in Zylinderkoordinaten $r = \sqrt{x^2 + y^2}$ und z, die hier nicht wiedergegeben werden soll, folgt:

$$\begin{aligned}
\frac{E(r,z)}{E_0} &= \frac{1}{\sqrt{1 + (z/z_0)^2}} \exp\left(-\frac{r^2}{r_0^2(1 + (z/z_0)^2)}\right) \\
&\quad \cdot \exp(-j(knz - \arctan(z/z_0))) \\
&\quad \cdot \exp\left(-j\frac{knr^2}{2z(1 + (z_0/z)^2)}\right)
\end{aligned} \tag{2.67}$$

mit

$$z_0 = \frac{\pi r_0^2}{\lambda} = \left(\frac{2\pi}{\lambda}\right)\frac{r_0^2}{2} = k\frac{r_0^2}{2}. \tag{2.68}$$

Die ersten beiden Faktoren bilden zusammen den Amplitudenfaktor der Lösung; der Exponentialausdruck stellt die Gauß-Funktion dar. Der zweite und der dritte Exponentialausdruck enthalten die Längsphase und die Radialphase. Damit gilt für $z = 0$ (da der Grenzwert des Radialphasenterms für $z \to 0$ Eins beträgt) und für $z = z_0$:

$$\frac{E(r,0)}{E_0} = 1 \cdot \exp\left(-\frac{r^2}{r_0^2}\right) \cdot 1 \cdot 1, \tag{2.69}$$

$$\frac{E(r,z_0)}{E_0} = \frac{1}{2}\sqrt{2} \cdot \exp\left(-\frac{r^2}{2r_0^2}\right)$$

$$\exp\left(-j\left(knz_0 - \frac{\pi}{4}\right)\right) \cdot \exp\left(-jn\frac{r^2}{2r_0^2}\right). \tag{2.70}$$

Der Fleckradius sei derjenige Radius, für den die Amplitude E_0 des Felds auf $1/e$ abfällt. Mit Gl. (2.69) für $z = 0$ wird deutlich, daß r_0 der minimale Fleckradius ist. Die Größe z_0 ist eine Skalierungslänge, die mit r_0 nach Gl. (2.68) zusammenhängt und für die der Fleckradius auf $\sqrt{2}\cdot$ des Minimalwerts r_0 angewachsen ist. Die Situation ist in Abb. 2.6 veranschaulicht. Die Größe $\beta/2$ ist der halbe Öffnungswinkel des Strahlenbündels.

Die Gln. (2.69) und (2.70) zeigen, daß die geometrische Optik nicht mehr angewendet werden darf, wenn es um den Fokus geht. Die Strahlen des Strahlenbündels treffen sich nicht in einem Punkt; stattdessen existiert eine "Strahltaille" mit einem engsten Fleckradius. Und je schwächer die Strahldivergenz ist, desto größer ist der minimale Fleckradius!

Die Gaußsche Lösung wurde hier mit dem Ansatz einer einzigen Welle mit ebener Wellenfront, aber inhomogener Amplitudenverteilung gewonnen. Wir werden im Kap. 3 über Fourier-Optik sehen, daß Wellen mit inhomogener Amplitudenverteilung auch durch eine phasenempfindliche Summe (i.e. kohärente Addition) einer Vielzahl homogener ebener Wellen mit etwas unterschiedlichen Ausbreitungswinkeln beschrieben werden können.

2.5 Fresnelsche Formeln

Die Fresnelschen Formeln sind letztlich Schlußfolgerungen aus den Maxwellschen Gleichungen und beschreiben, wie sich eine einfallende Welle (Index 0)

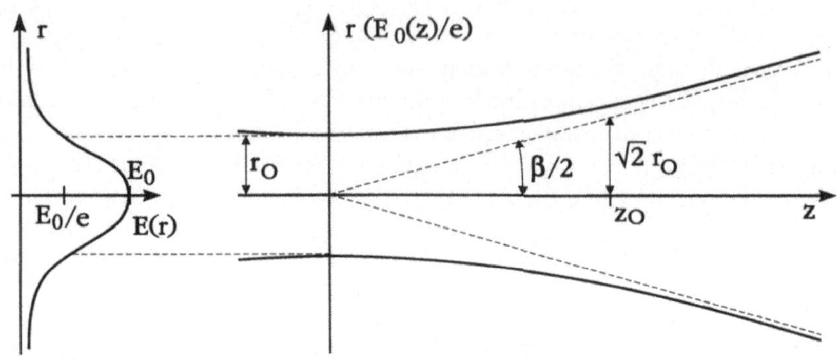

Abb. 2.6: Veranschaulichung der Begriffe Fleckradius und Strahltaille. Bei Betrachtung von "Fokuspunkten" gilt die geometrische Optik nicht mehr. Statt mathematischer Punkte existieren Strahltaillen. Je kleiner der Öffnungswinkel β, desto größer der Radius r_0 der Strahltaille. Die Normierungsgröße z_0 wird im Text erklärt

in einen reflektierten (Index $_r$) und einen transmittierten (Index $_t$) Anteil an einer optischen Grenzfläche in Abhängigkeit von dem Einfallswinkel aufspaltet [HEC 89]. Ausgangspunkt der mathematischen Beschreibung ist eine monochromatische (nur eine Wellenlänge enthaltende) ebene Welle im Medium mit der Brechzahl n_0:

$$\vec{E}_0(\vec{r},t) = \vec{\hat{E}}_0 \cos(n_0 \vec{k}_0 \cdot \vec{r} - \omega_0 t) \tag{2.71}$$

mit $\vec{\hat{E}}_0$ als Amplitude der Welle und $\vec{k}_0$ als Ausbreitungsvektor vom Betrag $k = 2\pi/\lambda$. Alle Größen wurden bereits vorher definiert, wobei hier der Index $_0$ für die einfallende Welle hinzugekommen ist. Für die reflektierte und die transmittierte Welle gilt entsprechend:

$$\vec{E}_r = \vec{\hat{E}}_r \cos(n_r \vec{k}_r \cdot \vec{r} - \omega_r t + \phi_r) \tag{2.72}$$

$$\vec{E}_t = \vec{\hat{E}}_t \cos(n_t \vec{k}_t \cdot \vec{r} - \omega_t t + \phi_t) \tag{2.73}$$

mit ϕ_r und ϕ_t als Phasenverschiebungen der beiden Wellen relativ zu $\vec{E}_0$. Für die Herleitung der Fresnelschen Formeln wird eine Beziehung zwischen dem $\vec{E}$- und dem $\vec{B}$ ($= \mu_0 \mu_r \vec{H}$)-Feld benötigt. Dazu soll zunächst bewiesen werden, daß für lateral unendlich ausgedehnte ebene Wellen keine E_z-Komponente in Ausbreitungsrichtung existiert, daß es sich also um wirkliche TEM-Wellen handelt. (Dies ist kein Widerspruch zu der Herleitung im letzten Unterkapitel, da dort von begrenzten Strahlenbündeln ausgegangen wurde.) Ausgangspunkt ist die vierte Maxwellsche Gleichung im quellen-, aber nicht materiefreien Raum:

$$\vec{\nabla} \cdot \vec{E} = \frac{\partial E_x}{\partial x} + \frac{\partial E_y}{\partial y} + \frac{\partial E_z}{\partial z} = 0. \tag{2.74}$$

"Ebene Welle" bedeutet Konstanz der Feldstärke in der x-y-Ebene, wenn die z-Achse die Ausbreitungsrichtung angibt; das heißt:

$$\frac{\partial E_x}{\partial x} = 0 = \frac{\partial E_y}{\partial y} \tag{2.75}$$

Daraus folgt mit Gl. (2.74):

$$\frac{\partial E_z}{\partial z} = 0 \tag{2.76}$$

$$E_z = const. \tag{2.77}$$

Jede konstante Lösung für E_z, die ungleich Null ist, würde einen Widerspruch zu der Existenz der Welle, die sich in z-Richtung ausbreitet, bedeuten, so daß die einzig sinnvolle Lösung

$$E_z = 0 \tag{2.78}$$

immer und überall lautet. Daraus folgt die Transversalität der Welle. Deswegen können die Feldrichtungen in folgender Weise sehr speziell festgelegt werden, ohne die Gültigkeit der Aussagen einzuschränken:

$$\vec{E} = E_x \cdot \vec{e_x}, \tag{2.79}$$

$$\vec{B} = B_y \cdot \vec{e_y}, \tag{2.80}$$

$$\vec{k} = k \cdot \vec{e_z}. \tag{2.81}$$

Dabei geben die Indizes die Komponenten in den drei Richtungen x, y und z des kartesischen Koordinatensystems an, und die Größen $\vec{e_x}$, $\vec{e_y}$ und $\vec{e_z}$ stellen die Einheitsvektoren in den drei Raumrichtungen dar. Außerdem ist nach der zweiten Maxwellschen Gleichung, Gl. (2.41):

$$\vec{\nabla} \times \vec{E} = -\frac{\partial \vec{B}}{\partial t}, \tag{2.82}$$

und in Komponentenschreibweise:

$$\left(\frac{\partial E_z}{\partial y} - \frac{\partial E_y}{\partial z}, \frac{\partial E_x}{\partial z} - \frac{\partial E_z}{\partial x}, \frac{\partial E_y}{\partial x} - \frac{\partial E_x}{\partial y}\right) = -\left(\frac{\partial B_x}{\partial t}, \frac{\partial B_y}{\partial t}, \frac{\partial B_z}{\partial t}\right). \qquad (2.83)$$

Wegen der Ebenheit der Welle gilt:

$$\frac{\partial E_x}{\partial y} = 0 \qquad (2.84)$$

Vier der anderen Ableitungen sind wegen der speziellen Wahl der Feldrichtungen Null. Dadurch bleibt folgender einfacher Ausdruck übrig:

$$\frac{\partial E_x}{\partial z} = -\frac{\partial B_y}{\partial t}. \qquad (2.85)$$

Daraus folgt mit der Brechzahl n weiter:

$$\begin{aligned}
B_y &= -\int \frac{\partial E_x}{\partial z}\, dt, \\
&= -\int \frac{1}{\partial z}\left(\hat{E}_x \cos(nk \cdot z - \omega t + \phi)\right) dt, \\
&= +kn\,\hat{E}_x \int \sin(knz - \omega t + \phi)\, dt, \\
&= \frac{kn}{\omega}\,\hat{E}_x \cos(knz - \omega t + \phi) + C \\
&= \frac{n}{c}\,\hat{E}_x \cos(knz - \omega t + \phi) + C. \qquad (2.86)
\end{aligned}$$

C ist eine Integrationskonstante, die im folgenden vernachlässigt wird, da sie einem zeitlich konstanten Feldanteil entspricht, der bei elektromagnetischen Wellen nicht von Bedeutung ist ($\partial C/\partial t = 0$). Außerdem gilt, wie in Gl. (2.86) bereits verwendet, wegen Gln. (2.71) bis (2.73):

$$E_x = \hat{E}_x \cos(knz - \omega t + \phi). \qquad (2.87)$$

Aus den Beziehungen für B_y und E_x, Gln. (2.86) und (2.87), ergibt sich zusammen:

$$E_x = \frac{c}{n} B_y = v B_y \qquad (2.88)$$

mit v als Phasengeschwindigkeit der elektromagnetischen Welle im Medium mit der Brechzahl n. Die Indizes $_x$ und $_y$ stehen hier für lokal definierte Koordinaten, die für die einzelnen Wellen (einfallend, reflektiert, transmittiert)

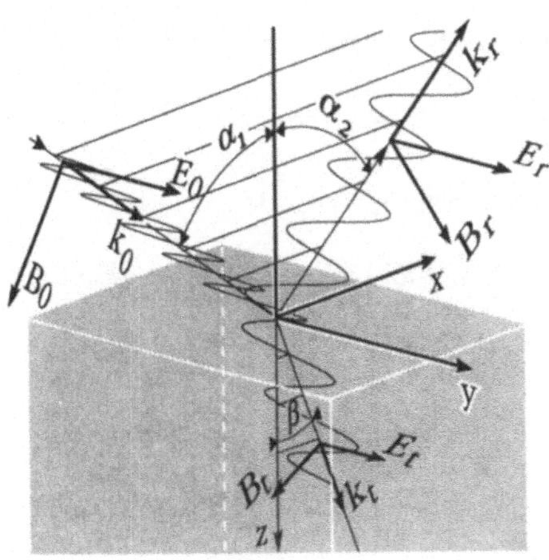

Abb. 2.7: Veranschaulichung der Notation im Zusammenhang mit der Herleitung der Fresnelschen Formeln - die Größen werden detailliert im Text definiert

angegeben werden. Damit ergibt sich für die drei Wellen:

$$E_0 = v_0\, B_0, \qquad (2.89)$$
$$E_r = v_r\, B_r, \qquad (2.90)$$
$$E_t = v_t\, B_t, \qquad (2.91)$$

wenn die Indizes $_x$ und $_y$ gleich wieder entfallen. Dabei ist zu bedenken, daß die Tangentialkomponenten ("tangential" zur optischen Grenzfläche) des $\vec{E}$- und des $(\vec{B}/(\mu_0\mu_r))$-Felds stetig sein müssen. Zwei Fälle sind zu unterscheiden: $\vec{E}$ senkrecht ($\perp$) oder parallel ($\parallel$) zur Einfallsebene. Hier soll nur der Fall $\vec{E} \perp$ zur Einfallsebene explizit behandelt werden, wie in Abb. 2.7 skizziert. Das in der Abbildung angegebene Koordinatenkreuz entspricht nicht den zuvor verwendeten lokalen Koordinatensystemen für die einzelnen Wellen, sondern ist auf die optische Grenzfläche und die Einfallsebene bezogen. Aus der Stetigkeit der Tangentialkomponenten des $\vec{E}$- und des $(\vec{B}/(\mu_0\mu_r))$-Felds ergibt sich mit den Winkeln zum Einfallslot α_1 für die einfallende Welle, α_2 für die reflektierte Welle und β für die transmittierte Welle:

$$-\frac{B_0}{\mu_0\mu_{r,0}}\cos\alpha_1 + \frac{B_r}{\mu_0\mu_{r,r}}\cos\alpha_2 = -\frac{B_t}{\mu_0\mu_{r,t}}\cos\beta; \qquad (2.92)$$

die Minuszeichen müssen für die Feldkomponenten hinzugefügt werden, die in die negative x-Richtung weisen. Damit ergibt sich zusammen mit der zuvor hergeleiteten Beziehung (2.88) zwischen E und B und wegen $\mu_{r,0} = \mu_{r,r}$:

$$-\frac{1}{\mu_0\mu_{r,0}}\left(\frac{E_0}{v_0}\cos\alpha_1 - \frac{E_r}{v_r}\cos\alpha_2\right) = -\frac{1}{\mu_0\mu_{r,t}}\frac{E_t}{v_t}\cos\beta, \qquad (2.93)$$

und mit $n_0 = n_r$, $v_0 = v_r$ sowie $\alpha_1 = \alpha_2$:

$$\frac{1}{\mu_0\mu_{r,0}v_0}\left(E_0 - E_r\right)\cos\alpha_1 = \frac{1}{\mu_0\mu_{r,t}v_t}E_t\cos\beta. \qquad (2.94)$$

Mit $v = c/n$ und

$$\hat{E}_0 + \hat{E}_r = \hat{E}_t \qquad (2.95)$$

für die Feldamplituden wegen der Stetigkeit der Tangentialkomponenten folgt weiter:

$$\frac{n_0}{\mu_0\mu_{r,0}}\left(\hat{E}_0 - \hat{E}_r\right)\cos\alpha_1 = \frac{n_t}{\mu_0\mu_{r,t}}\left(\hat{E}_0 + \hat{E}_r\right)\cos\beta. \qquad (2.96)$$

Daraus ergibt sich nach Sortieren der Terme mit gleicher Teilwelle:

$$\hat{E}_0\left(\frac{n_0}{\mu_0\mu_{r,0}}\cos\alpha_1 - \frac{n_t}{\mu_0\mu_{r,t}}\cos\beta\right) = \hat{E}_r\left(\frac{n_0}{\mu_0\mu_{r,0}}\cos\alpha_1 + \frac{n_t}{\mu_0\mu_{r,t}}\cos\beta\right), \quad (2.97)$$

So folgt:

$$\left(\frac{\hat{E}_r}{\hat{E}_0}\right)_\perp = r_\perp = \frac{(n_0/(\mu_0\mu_{r,0}))\cos\alpha_1 - (n_t/(\mu_0\mu_{r,t}))\cos\beta}{(n_0/(\mu_0\mu_{r,0}))\cos\alpha_1 + (n_t/(\mu_0\mu_{r,t}))\cos\beta} \qquad (2.98)$$

und, da oft $\mu_r = 1$,

$$\left(\frac{\hat{E}_r}{\hat{E}_0}\right)_\perp = r_\perp = \frac{n_0\cos\alpha_1 - n_t\cos\beta}{n_0\cos\alpha_1 + n_t\cos\beta} \qquad (2.99)$$

für den reflektierten Feldanteil mit $r_\perp$ als Amplitudenreflexionsfaktor oder -koeffizient. Ähnlich wird der transmittierte Anteil berechnet:

$$\left(\frac{\hat{E}_t}{\hat{E}_0}\right)_\perp = t_\perp = \frac{2(n_0/(\mu_0\mu_{r,0}))\cos\alpha_1}{(n_0/(\mu_0\mu_{r,0}))\cos\alpha_1 + (n_t/(\mu_0\mu_{r,t}))\cos\beta}, \qquad (2.100)$$

mit $\mu_r = 1$:

$$\left(\frac{\hat{E}_t}{\hat{E}_0}\right)_\perp = t_\perp = \frac{2n_0\cos\alpha_1}{n_0\cos\alpha_1 + n_t\cos\beta} \qquad (2.101)$$

mit $t_\perp$ als Amplitudentransmissionsfaktor oder -koeffizient. Analog folgt für den Fall, daß der E-Feld-Vektor parallel zur Einfallsebene liegt, für die entsprechenden Amplitudenreflexions- und -transmissionsfaktoren:

$$\left(\frac{\hat{E}_r}{\hat{E}_0}\right)_\parallel = r_\parallel = \frac{(n_t/(\mu_0\mu_{r,t}))\cos\alpha_1 - (n_0/(\mu_0\mu_{r,0}))\cos\beta}{(n_t/(\mu_0\mu_{r,t}))\cos\alpha_1 + (n_0/(\mu_0\mu_{r,0}))\cos\beta}, \qquad (2.102)$$

mit $\mu_r = 1$:

$$\left(\frac{\hat{E}_r}{\hat{E}_0}\right)_{\|} = r_{\|} = \frac{n_t \cos\alpha_1 - n_0 \cos\beta}{n_t \cos\alpha_1 + n_0 \cos\beta}, \qquad (2.103)$$

und

$$\left(\frac{\hat{E}_t}{\hat{E}_0}\right)_{\|} = t_{\|} = \frac{2(n_0/(\mu_0\mu_{r,0}))\cos\alpha_1}{(n_t/(\mu_0\mu_{r,t}))\cos\alpha_1 + (n_0/(\mu_0\mu_{r,0}))\cos\beta}, \qquad (2.104)$$

mit $\mu_r = 1$:

$$\left(\frac{\hat{E}_t}{\hat{E}_0}\right)_{\|} = t_{\|} = \frac{2n_0 \cos\alpha_1}{n_t \cos\alpha_1 + n_0 \cos\beta}. \qquad (2.105)$$

Abbildung 2.8 zeigt die Abhängigkeit der Amplitudenreflexions- und der Amplitudentransmissionsfaktoren r und t von dem Einfallswinkel α_1. Es handelt sich um den Fall des Einfalls vom optisch dünneren ins optische dichtere Medium ($n_0 < n_t$) - und zwar von Luft mit $n_0 = 1$ auf Glas mit $n_t = 1.5$. Für einen bestimmten Winkel α_B mit $\alpha_B + \beta = 90°$, den sogenannten Brewster-Winkel, ist der Amplitudenreflexionsfaktor $r_{\|} = 0$; in diesem Fall gibt es keine reflektierte Welle, was oft zur Vermeidung von Reflexionen beim Einkoppeln in Glaskolben ($\rightarrow$ Gaslaser) genutzt wird. In Abb. 2.9 sind nur die Amplitudenreflexionsfaktoren in Abhängigkeit von dem Einfallswinkel α_1 für den Einfall vom optisch dichteren ins optisch dünnere Medium ($n_0 > n_t$) aufgetragen - und zwar von Glas auf Luft. Ab einem bestimmten Winkel α_g, dem Grenzwinkel der Totalreflexion, ist der Amplitudenreflexionsfaktor $r = 1$; in diesem Fall gibt es keine transmittierte Welle.

In den Abb. 2.10 und 2.11 sind die Reflektivitäten R und die Transmissivitäten T (das sind Intensitätsreflexions- und -transmissionsfaktoren) für den Einfall von Luft auf Glas in Abhängigkeit von dem Einfallswinkel α_1 aufgetragen, wobei gilt:

$$R = |r|^2, \qquad (2.106)$$

$$T = \frac{n_t \cos\beta}{n_0 \cos\alpha_1} |t|^2. \qquad (2.107)$$

Hierbei wurde gleich die Betragsquadratschreibweise gewählt; denn für den Fall mit Absorption sind die Amplitudenreflexions- und die Amplitudentransmissionsfaktoren komplexe Zahlen, deren Imaginärteil die Dämpfung beschreibt.

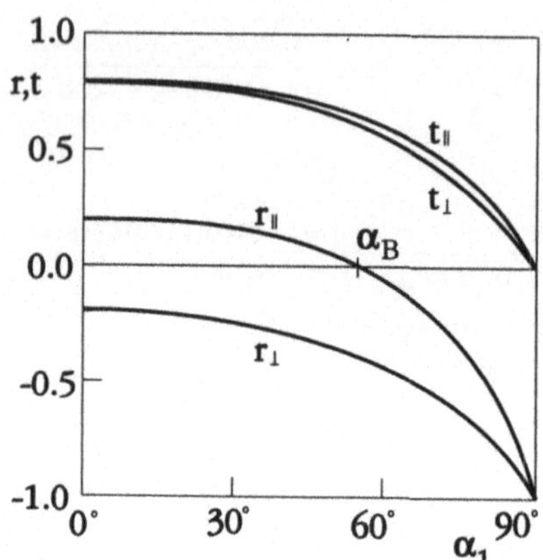

Abb. 2.8: Abhängigkeit der Amplitudenreflexions- und -transmissions-
faktoren r und t von dem Einfallswinkel α_1 für den Fall des Einfalls vom
optisch dünneren ins optische dichtere Medium ($n_0 < n_t$) - und zwar von
Luft mit $n_0 = 1$ auf Glas mit $n_t = 1.5$

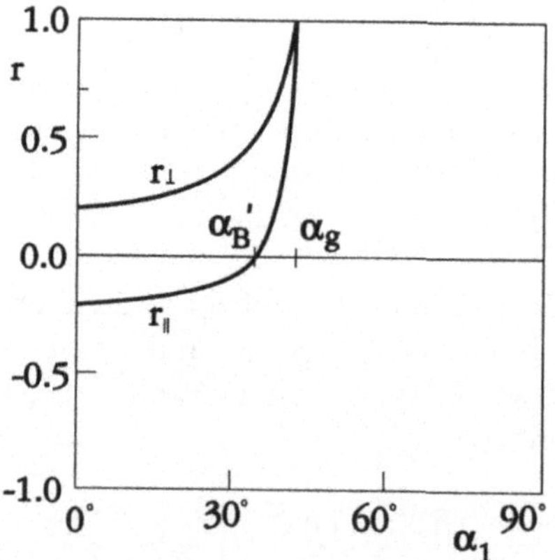

Abb. 2.9: Amplitudenreflexionsfaktoren r in Abhängigkeit von dem Einfallswinkel α_1 für den Einfall vom optisch dichteren ins optische dünnere Medium
($n_0 > n_t$) - und zwar von Glas mit $n_0 = 1.5$ auf Luft mit $n_t = 1$. Es gilt
außerdem: $\alpha'_B = 90° - \alpha_B$

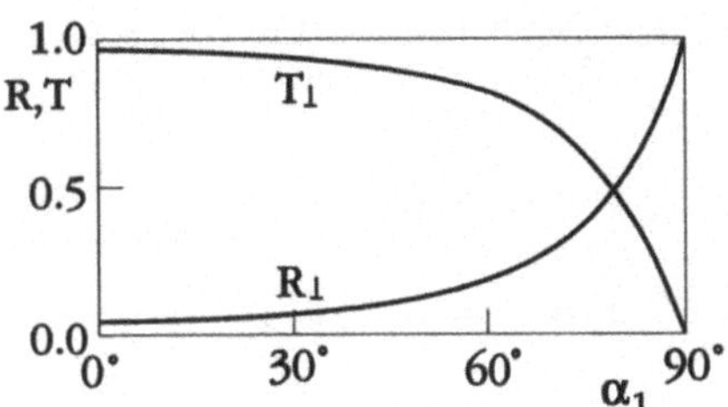

Abb. 2.10: Reflektivität R und Transmissivität T für den Einfall von Luft mit $n_0 = 1$ auf Glas mit $n_t = 1.5$ in Abhängigkeit von dem Einfallswinkel α_1 für senkrecht zur Einfallsebene polarisiertes Licht

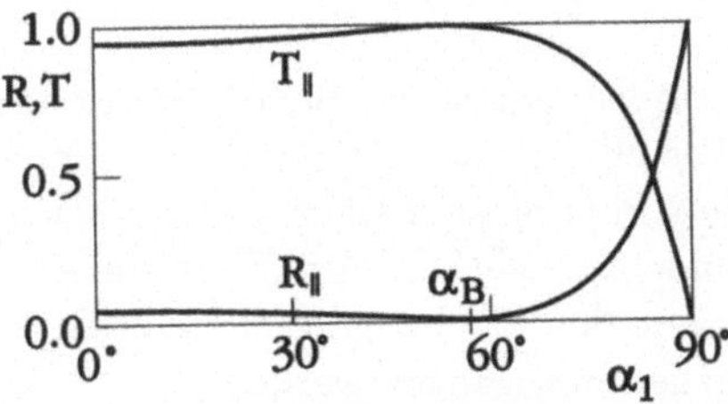

Abb. 2.11: Reflektivität R und Transmissivität T für den Einfall von Luft mit $n_0 = 1$ auf Glas mit $n_t = 1.5$ in Abhängigkeit von dem Einfallswinkel α_1 für parallel zur Einfallsebene polarisiertes Licht

Für den Fall ohne Absorption gilt:

$$R + T = 1. \tag{2.108}$$

Oft ist der senkrechte Einfall $(\alpha_1 = 0)$ interessant; ohne Absorption gilt
dann:

$$R = R_\parallel = R_\perp \;=\; (\frac{n_t - n_0}{n_t + n_0})^2, \tag{2.109}$$

$$T = T_\parallel = R_\perp \;=\; \frac{4 n_t n_0}{(n_t + n_0)^2}. \tag{2.110}$$

2.6 Überlagerung von Wellen

2.6.1 Unterscheidung der Begriffe

Zum Thema "Überlagerung von Wellen" gehören die Begriffe Polarisation,
Interferenz und Beugung sowie Kohärenz. Alle Begriffe sind eng mit den Phasenbeziehungen zwischen den einzelnen Wellen verbunden.

Wenn bei der Überlagerung von elektromagnetischen Wellen die Richtungen
der Vektoren der elektrischen Feldstärke senkrecht zueinander stehen, kommt
es zu Erscheinungen, die unter der Überschrift Polarisation zusammengefaßt
werden. Sind die Richtungen der Vektoren parallel zueinander, wird begriff-
lich weiter in Interferenzeffekte und Beugungserscheinungen unterteilt.

Mit den genannten Ausdrücken ist der Begriff der Kohärenz eng verbunden.
Er beinhaltet die Vorstellung von definierten Phasenbeziehungen zwischen
Wellen. Nur wenn sie vorliegen, sind Überlagerungserscheinungen zeitlich ei-
nigermaßen stabil und beobachtbar. Am Ende dieses Kapitels, wenn eine
intuitive Vorstellung von den Erscheinungen vorliegen wird, soll auf den Begriff der Kohärenz näher eingegangen werden.

2.6.2 Polarisation

Linear polarisiertes Licht liegt dann vor, wenn der Vektor der elektrischen Feldstärke der elektromagnetischen Welle bei ihrer Ausbreitung in z-
Richtung auf einer Geraden in der x-y-Ebene schwingt. In diesem Buch wird
diese Richtung auch als Polarisationsrichtung bezeichnet, wie es in ingenieur-
wissenschaftlichen Fachbereichen üblich ist. (Vorsicht: Physiker bezeichnen
diese Richtung oft als Schwingungsrichtung und die dazu senkrechte in der

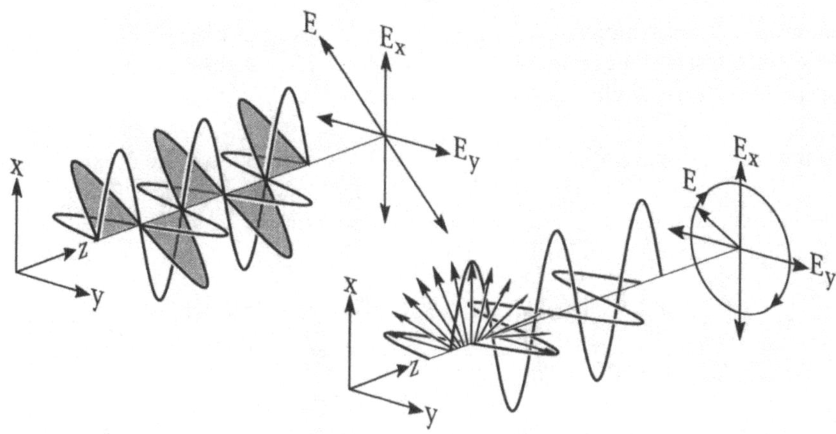

Abb. 2.12: Veranschaulichung von linear und zirkular polarisiertem Licht.
Bei Ausbreitung der elektromagnetischen Welle in z-Richtung schwingt der
elektrische Feldvektor bei linear polarisiertem Licht in einer Ebene, die die
x-y-Ebene in einer Geraden schneidet. Bei zirkular polarisiertem Licht läuft
die Projektion auf die x-y-Ebene der Spitze des Feldstärkevektors auf einem
Kreis um. Die Wellen können jeweils als aus zwei linear polarisierten Wellen
mit einer gegeneinander um 90° gedrehten Polarisationsrichtung zusammengesetzt angenommen werden. Bei linear polarisiertem Licht sind die beiden
Teilwellen in Phase oder gegenphasig; bei zirkular polarisiertem Licht sind
sie ungerade Vielfache von $\pi/2$ außer Phase

x-y-Ebene als Polarisationsrichtung!)

Aus der Überlagerung von zwei senkrecht zueinander linear polarisierten Wellen, die in Phase oder gegenphasig sind, ergibt sich wieder eine linear polarisierte Welle. Umgekehrt kann jede linear polarisierte Welle in zwei zueinander
senkrecht linear polarisierte Wellen zerlegt werden. Abbildung 2.12 (links)
veranschaulicht den Sachverhalt.

Ein weiterer Spezialfall, der ebenfalls in Abb. 2.12 (rechts) verdeutlicht wird,
liegt dann vor, wenn beide Wellen ungeradzahlige Vielfache von $\pi/2$ außer
Phase sind. Dann ist das Licht zirkular oder elliptisch polarisiert, je nachdem ob die Amplituden der beiden Teilwellen in x- und y-Richtung gleich
oder unterschiedlich sind. Das bedeutet, daß die Projektion der Spitze des
resultierenden elektrischen Feldvektors der elektromagnetischen Welle auf

einem Kreis beziehungsweise einer Ellipse in der x-y-Ebene senkrecht zur Ausbreitungsrichtung z umläuft. Umgekehrt kann solches Licht in zwei linear polarisierte Wellen zerlegt werden, die $\pi/2$ außer Phase sind.

Je nach der genauen Phasenlage sind alle Zwischenzustände denkbar. Zirkular polarisiertes Licht kann sich aber nur ergeben, wenn gleichzeitig sowohl die Amplituden der beiden Feldstärken gleich sind als auch die Phasendifferenz ungeradzahlige Vielfache von $\pi/2$ beträgt.

Linear polarisiertes Licht kann aus einer rechts und einer links zirkular polarisierten Welle gleicher Frequenz zusammengesetzt werden, letzlich also aus vier linear polarisierten Feldanteilen.

Was ist nun natürliches Licht? Die atomaren Strahler können als schwingende Hertzsche Dipole betrachtet werden. Jeder Strahler für sich emittiert linear polarisiertes Licht. Die üblicherweise vorhandene Vielzahl der Strahler führt dazu, daß zwar für einen sehr kurzen Zeitraum eine Gesamtpolarisation definiert ist, daß sich aber die Polarisation für längere Zeiträume ständig in regelloser Weise ändert, da die zahlreichen Wellenzüge statistisch emittiert werden. Dieser Sachverhalt wird mit dem Begriff unpolarisiertes Licht bezeichnet. Natürliches Licht ist also unpolarisiertes Licht. (Vorsicht: schon das Sonnenlicht nach der Rayleigh-Streuung an den Gaspartikeln der Atmosphäre ist unter Umständen nicht mehr unpolarisiert!)

Mathematisch kann natürliches Licht durch zwei beliebige inkohärente (das heißt mit schnell und zufällig veränderlicher Phasendifferenz), orthogonal zueinander linear polarisierte Wellen etwa gleicher Amplitude repräsentiert werden. Das andere Extrem ist eine ideal monochromatische ebene Welle. Ideal kann sie nur sein, wenn es sich um einen in Zeit und Raum unendlich ausgedehnten Wellenzug handelt. Wird diese Welle gedanklich in zwei orthogonale Komponenten mit ihren Feldstärkevektoren senkrecht zur Ausbreitungsrichtung zerlegt, müssen die Komponenten dieselbe Frequenz haben, unendlich ausgedehnt und kohärent zueinander (mit konstanter Phasendifferenz) sein. Das bedeutet aber, daß für die zusammengesetzte ideal monochromatische ebene Welle immer ganz feste Überlagerungsbedingungen gelten und daß sie deshalb quasi automatisch immer polarisiert ist.

Üblicherweise handelt es sich in der Anwendung um teilweise polarisiertes Licht. Gedanklich und mathematisch läßt sich dieser Sachverhalt oft so behandeln, als würde komplett polarisiertes und vollständig unpolarisiertes

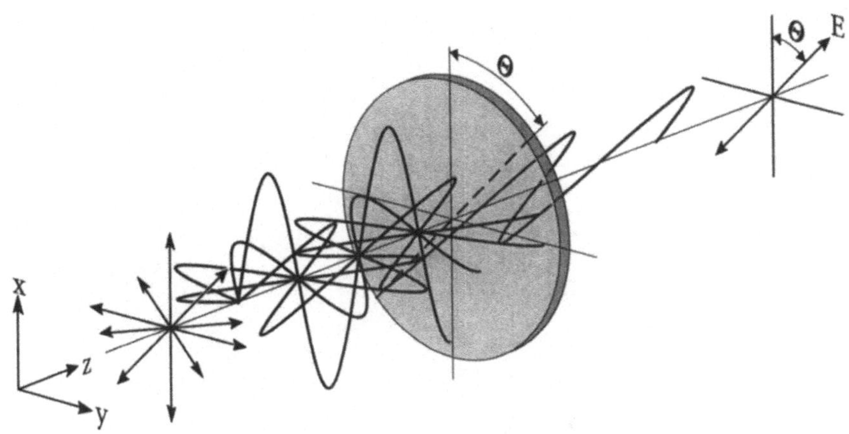

Abb. 2.13: Polarisatorwirkung: ein Polarisator läßt nur linear polarisiertes Licht einer bestimmten Polarisationsrichtung (hier durch den Winkel Θ zur x-Achse beschrieben) hindurch

Licht miteinander überlagert.

Bisher wurde beschrieben, was polarisiertes Licht ist. Nun soll es darum gehen, wie es erzeugt und manipuliert wird. Ein Bauelement, das aus natürlichem Licht irgendeine Form von polarisiertem Licht macht, ist ein Polarisator. Im engeren Sinne wird darunter ein Element verstanden, das linear polarisiertes Licht erzeugt, wie in Abb. 2.13 schematisch angedeutet. Ein zweiter Linear-Polarisator kann gleichzeitig als Detektor für eine bestimmte Polarisationsrichtung linear polarisierten Lichts dienen; er wird Analysator genannt.

Auch andere Bauelemente verändern die Polarisationseigenschaften von Licht: zum Beispiel $\lambda/2$- und $\lambda/4$-Plättchen. Dies sind optisch anisotrope Kristalle, die die einfallende Lichtwelle als zwei Teilwellen mit unterschiedlicher linearer Polarisationsrichtung und unterschiedlicher Phasengeschwindigkeit "behandeln". Die Länge des Kristalls wird so gewählt, daß die durch die Anisotropie verursachte zusätzliche Phasendrehung zwischen den beiden Teilwellen gerade π beziehungsweise $\pi/2$ beträgt. Es ist keineswegs so, daß diese Bauelemente $\lambda/2$ beziehungsweise $\lambda/4$ dick sind! In Abb. 2.14 ist die Funktion eines $\lambda/2$-Plättchens wiedergegeben. Aus der Abbildung ist zu erkennen, daß $\lambda/2$-Plättchen aus linear polarisiertem Licht wieder linear polarisiertes Licht machen, dessen Polarisationsrichtung aber um 90° gedreht ist.

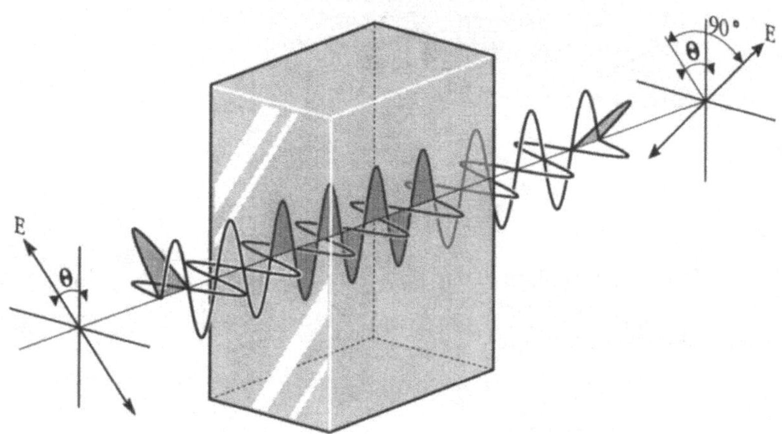

Abb. 2.14: Prinzipskizze zur Funktion eines $\lambda/2$-Plättchens: die Polarisationsrichtung linear polarisierten Lichts wird um 90° gedreht. Wie immer kann das
linear polarisierte Licht als aus zwei zueinander senkrecht linear polarisierten Teilwellen zusammengesetzt aufgefaßt werden. Als $\lambda/2$-Plättchen werden
doppelbrechende Kristalle eingesetzt. So erfährt eine der beiden Teilwellen
aufgrund einer anderen, für ihre Schwingungsrichtung geltenden Brechzahl
eine andere Phasendrehung. Nach einer gewissen Länge beträgt der Pha-
senunterschied π, entsprechend einer Halbwelle $\lambda/2$. Deswegen dreht sich
die Polarisationsrichtung der zusammengesetzten Welle um 90°. Die Dicke
des $\lambda/2$-Plättchens entspricht einem ungeraden Vielfachen dieser bewußten
Länge und liegt üblicherweise im Bereich von einem Millimeter

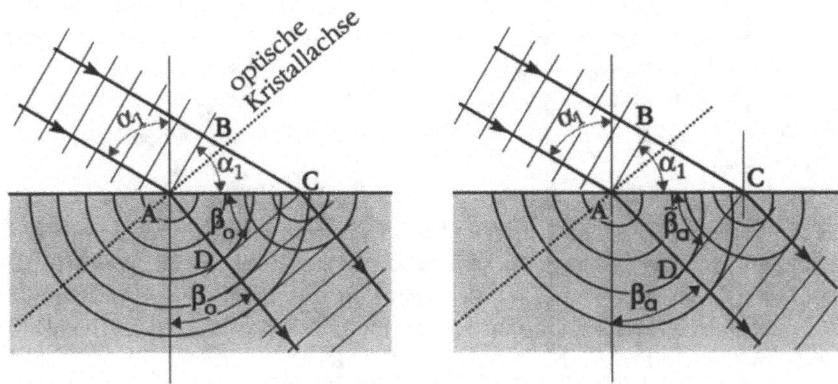

Abb. 2.15: Ordentliche und außerordentliche Welle in doppelbrechenden Kristallen - ausführliche Erläuterung im Text

Aus links zirkular polarisiertem Licht wird mit einem $\lambda/2$-Plättchen rechts zirkular polarisiertes Licht.

Demgegenüber macht ein $\lambda/4$-Plättchen aus links zirkular polarisiertem Licht linear polarisiertes und aus rechts zirkular polarisiertem auch linear polarisiertes Licht - nun aber mit einer um 90° gedrehten Polarisationsrichtung.

Zur Zerlegung unpolarisierten Lichts in zwei zueinander senkrecht linear polarisierte Wellen werden häufig doppelbrechende Kristalle, wie Kalkspat ($CaCO_3$), verwendet. Je nachdem, wie Kristallschnitt und Lichteinfall gewählt werden, erfolgt eine räumliche Trennung der beiden Wellen, oder sie laufen kollinear weiter; in jedem Fall sind ihre Ausbreitungsgeschwindigkeiten verschieden. Bei der ordentlichen Welle, die dem Brechungsgesetz genügt, haben die Elementarwellen Kugelform, bei der außerordentlichen Welle Ellipsoidform. (Die Wellenausbreitung kann verstanden werden, wenn davon ausgegangen wird, daß in jedem Punkt einer Wellenfront gewissermaßen ein Streuzentrum sitzt, von dem eine Kugelwelle, eine sogenannte Elementarwelle, ausgeht. Alle einzelnen Elementarwellen überlagern sich zu der neuen Wellenfront. [GER 89]) Die Wellenfronten ergeben sich aus den Tangenten an die Elementarwellen, wie in Abb. 2.15 zur Doppelbrechung verdeutlicht wird.

Vor der weiteren Erklärung ist gleich auf ein mögliches Mißverständnis aufmerksam zu machen. Im Zusammenhang mit doppelbrechenden Kristallen wird auch oft der Begriff der optischen (Kristall-) Achse verwendet. Hiermit ist die oder eine Hauptsymmetrieachse des Kristalls gemeint, die nicht mit der optischen Achse einer Anordnung von optischen Bauelementen zu verwechseln ist.

Das Auftreten einer ordentlichen und einer außerordentlichen Welle mit unterschiedlichen Ausbreitungsgeschwindigkeiten resultiert aus der Anisotropie des Materials allgemein und der Brechzahl im speziellen. Diese Anisotropie wird durch ein Brechzahlellipsoid beschrieben, das die Größe der Brechzahl in den unterschiedlichen Raumrichtungen angibt. In Unterkapitel 5.3 wird hierauf näher eingegangen werden. Die Form der Elementarwellen ergibt sich aus der Richtung des Vektors der elektrischen Feldstärke der elektromagnetischen Welle relativ zur Lage des Indexellipsoids. Als Gedankenstütze kann die Überlegung dienen, daß die Projektionen des Ellipsoids der außerordentlichen Elementarwellen und des Brechzahlellipsoids auf die Einfallsebene (das sind Ellipsen) im Raum gleich ausgerichtet sind. Im Fall der außerordentlichen Welle liegt der Feldstärkevektor in der Einfallsebene und erfährt je nach Strahlrichtung innerhalb einer Elementarwelle eine andere Brechzahl. Je höher die Brechzahl ist, desto langsamer läuft dieser Strahl innerhalb der Elementarwelle. Letztlich kommt es zu der Ellipsenform der Elementarwelle in dem Schnitt, der durch die Einfallsebene vorgegeben wird. Für die ordentliche Welle ändert sich mit der Strahlrichtung innerhalb der Elementarwellen nicht die Brechzahl, da der Feldstärkevektor immer senkrecht zur Einfallsebene - also in einer bestimmten Richtung - steht. Dadurch sind die ordentlichen Elementarwellen kugelförmig (ihre Projektionen auf die Einfallsebene kreisförmig).

Bei der außerordentlichen Welle führt die Situation dazu, daß die Ausbreitungsrichtung nicht mit der Normalen auf die Tangente an die Elementarwellen (auf die Wellenfront) übereinstimmt, wie in Abb. 2.15 skizziert. Der Winkel $\tilde{\beta}_a$ zwischen Grenzfläche und Wellenfront ist ungleich dem Winkel β_a zwischen Einfallslot und Ausbreitungsrichtung. Für den ordentlichen Strahl herrscht Gleichheit zwischen den entsprechenden beiden Winkeln. Würde das Brechungsgesetz mit den Winkeln zwischen Grenzfläche und Wellenfront formuliert werden, so würde es sowohl für die ordentliche als auch für die außerordentliche Welle gelten. Leider ist dieser Winkel aber nicht direkt meßbar - sondern nur der Winkel zwischen Einfallslot und Ausbreitungsrichtung. Daher gilt das Brechungsgesetz nur für die ordentliche Welle. Die Physik spielt

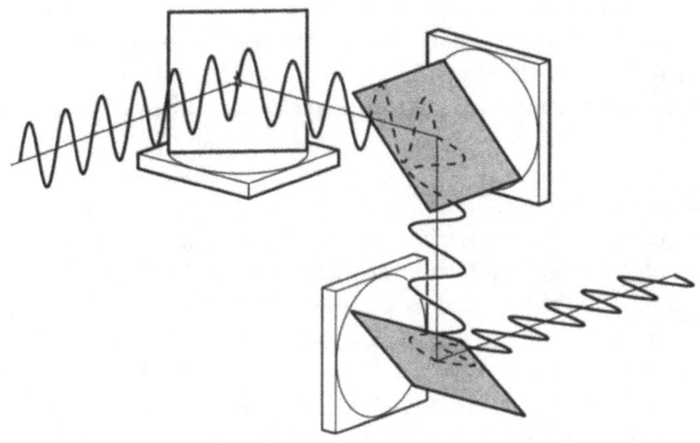

Abb. 2.16: Drehung der Polarisationsrichtung linear polarisierten Lichts mit Hilfe dreier Spiegel

hier also nicht verrückt, sondern die Formulierung des Brechungsgesetzes ist mehr oder weniger unglücklich.

Für die optische Achse (im Polarisationssinn) gelten verschiedene Regeln:
1) in Richtung der optischen Achse laufendes Licht hat - unabhängig von der Polarisationsrichtung - dieselbe Ausbreitungsgeschwindigkeit;
2) in den Ebenen senkrecht zur optischen Achse laufende Wellen gleicher Polarisationsrichtung haben dieselbe Ausbreitungsgeschwindigkeit; für unterschiedliche Polarisationsrichtungen (in Richtung der optischen Achse oder senkrecht dazu) existieren verschiedene Ausbreitungsgeschwindigkeiten.

Es gibt auch Kristalle mit mehr als einer optischen Kristallachse, für die im allgemeinen keine ordentliche Welle und dafür mehrere außerordentliche Wellen existieren. Diese Thematik soll hier nicht vertieft werden.

Die letzten Abschnitte drehten sich um die Erzeugung und Manipulation polarisierten Lichts. Hierzu zählen viele weitere Erscheinungen und Anordnungen. Wie könnte die Polarisationsrichtung von linear polarisiertem Licht gedreht werden? Dazu eignen sich zum Beispiel drei Spiegel, die - wie in Abb. 2.16 dargestellt - in charakteristischer Weise angeordnet sind. Dies ist zu bedenken, wenn beispielsweise in einem Interferenzaufbau aus Platzgründen einer der beiden Strahlen aus der normalen Arbeitsebene in die dritte Dimension herausgeführt wird. So manche/r "Holograf/in" hat sich schon darüber gewundert, daß er/sie in solchen Fällen bei der Rekonstruktion des Hologramms kein Bild des Objekts erhielt. Linear polarisierte Wellen zueinander senkrecht stehender Polarisationsrichtungen können nicht miteinander interferieren.

Wie kann aus natürlichem Licht, von dem wir schon wissen, daß es unpolarisiert ist, ohne jedes "optische" Hilfsmittel linear polarisiertes Licht gemacht werden? Ein Beispiel dafür ist das Sonnenlicht, das unpolarisiert ist. Durch die Erdatmosphäre wird es gestreut. Es handelt sich hierbei um den Fall der Rayleigh-Streuung, da die Gaspartikel deutlich kleiner als die Wellenlänge zumindest des sichtbaren und des UV-Lichts sind (im Sinne der DIN-Normen dürfte UV-Strahlung nicht mehr "Licht" genannt werden). Da die Streuintensität der Rayleigh-Streuung in der vierten Potenz von der Frequenz des Lichts abhängt, wird blaues Licht deutlich stärker gestreut als rotes. Das gibt der Erdatmosphäre, von der Erdoberfläche und auch aus dem All betrachtet, den bläulichen Schimmer und der Erde den Namen "der blaue Planet". Das abendliche Rot der Sonne basiert auf demselben Effekt. Bei seinem am Abend längeren Weg durch die Atmosphäre bis zu unserem Auge wird deutlich mehr blaues Licht weggestreut, so daß mehr rötliches Licht übrig bleibt. - Wie verläuft nun aber der Streuvorgang? In Abb. 2.17 ist die Situation wiedergegeben. Licht als (mehr oder weniger) transversale Welle (eher mehr als weniger) fällt aus einer bestimmten Richtung auf die Gaspartikel der Atmosphäre ein, die als schwingungsfähige Dipole aufgefaßt werden können. Diese Dipole werden durch die anregenden elektromagnetischen Felder in Schwingung versetzt, jedoch nur in einer Ebene senkrecht zur Ausbreitungsrichtung des Lichts und in der Richtung der Vektoren der anregenden elektrischen Feldstärke der elektromagnetischen Welle. Solche schwingenden Hertzschen Dipole strahlen ihrerseits Energie ab - aber nur in den Richtungen senkrecht zu ihrer eigenen Schwingungsrichtung. Zwar schwingen die verschiedenen Dipole je nach ihrer Anregung in verschiedenen Richtungen - aber immer nur innerhalb der genannten und in der Abbildung dargestellten Ebene. Dadurch gibt es in dieser Ebene ausschließlich linear polarisiertes Licht unabhängig von der Richtung, in die sich das Licht innerhalb dieser Ebene ausbreitet. Diese so ausgezeichneten Richtungen stehen senkrecht auf der ursprünglichen Ausbreitungsrichtung des zunächst ungestreuten Lichts. Die Wirkung von Polarisator-Sonnenbrillen basiert auf diesem Sachverhalt.

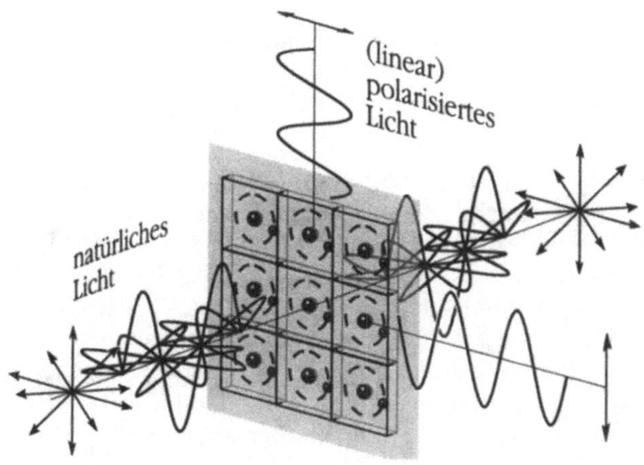

Abb. 2.17: Linear polarisiertes Licht bei Streuung unpolarisierten Lichts.
Natürliches Licht regt die atomaren Hertzschen Dipole zu Schwingungen an,
und zwar innerhalb einer Ebene - im Bild grau angedeutet - senkrecht zur
Ausbreitungsrichtung des Lichts. Die angeregten schwingenden Hertzschen
Dipole fungieren als Sekundärstrahler; sie emittieren Licht nur in der Ebene
senkrecht zu ihrer eigenen Schwingungsrichtung. Dadurch liegt innerhalb der
"grauen Ebene" in jeder Richtung linear polarisiertes Licht vor

2.6.3 Interferenz

Im Gegensatz zu den Polarisationseffekten handelt es sich bei den Interferenzeffekten um Phänomene, die durch die Überlagerung von elektromagnetischen Wellen mit kollinearen Vektoren der elektrischen Feldstärke zustandekommen. Aus der Überlagerung der Wellen resultiert durch den Einfluß der Phasenlage der einzelnen Wellen hierbei eine Gesamtintensität, die im allgemeinen von der Summe der Einzelintensitäten abweicht.

Damit sich ein nicht oder nur langsam veränderliches Interferenzmuster ergibt, müssen möglichst feste Phasenbeziehungen zwischen den Wellen bestehen. Interferenz ist also - genauso wie Polarisation - eng mit dem Begriff der Kohärenz verbunden.

Mathematisch läßt sich die Interferenz dadurch beschreiben, daß die elektrischen Feldstärkevektoren addiert werden, bevor die Intensitätsbildung erfolgt (im wesentlichen eine Betragsquadratbildung mit anschließender zeitlicher Mittelung, letztere im folgenden durch die $<>$-Klammerung gekennzeichnet). Dadurch ergeben sich zusätzliche Terme, die sogenannten Kreuzkohärenzterme, die letztlich die Vielfalt der Interferenzphänomene ausmachen. Da der Begriff Interferenz implizit die Kollinearität der Feldstärkevektoren einschließt, können bei der mathematischen Beschreibung skalare komplexe Größen gewählt werden. E_1 und E_2 seien die komplexen elektrischen Feldstärken zweier interferierender elektromagnetischer Wellen derselben Kreisfrequenz ω. Dann ergibt sich für das Gesamtfeld E_{ges} und die Gesamtintensität I_{ges}:

$$
\begin{aligned}
E_{ges} \;&=\; E_1 + E_2 &\text{(2.111)}\\
I_{ges} \;&\sim\; <\!\mid E_{ges}\mid^2\!>\,=\,<E_{ges}E_{ges}^*>\\
&=\; <(E_1+E_2)(E_1+E_2)^*>\\
&=\; <(E_1+E_2)(E_1^*+E_2^*)>\\
&=\; <E_1E_1^*>+<E_1E_2^*>+<E_2E_1^*>+<E_2E_2^*>\\
&=\; <\!\mid E_1\mid^2\!>+<2\,Re\{E_1E_2^*\}>+<\!\mid E_2\mid^2\!>\\
&=\; I_1+<2\,Re(E_1E_2^*)>+I_2 &\text{(2.112)}
\end{aligned}
$$

mit dem Kreuzkohärenzterm in der Mitte. Zwischen der Intensität und der elektrischen Feldstärke einer elektromagnetischen Welle herrscht nicht exakt Gleichheit; hier wird aber auf den Faktor $c\epsilon_0 n/2$ für die Durchschnittsintensität verzichtet.

Ein in der Praxis häufiger Fall der Interferenz ist die Überlagerung einer
Welle mit sich selbst nach einer Verzögerung τ, also zeitversetzt. Die beiden
Wellen sind:

$$
\begin{aligned}
E_1(t) &= \hat{E}_1 \exp(-j\omega t), & (2.113) \\
E_2(t) &= E_1(t+\tau) = \hat{E}_1 \exp(-j\omega(t+\tau)), & (2.114)
\end{aligned}
$$

wobei hier nur die Zeitabhängigkeit interessiert und $\hat{E}_1$ die Feldamplitude
bezeichnet. Daraus ergibt sich für die Gesamtwelle und ihre Intensität mit I_1
und $I_2 = I_1$ als gleiche Einzelintensitäten der beiden Teilwellen:

$$
\begin{aligned}
I_{ges} &\sim\; <|\,E_1 + E_2\,|^2> \\
&=\; <|\,E_1\,|^2> + <|\,E_2\,|^2> +\; 2\cdot < Re\{E_1 E_2^*\} > \\
&=\; <|\,E_1\,|^2> + <|\,E_1\,|^2> +\; 2\cdot <|\,E_1\,|^2>\; \cdot \\
&\quad\; \cdot\; < Re\{\exp(-j\omega t)\cdot\exp(j\omega t)\cdot\exp(j\omega\tau)\} > \\
&=\; 2I_1 + 2I_1\, Re\{\exp(j\omega\tau)\} \\
&=\; 2I_1 + 2I_1 \cos(\omega\tau) \\
&=\; 4I_1 \cos^2 \frac{\omega\tau}{2} & (2.115)
\end{aligned}
$$

Das resultierende Interferenzmuster ist also $\cos^2$-förmig. Die Maximalinten-
sität ist viermal so groß wie die Einzelintensität; die Minimalintensität ist
Null. Im Mittel ergibt sich die Intensität $I_1 + I_2 = 2I_1$, wie es nach dem
Energiesatz auch sein muß.

Alle Anordnungen, bei denen es zur Interferenz kommt, können natürlich
auch umgekehrt als "Geräte" zur Messung der Überlagerung von Wellen aufgefaßt und verwendet werden. Sie werden dann Interferometer genannt. Es
wird zwischen Interferometern, die die Wellenfront aufspalten, und solchen,
die die Amplitude aufspalten, unterschieden [HEC 89]. Im ersten Fall werden
verschiedene Abschnitte der Wellenfront unterschiedlich behandelt; im anderen Fall wird die ganze Wellenfront zum Beispiel durch einen teildurchlässigen
Spiegel in zwei Teilwellen aufgespalten, die dann entsprechend geringere Feldamplituden und Intensitäten aufweisen. Da sich die beiden Teilwellen aber
auf unterschiedlichen Wegen ausbreiten und insofern auch zwei Wellenfronten existieren, die unterschiedlich behandelt werden, ist die Unterscheidung
etwas künstlich.

Im folgenden sollen vier der wichtigsten Interferometer näher erläutert
werden: die Youngsche Doppelspaltanordnung, das Michelson-, das Mach-
Zehnder- und und das Fabry-Perot-Interferometer.

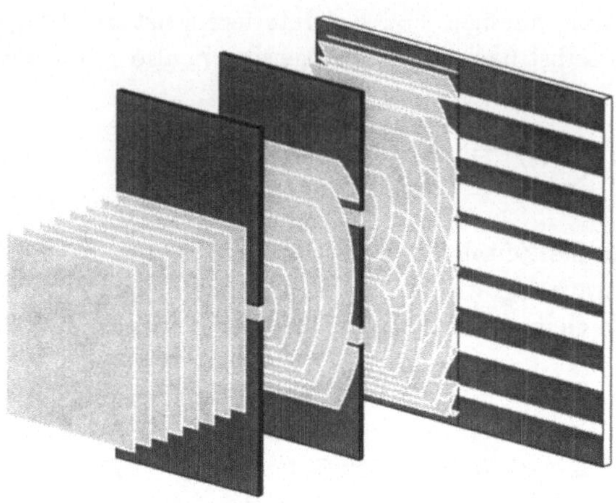

Abb. 2.18: Prinzipskizze der Youngschen Doppelspaltanordnung. Der vordere mit einer ebenen Welle beleuchtete Spalt dient nur zur Erzeugung eines linienförmigen Strahlers. Die zweite Ebene mit den beiden Spalten stellt die eigentliche Youngsche Doppelspaltanordnung dar. Die aus beiden Spalten austretenden Wellen interferieren miteinander und ergeben das typische streifenförmige Interferenzmuster

Die Youngsche Doppelspaltanordnung ist in Abb. 2.18 skizziert. In der ersten Ebene ist eine spaltförmige Lichtquelle angeordnet, deren Licht die zweite Ebene beleuchtet, so daß deren Spalte als sekundäre Lichtquellen wirken. Von ihnen gehen Wellen aus, die hinter der zweiten Ebene miteinander interferieren. An einer beliebigen Stelle auf der optischen Achse entlang der Ausbreitungsrichtung der Wellen kann eine Mattscheibe aufgestellt werden, um das Interferenzbild aufzufangen; diese Ebene ist die Beobachtungsebene. Je nach der Richtung relativ zur Symmetriemittelebene der Anordnung werden die Phasendifferenzen zwischen den beiden interferierenden Wellen zu bestimmten Interferenzsituationen führen: zu einer Verstärkung, einer Auslöschung oder irgendeinem definierten Zwischenzustand. Dadurch ergibt sich in der Beobachtungsebene eine Anordnung heller und dunkler Streifen. Die Youngsche Doppelspaltanordnung tritt in vielen Variationen auf; so werden wir zum Beispiel noch der Doppellochanordnung begegnen.

Abbildung 2.19a zeigt ein Michelson-Interferometer. Von links, gekennzeichnet durch den Pfeil, fällt eine Welle auf das Interferometer ein. Das erste Bauelement ist ein teildurchlässiger beispielsweise metallischer Spiegel als

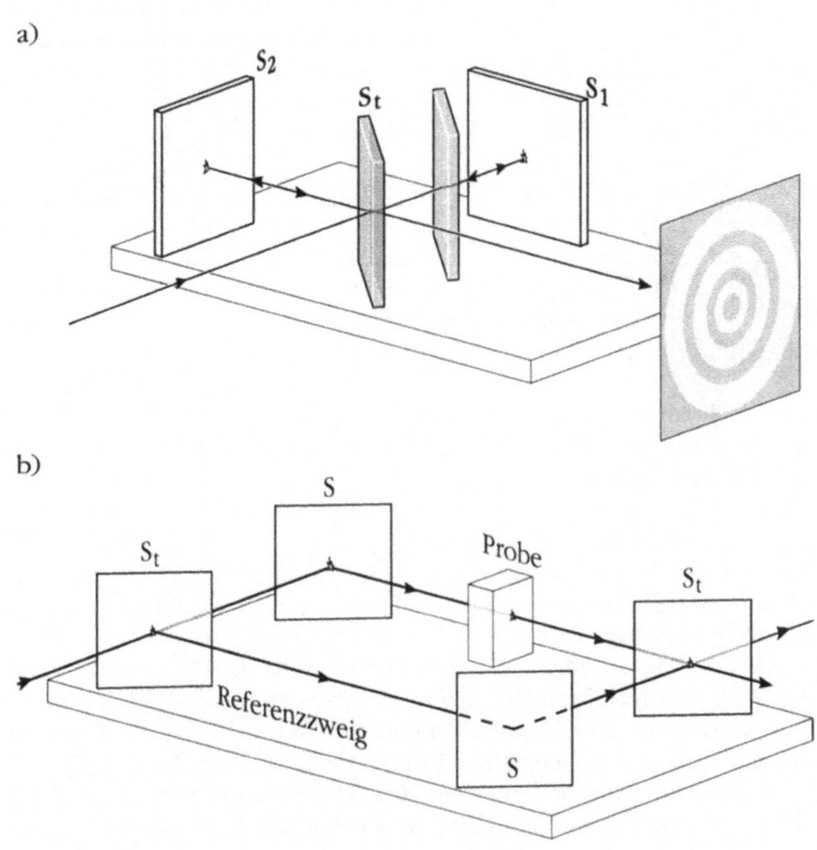

Abb. 2.19: Prinzipskizzen a) eines Michelson- und b) eines Mach-Zehnder-Interferometers. Die Symbole S und S_t bezeichnen Spiegel und Strahlteiler (das heißt teildurchlässige Spiegel)

Strahlteiler S_t, der das Licht in zwei Teilwellen aufspaltet, die, gegeneinander um 90° versetzt, fortlaufen und von zwei Spiegeln S_1 und S_2 reflektiert werden, so daß sie erneut auf den Strahlteiler einfallen. Ein Teil jeder Teilwelle läuft in Richtung der rechts im Bild skizzierten Mattscheibe weiter, der jeweils andere Teil zurück in Richtung der Lichtquelle. Um einen Wegabgleich zwischen den beiden Armen des Interferometers zu erzielen, muß einer der Arme eine gekippte Glasplatte enthalten; durch sie wird der optische Weg ausgeglichen, den das Substrat des Strahlteilers S_t verursacht.

Bei einer vollständig ebenen Welle und völlig kollinear auf die Mattscheibe einfallenden Teilwellen würde die Mattscheibe je nach dem Wegunterschied der beiden Teilwellen mit einer bestimmten Intensität (die auch Null sein kann) gleichmäßig ausgeleuchtet. Bei einer punktförmigen Lichtquelle und demzufolge divergierendem Strahlenbündel ergibt sich als Interferenzbild zwangsläufig ein konzentrisches Ringmuster.

Wo bleibt die Energie, wenn es sich um ebene Wellen und einen 50%/50%-Strahlteiler handelt und die Phasendifferenz zwischen den Teilwellen gerade so ist, daß auf der Mattscheibe gleichmäßig eine geringe Intensität vorliegt? In diesen Fällen bleibt der überwiegende Teil der Energie in dem anderen Ausgangszweig des Mach-Zehnder-Interferometers, also in der Richtung, aus der auch die ebene Welle auf das Interferometer eingefallen ist. Sie kann nach dem Energiesatz aber sicher nur das Doppelte der Einzelintensitäten sein. Wie paßt dies mit der vorhergehenden Rechnung zur Interferenz zusammen, nach der die Maximalintensität das Vierfache der Einzelintensitäten ist? Beim Michelson-Interferometer darf nicht vergessen werden, daß der Strahlteiler die Energien bereits aufteilt, bevor die Wellen in die Interferometerarme vordringen. Wir können ohne Einschränkung der Allgemeingültigkeit zur Vereinfachung wieder von einem 50%/50%-Strahlteiler ausgehen. In jeden Arm gelangt also nur die Hälfte der Energie. Nach der Reflexion an den Spiegeln erfolgt eine erneute Halbierung der Energie durch den Strahlteiler, bevor die Teilwellen in die Ausgangsarme weiterlaufen. Jede Teilwelle hat bei Erreichen der Ausgangszweige also höchstens noch 1/4 der Energie der ursprünglichen Welle. Das Vierfache davon ist gerade die volle ursprüngliche Energie oder das Doppelte der Energie jeder einzelnen Teilwelle innerhalb der Interferometerarme (zwischen Strahlteiler und Spiegel).

Wenn einer der Spiegel gekippt ist, ist das auf der Mattscheibe vorherrschende Muster streifenförmig, da nun die Verkippung der Spiegel die Hauptursache für die Phasendifferenz der Teilwellen darstellt, die sich mit dem Abstand von der optischen Achse immer weiter ändert.

In Abb. 2.19b ist ein Mach-Zehnder-Interferometer skizziert. Wieder existieren zwei verschiedene Wege für die ankommende Welle. Der eine Interferometerarm dient als unbeeinflußter Referenzzweig. In dem anderen Arm befindet sich das Meßobjekt, zum Beispiel eine Halbleiterprobe der Länge d und der Brechzahl n. Bei Variation bestimmter Parameter, wie etwa der Temperatur, findet eine Veränderung $\Delta(n \cdot d)$ der optischen Weglänge des Meßobjekts statt. Dadurch verändert sich der Interferenzzustand der beiden Teilwellen am Ausgang des Mach-Zehnder-Interferometers. Das "Durchlaufen" der Interferenzperioden kann gezählt und zur Messung des variierten Parameters genutzt werden.

Ein Fabry-Perot-Resonator besteht im einfachsten Fall aus zwei planparallelen Spiegeln (metallisch oder dielektrisch) mit dem Abstand d. Wie in Abb. 2.20a veranschaulicht, findet beim Auftreffen einer ebenen, kohärenten Welle senkrecht auf den ersten Spiegel teilweise Reflexion und teilweise Transmission statt, wobei die Amplitudenreflexions- und Amplitudentransmissionsfaktoren r_1 und t_1 zur Beschreibung herangezogen werden. Entsprechendes gilt für die Verhältnisse am zweiten Spiegel mit den Faktoren r_2 und t_2. Alle Amplitudenreflexions- und Amplitudentransmissionsfaktoren können komplexe Zahlen sein, wenn Dämpfung bereits in den Spiegeln zu berücksichtigen ist. Durch die Teilreflexionen und -transmissionen ergeben sich in Vorwärts- und in Rückwärtsrichtung kohärente Überlagerungen der Teilwellen (Additionen ihrer Feldstärken). Die Zeitabhängigkeit wird hier nicht geschrieben, da sie sich durch alle Gleichungen hindurchzieht und letztlich ohnehin bei der zeitlichen Mittelung, die in der Intensitätsbildung steckt, herausfällt. Bei der mathematischen Beschreibung sind aber die Phasenterme $\exp(-j\gamma \dots d)$, die die Phasendrehung infolge der Ausbreitung längs des Weges $\dots d$ innerhalb des Resonators beschreiben, zu berücksichtigen, wobei

$$\gamma \;=\; \frac{2\pi}{\lambda}\eta \tag{2.116}$$

$$=\; \frac{2\pi}{\lambda}(n - j\kappa) \tag{2.117}$$

$$=\; \frac{2\pi}{\lambda}n - j\frac{2\pi}{\lambda}\kappa \tag{2.118}$$

$$=\; \frac{2\pi}{\lambda}n - j\frac{\alpha}{2} \tag{2.119}$$

mit γ, η, n, κ und α in dieser Reihenfolge als die komplexe Ausbreitungskonstante, die komplexe Brechzahl, die reelle Brechzahl, der Extinktions-

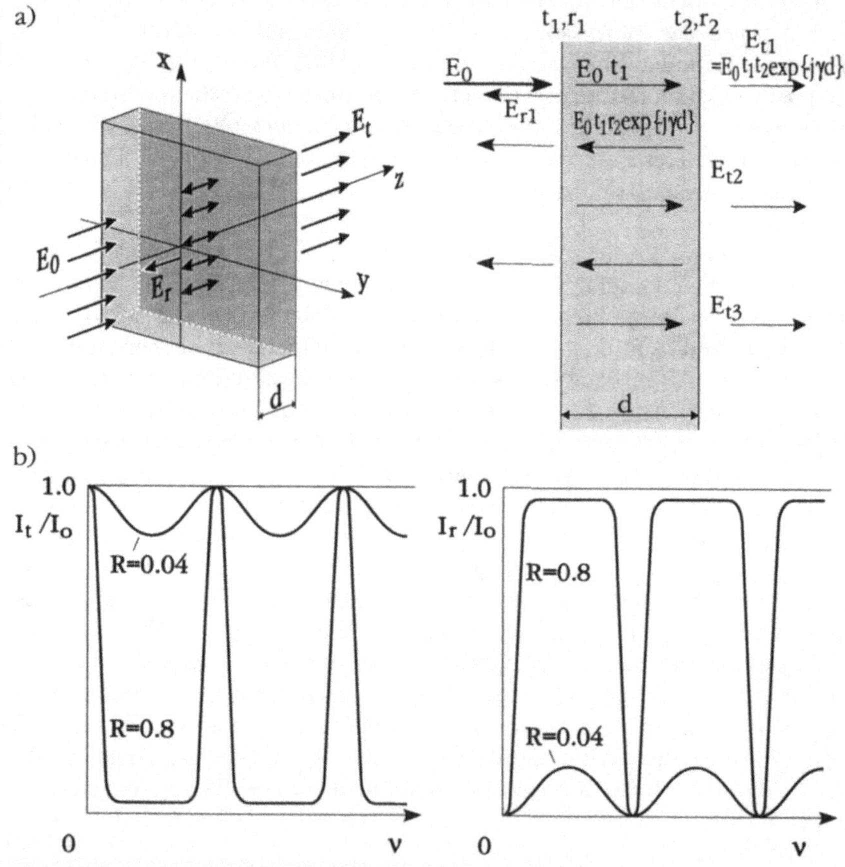

Abb. 2.20: Fabry-Perot-Resonator beziehungsweise -Interferometer: a) Prinzipskizze; b) Transmissivität $\mathcal{T} = I_t/I_0$ und Reflektivität $\mathcal{R} = I_r/I_0$ des Fabry-Perot-Resonators in Abhängigkeit der Lichtfrequenz $\nu = c/\lambda$ für zwei verschiedene Einzelspiegelreflektivitäten $R = |\,r\,|^2$. Deutlich ist die Kammfiltercharakteristik mit ihren ausgeprägten Resonanzen (der Transmission) zu erkennen

koeffizient (nicht zu verwechseln mit dem gleichnamigen Koeffizienten aus der Chemie) und der (Intensitäts-)Absorptionskoeffizient. Wie schon aus der obigen Gleichungsfolge zu entnehmen ist, gilt der Zusammenhang:

$$\alpha = \frac{4\pi}{\lambda}\kappa. \tag{2.120}$$

Für die kohärente Überlagerung der Teilwellen in Transmission (E_t) und in Reflexion (E_r) ergeben sich folgende geometrische Reihen:

$$
\begin{aligned}
E_t &= E_0 t_1 t_2 \exp(-j\gamma d) \sum_{l=0}^{\infty} r_1^l r_2^l \exp(-j\gamma l 2d) \\
&= E_0 t_1 t_2 \exp(-j\gamma d) \frac{1}{1 - r_1 r_2 \exp(-2j\gamma d)}, \tag{2.121} \\
E_r &= E_0(-r_1 + t_1^2 r_2 \exp(-j\gamma 2d) \sum_{l=0}^{\infty} r_1^l r_2^l \exp(-j\gamma l 2d)) \\
&= E_0(-r_1 + t_1^2 r_2 \exp(-j\gamma 2d) \frac{1}{1 - r_1 r_2 \exp(-2j\gamma d)}). \tag{2.122}
\end{aligned}
$$

Das Minuszeichen vor dem Amplitudenreflexionsfaktor r_1 in den Gleichungen für E_r ergibt sich aus den Fresnelschen Formeln. Für den Spezialfall ohne Absorption ($\alpha = 0$) und mit $r_1 = r_2 = r$ sowie $t_1 = t_2 = t$ folgt für die Transmissivität $\mathcal{T}$ und die Reflektivität $\mathcal{R}$ des gesamten Fabry-Perot-Resonators weiter:

$$\mathcal{T} = \frac{I_t}{I_0} = 1 / \left(1 + \frac{4r^2}{(1-r^2)^2} \sin^2(\frac{2\pi}{\lambda} n d)\right) \tag{2.123}$$

$$\mathcal{R} = \frac{I_r}{I_0} = 1 - \mathcal{T}, \tag{2.124}$$

wobei I_0, I_t und I_r die Intensitäten der einfallenden, der transmittierten und der reflektierten Welle sind. In Abb. 2.20b sind Transmissivität und Reflektivität des Fabry-Perot-Resonators in Abhängigkeit der Lichtfrequenz $\nu = c/\lambda$ für zwei verschiedene Einzelspiegelreflektivitäten $R = |r|^2$ aufgetragen. Wegen des Energieerhaltungssatzes $\mathcal{T} + \mathcal{R} = 1$ (im Fall ohne Absorption) sind die Transmissivitäts- und die entsprechenden Reflektivitätskurven komplementär zueinander. Für die Transmissivität zeigt sich eine Kammfilterstruktur. Es gibt Frequenzen, für die die Welle vollständig durch das Fabry-Perot-Interferometer hindurchtritt, obwohl die Einzelspiegelreflektivität der beiden Spiegel $\neq 100\%$ ist! Dies ist ein bemerkenswertes Resultat. Ein einzelner Spiegel schwächt das Licht in Transmission drastisch ab, zwei solche Spiegel scheinen unter Umständen überhaupt keinen Einfluß auf die Welle zu haben. Diese Frequenzen sind die Resonanzen des "Fabry-Perots"; jetzt wird erst die Bezeichnung Fabry-Perot-Resonator klar. Für diese Frequenzen sind alle Teilwellen in Transmission genau in Phase und überlagern sich konstruktiv. Es ist falsch, die einzelnen Spiegel zu betrachten; das ganze System "Fabry-Perot-Resonator" muß berücksichtigt werden. Bei kohärenter Überlagerung sind die Feldstärken unter Berücksichtigung der Phasenlage der Welle zu addieren, bevor die Intensitätsbildung stattfindet. Dadurch kommt es zu diesen ausgeprägten Resonanzphänomenen. Die Bereiche minimaler Transmissivität - also maximaler Reflektivität - werden "Antiresonanzen" genannt.

Der Abstand zwischen zwei Resonanzen eines Fabry-Perots wird als freier Spektralbereich bezeichnet und ergibt sich aus der Tatsache, daß sich das Argument der $\sin^2$-Funktion von Resonanz zu Resonanz um π weiterdrehen muß:

$$\frac{2\pi\Delta\nu}{c}nd = \pi \qquad (2.125)$$

$$\Delta\nu = \frac{c}{2nd} \qquad (2.126)$$

mit c wieder als Vakuum-Lichtgeschwindigkeit. Fabry-Perot-Resonatoren können als sehr empfindliche Spektrometer genutzt werden, die allerdings nur in einem relativ kleinen Spektralbereich, dem freien Spektralbereich, einsetzbar sind. Ein Maß für ihr Auflösungsvermögen ist die sogenannte Finesse

$$F = \frac{\Delta\nu}{\nu_{1/2}}, \qquad (2.127)$$

wobei $\nu_{1/2}$ die Halbwertsbreite ("full width half maximum (FWHM)") der Resonanzen ist. Sie soll der Einfachheit halber für die 0. Resonanz (bei der Frequenz $\nu = 0$) berechnet werden. Die Halbwertsbreite ergibt sich aus dem Argument der $\sin^2$-Funktion für den Fall, daß die Fabry-Perot-Transmissivität nach Gl. (2.123) 1/2 ist, daß also der Term mit dem $\sin^2$-Ausdruck Eins ergibt:

$$\left(\frac{2r}{1-r^2}\right)^2 \sin^2\left(\frac{2\pi(\nu_{1/2}/2)}{c}nd\right) = 1, \qquad (2.128)$$

$$\frac{2r}{1-r^2} \sin\left(\frac{2\pi(\nu_{1/2}/2)}{c}nd\right) = 1, \qquad (2.129)$$

$$\sin\left(\frac{2\pi(\nu_{1/2}/2)}{c}nd\right) = \frac{1-r^2}{2r}. \qquad (2.130)$$

Bei hoher Spiegelreflektivität ist die 0. Resonanz schmal, so daß sin(Argument) $\approx$ Argument angenommen werden darf. Damit ergibt sich weiter:

$$\frac{2\pi(\nu_{1/2}/2)}{c}nd \;=\; \frac{1-r^2}{2r}, \tag{2.131}$$

$$\nu_{1/2} \;=\; 2\cdot\frac{c}{2\pi nd}\cdot\frac{1-r^2}{2r}. \tag{2.132}$$

(Die Berechnung hätte auch für irgendeine andere Resonanz erfolgen können; die Halbwertsbreite ist für alle Resonanzen gleich.) Damit folgt für die Finesse:

$$F \;=\; (\frac{c}{2nd})/(2\frac{c}{2\pi nd}\frac{1-r^2}{2r}), \tag{2.133}$$

$$=\; \frac{\pi r}{1-r^2}. \tag{2.134}$$

Eine Finesse von 100 entspricht bereits einer sehr hohen Resonatorgüte.

Die Abb. 2.20b wird uns noch mehrfach begegnen - zum Beispiel bei den Longitudinalmoden von Halbleiterlasern oder den ARROW-Wellenleitern.

Bei mehr als einem Fabry-Perot-Resonator wird die Situation komplizierter. Im Extremfall kann es sich um sehr viele Resonatoren handeln, die zum Beispiel in Form von Aufdampfschichten aufeinandergebracht worden sind. Ein Spezialfall hiervon sind $\lambda/4$-Schichtpaarfolgen, die als Ver- oder Entspiegelungsschichtstrukturen auf optische oder optoelektronische Elemente aufgebracht werden. Abbildung 2.21 zeigt die Gesamtintensitätsreflektivitäten $R_\parallel$ und $R_\perp$ einer typischen Schichtenfolge (im Sinne einer Anzahl gekoppelter Fabry-Perot-Resonatoren) für die beiden Polarisationsrichtungen parallel und senkrecht zur Einfallsebene in Abhängigkeit der Vakuum-Wellenlänge λ und des Einfallswinkels α_1. (Bei der Folge handelt es sich um ein GaAs-Substrat und 20 Schichtenpaare aus - in dieser Reihenfolge - einer 71.07 nm dicken AlAs- und einer 60.35 nm starken $Al_{0.12}Ga_{0.88}As$-Schicht.) Die Abhängigkeit vom Einfallswinkel (bei Blick von rechts) zeigt dieselbe qualitative Abhängigkeit, wie wir sie schon aus den Abb. 2.10 und 2.11 kennen, nur daß die Gesamtreflektivitätswerte anders liegen, weil es sich hier um einen Übergang von Luft auf eine Halbleiterschichtenfolge mit Brechzahlen im Bereich um 3.5 handelt. Für die Abhängigkeit von der Wellenlänge zeigt sich ein Bereich sehr hoher Reflektivität mit etwa 90 nm Halbwertsbreite. Daneben schwankt die Reflektivität deutlich. An dem Verhalten der Minima

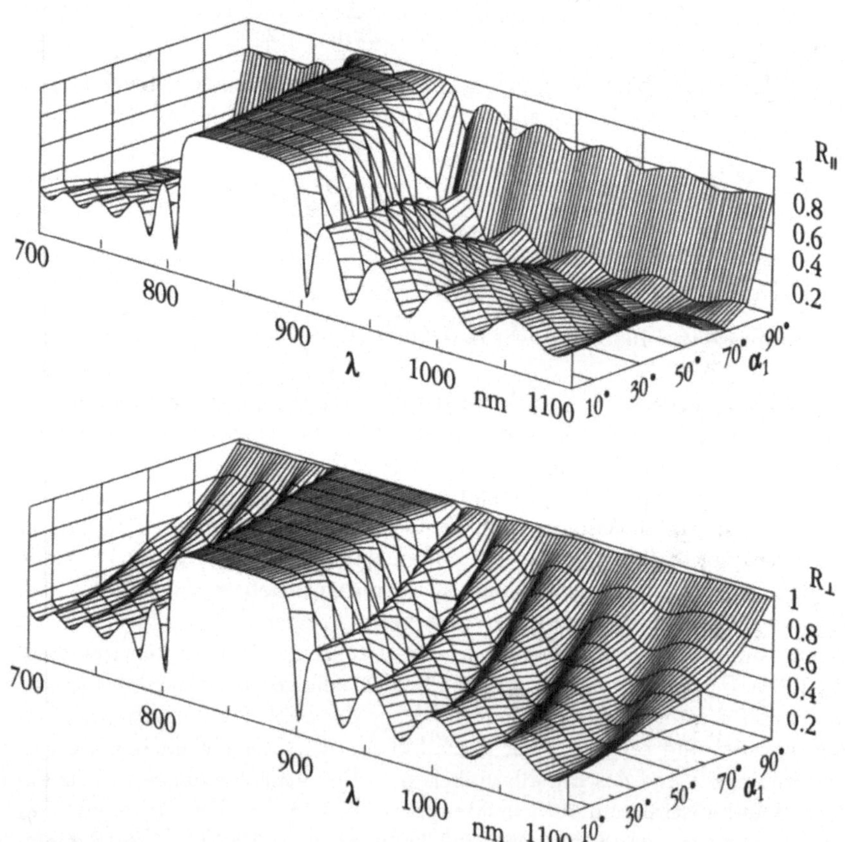

Abb. 2.21: Intensitätsreflektivität R einer Vielschichtenfolge im Sinne gekoppelter Fabry-Perot-Resonatoren für die beiden Polarisationsrichtungen a) $\parallel$ und b) $\perp$ zur Einfallsebene in Abhängigkeit der Vakuum-Wellenlänge λ und des Einfallswinkels α_1. Die Schichtenfolge wird im Text angegeben

in Abhängigkeit des Einfallswinkels läßt sich erkennen, daß die Kurven mit zunehmendem Einfallswinkel zu kleineren Wellenlängen wandern. Dies ist darauf zurückzuführen, daß diejenige Komponente des Ausbreitungsvektors $\vec{k}$, die senkrecht zu den Schichtgrenzflächen liegt und für die stehenden Wellen sorgt, mit zunehmendem Einfallswinkel einen immer kleineren Betrag $(2\pi/\lambda) \cdot n \cdot \cos\alpha_1$ besitzt.

Solche Vielschichtenfolgen können nicht nur als Ver- oder Entspiegelungsschichtstrukturen verwendet werden, sondern auch zur Kalibrierung der Dicken von epitaktisch gewachsenen Schichten, was zum Beispiel zur Einstellung des Wachstums in Molekularstrahlepitaxieanlagen genutzt werden kann.

2.6.4 Beugung

Beugungsphänomene sind eine spezielle Klasse von Interferenzphänomenen, die immer dann offenkundig werden, wenn Teile der Welle abgeblockt werden, oder - auch ohne Hindernis - am Rande eines Strahlenbündels. Die Beugungserscheinungen kommen durch die Überlagerung der am Rand existierenden Elementarwellen zustande, wobei hier auch gerade das Zusammenwirken "benachbarter" Elementarwellen eine wichtige Rolle spielt. Dadurch sind Beugungserscheinungen oft selbst noch auszumachen, wenn übliche Interferenzerscheinungen mangels ausreichender Kohärenz des Lichts nicht mehr auftreten.

Es hat sich bewährt, bei Beugungserscheinungen zwischen der sogenannten Nahfeld- oder Fresnelschen Beugung einerseits und der Fernfeld- oder Fraunhoferschen Beugung andererseits zu unterscheiden. Das Nahfeld ist der Bereich unmittelbar hinter einem beugenden Objekt; für das Fernfeld ist der Abstand zwischen der Ebene des beugenden Objekts und der Beobachtungsebene sehr viel größer als die Abmessungen des beugenden Objekts oder des Strahlenbündels, so daß die Strahlen zu den Beobachtungspunkten achsennah und unter kleinen Winkeln zur optischen Achse verlaufen. Diese Annahmen für Berechnungen zum Fernfeld werden uns noch häufig begegnen.

Das Nahfeld kann betrachtet werden, indem es mit Hilfe einer Linse auf eine "bequeme" Beobachtungsebene abgebildet wird; dabei gilt natürlich die Abbildungsgleichung. Das Fernfeld liegt genaugenommen erst im Unendlichen vor. Hier treffen sich jeweils die einzelnen in sich parallelen Strahlenbündel unterschiedlichen Ausbreitungswinkels. Da eine Linse parallele Strahlen, die

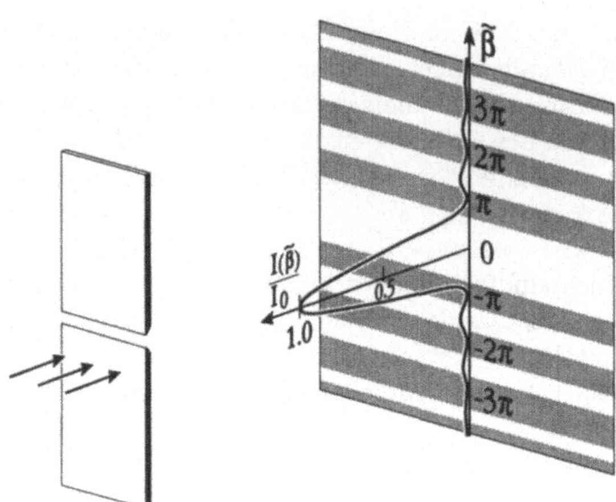

Abb. 2.22: Prinzipskizze zur Beugung am Spalt und sinc²-förmiges Beugungs-muster der Intensität

sich sonst erst im Unendlichen treffen würden, in ihrer hinteren Brennebene vereinigt, kann sie dazu dienen, "das Unendliche in eine bequeme Entfernung zu holen". Es ist wichtig zu begreifen, daß zwischen der Ebene des beugenden Objekts und der Brennebene in diesem Fall nicht die Abbildungsgleichung gilt. Die Linse zerlegt nur die Welle in ebene Teilwellen mit unterschiedlichen Winkeln relativ zur optischen Achse. Diese Zusammenhänge werden in Kap. 3 deutlicher werden, wo es um Fourier-Optik geht. Die Linse führt nämlich eine Fourier-Transformation auf ihre hintere Brennebene durch. Wegen seiner Bedeutung in der Praxis wird in diesem Buch die Fraunhofer-Beugung sehr viel ausführlicher behandelt als die Fresnel-Beugung.

Zur Berechnung von Beugungsbildern werden in der Beobachtungsebene alle Beiträge des Felds von allen Punkten des beugenden Objekts, zum Beispiel einer beugenden Öffnung, phasenrichtig addiert. Um zu veranschaulichen, wie es zu Beugungsbildern kommt, soll hier exemplarisch die Beugung am Spalt berechnet werden. Abbildung 2.22 enthält eine Skizze der Verhältnisse. Der Spalt habe eine Breite b in x-Richtung und sei in der y-Richtung unendlich ausgedehnt. Von jedem Punkt des Spalts geht eine kugelförmige Elementar-welle aus. Für die Feldstärke des elektrischen Felds der elektromagnetischen

Welle in einem Beobachtungspunkt gilt:

$$E = \hat{E} \int_{-b/2}^{b/2} \frac{\sin(\omega t - kr)}{r} \, dx \tag{2.135}$$

mit $\hat{E}$ als Feldstärkeamplitude und $r = r(x)$ als Entfernung zwischen Beugungs- und Beobachtungspunkt; dabei werden die Beiträge aller Elementarwellen aus der gesamten Spaltbreite aufintegriert. R_x sei der Abstand von der Spaltmitte zum jeweiligen Beobachtungspunkt. Für die Fernfeld-Beugung gilt:

$$R_x \gg b, \tag{2.136}$$

$$r(x) \approx R_x. \tag{2.137}$$

Damit vereinfacht sich die Gl. (2.135) für das Feld:

$$E = \frac{\hat{E}}{R_x} \int_{-b/2}^{b/2} \sin(\omega t - kr) \, dx \tag{2.138}$$

Im sin-Ausdruck darf nicht einfach r durch R_x ersetzt werden, da die sin-Funktion sehr empfindlich von ihrem Argument abhängt. Hier ergibt sich eine Vereinfachung über die McLaurin-Reihe:

$$r = R_x - x \sin \beta + \frac{x^2}{2R_x} \cos^2 \beta \ldots \tag{2.139}$$

mit dem Beugungswinkel β. Mit den ersten beiden Termen aus der Reihe folgt weiter:

$$\begin{aligned}
E &= \frac{\hat{E}}{R_x} \int_{-b/2}^{b/2} \sin(\omega t - k(R_x - x \sin \beta)) \, dx \\
&= -\frac{\hat{E}}{R_x} [\frac{1}{k \sin \beta} \cos(\omega t - kR_x + kx \sin \beta)]_{-b/2}^{b/2} \\
&= -\frac{\hat{E}}{R_x} \frac{1}{k \sin \beta} \cdot \\
&\qquad \cdot [\cos(\omega t - kR_x + k\frac{b}{2} \sin \beta) - \cos(\omega t - kR_x - k\frac{b}{2} \sin \beta)].
\end{aligned} \tag{2.140}$$

Wegen

$$\cos \rho_1 - \cos \rho_2 = -2\sin\frac{\rho_1 + \rho_2}{2}\sin\frac{\rho_1 - \rho_2}{2} \tag{2.141}$$

ergibt sich:

$$E = +\frac{\hat{E}}{R_x}\frac{b}{\frac{1}{2}kb\sin\beta}[\sin(\frac{1}{2}2(\omega t - kR_x))\cdot\sin(\frac{1}{2}2k\frac{b}{2}\sin\beta)] \tag{2.142}$$

$$= \frac{\hat{E}b}{R_x}\frac{\sin(k\frac{b}{2}\sin\beta)}{k\frac{b}{2}\sin\beta}\sin(\omega t - kR_x). \tag{2.143}$$

Mit der Definition

$$\tilde{\beta} = k\frac{b}{2}\sin\beta \tag{2.144}$$

läßt sich Gl. (2.143) folgendermaßen schreiben:

$$E = \frac{\hat{E}b}{R_x}\frac{\sin\tilde{\beta}}{\tilde{\beta}}\sin(\omega t - kR_x). \tag{2.145}$$

Intensitätsbildung (inklusive der zeitlichen Mittelung, wobei wieder der konstante Faktor unberücksichtigt bleibt) ergibt:

$$I(\beta) = \frac{1}{2}(\frac{\hat{E}b}{R_x})^2(\frac{\sin\tilde{\beta}}{\tilde{\beta}})^2 = I_0 \cdot (\frac{\sin\tilde{\beta}}{\tilde{\beta}})^2 = I_0 \cdot \text{sinc}^2\tilde{\beta}, \tag{2.146}$$

mit

$$I_0 = \frac{1}{2}(\frac{\hat{E}b}{R_x})^2. \tag{2.147}$$

In Gl. (2.146) ist implizit die Definition der sinc-Funktion (Spalt-Funktion) enthalten. Der entsprechende Intensitätsverlauf (sinc²) ist in Abb. 2.22 dargestellt. Dies ist eine mit $1/\tilde{\beta}^2$ modulierte sin²-Funktion von $\tilde{\beta}$. So ergeben sich helle und dunkle Streifen - typisch für Interferenzerscheinungen.

Es fällt auf, daß die sinc-Funktion gerade die Fourier-Transformierte der Rechteck-Funktion darstellt. Tatsächlich ergibt sich in einer allgemeineren Herleitung, die in Kap. 3 skizziert werden wird, daß sich das Fernfeld-Beugungsmuster aus einer Fourier-Transformation der Feldverteilung in der Ebene des beugenden Objekts ergibt.

Beim Beugungsmuster eines Doppelspalts kommt zu der Beugung an den Einzelspalten noch die Interferenz zwischen den Wellen aus den beiden Spalten

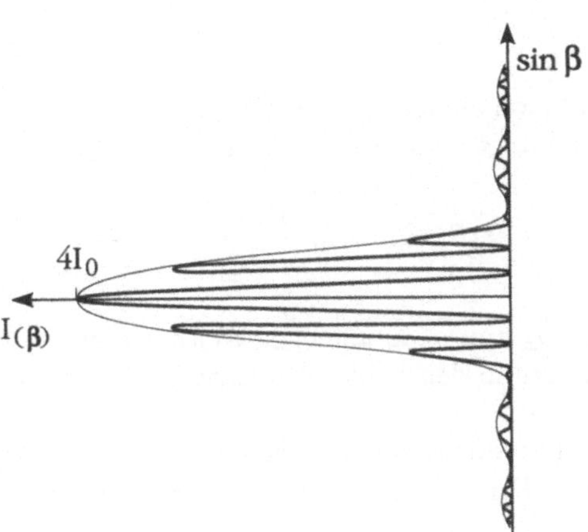

Abb. 2.23: Beugungsmuster der Beugung am Doppelspalt: dem sinc^2-förmigen Beugungsmuster der Beugung an den Einzelspalten ist eine $\cos^2$-förmige Struktur der Interferenz zwischen den beiden Spalten überlagert

hinzu (Youngsche Doppelspaltanordnung). Mathematisch drückt sich dieser Sachverhalt durch eine $\cos^2$-Modulation des vom Einzelspalt bekannten Beugungsmusters aus:

$$I(\beta) = 4I_0 \frac{\sin^2 \tilde{\beta}}{\tilde{\beta}^2} \cos^2 \hat{\beta}, \qquad (2.148)$$

wobei

$$\hat{\beta} = k\frac{g}{2}\sin\beta \qquad (2.149)$$

mit g als Mittenabstand der beiden Spalte und β immer noch als Beugungswinkel. Die Funktion ist in Abb. 2.23 dargestellt. Wie immer, wenn die Fourier-Transformation ins Spiel kommt, ist die Feinstruktur der "Wirkung" eine Folge der Grobstruktur der "Ursache" und umgekehrt. Je größer der Abstand der beiden Spalte, desto feiner die Modulation des Beugungsmusters. Je geringer die Spaltbreiten, desto weiter sind die Extrema der Einhüllenden (der sinc-Funktion) auseinandergezogen.

Für das Beugungsmuster von N äquidistanten Spalten im periodischen Abstand g ergibt sich qualitativ folgende Funktion:

$$I(\beta) = I_0 \cdot \frac{\sin^2 \tilde{\beta}}{\tilde{\beta}^2} \cdot \frac{\sin^2(N\hat{\beta})}{\sin^2 \hat{\beta}}. \qquad (2.150)$$

Der Übergang auf zwei Dimensionen ergibt für einen rechteckigen Einzelspalt
der Breiten b_x und b_y in x- und y-Richtung:

$$I(\beta_x, \beta_y) = I_0 \cdot \frac{\sin^2 \tilde{\beta}_x}{\tilde{\beta}_x^2} \cdot \frac{\sin^2 \tilde{\beta}_y}{\tilde{\beta}_y^2}, \qquad (2.151)$$

wobei die Größen $\tilde{\beta}_x$ und $\tilde{\beta}_y$ in analoger Weise wie im eindimensionalen Fall
über die Spaltbreiten in den beiden Dimensionen x und y definiert sind.

Der Übergang auf eine kreisrunde Öffnung statt eines Spalts führt von der
sinc- auf die Bessel-Funktion J_1 1. Gattung 1. Ordnung:

$$I(\beta) = I_0 \cdot \left(\frac{2J_1 \mid k(D/2)\sin\beta}{k(D/2)\sin\beta} \right)^2 \qquad (2.152)$$

mit D als Durchmesser der kreisrunden Öffnung und β als Beugungswinkel;
Bessel-Funktionen kommen bei zylindersymmetrischen Problemen ins Spiel.

Nun zur Beugung an einem optischen Gitter, das heißt an einer Anordnung
sehr vieler äquidistanter "Spalte", die so eng sind, daß von jeder "Öffnung"
gewissermaßen nur eine Elementarwelle ausgeht. Die Ausdrücke Spalt und
Öffnung wurden hier in Anführungszeichen gesetzt, da sie in einem abstrakteren Sinne zu verstehen sind. Ein Gitter muß nicht unbedingt so beschaffen
sein, daß es Teile der Welle abblockt und dadurch zu einer räumlichen Amplitudenmodulation der Welle führt (Amplitudengitter), sondern kann auch lokal räumlich periodisch die Phase der Wellenfront verändern (Phasengitter).
Abbildung 2.24 verdeutlicht die verschiedenen Unterscheidungen. Zunächst
besteht die Klassifizierung in Transmissionsgitter, bei denen die Welle durch
das Gitter hindurchtritt und gebeugt wird, und Reflexionsgitter, bei denen die Welle gebeugt und reflektiert wird. Außerdem ist, wie oben schon
erwähnt, zwischen Amplituden- und Phasengittern zu unterscheiden. Am-
plitudentransmissionsgitter bestehen aus periodischen lichtundurchlässigen
Bereichen. Im Fall der Amplitudenreflexionsgitter existieren periodisch ange-
ordnete reflektierende Streifen, zum Beispiel aufgedampfte Metallschichten.
Bei Phasentransmissionsgittern ist zwischen den Arten der Veränderung der
optischen Weglänge $n \cdot d$ zu unterscheiden. Zum einen kann ein Oberflächenrelief zur Anwendung kommen, bei dem der Laufweg d der Strahlen durch das
Gitter periodisch ortsabhängig ist. Oder aber die Brechzahl ist räumlich periodisch moduliert. Bei Phasenreflexionsgittern bleiben die beiden Möglichkei-

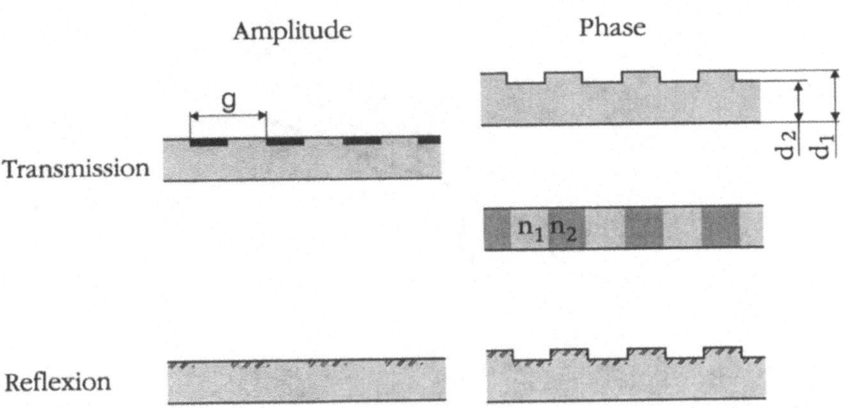

Abb. 2.24: Klassifizierungen von Beugungsgittern: die Amplitude kann durch Schwärzungs- oder Verspiegelungsverteilungen beeinflußt werden, die Phase durch örtliche Variation der Brechzahl oder der Schichtdicke. Die Größen g sowie d_1, d_2 und n_1, n_2 bezeichnen in dieser Reihenfolge die Gitterperiode oder -konstante, Schichtdicken und Brechzahlen

ten eines Oberflächenreliefs mit einer Reflexionsbeschichtung - wie gezeichnet - oder einer Brechzahlvariation mit Reflexion an der Rückseite (nicht gezeichnet).

Amplitudengitter sind relativ einfach herzustellen. Phasengitter haben den Vorteil, daß sie nicht einfach Teile der Welle abblocken. So steht für die Beugungsordnungen - bis auf leichte Verluste durch Streuung und Absorption im Material - im Prinzip die gesamte Intensität der auf das Gitter einfallenden Welle zur Verfügung.

Die Phasendifferenzen zwischen den von den einzelnen Spalten des Gitters herrührenden Elementarwellen führen in bestimmten Richtungen zu Beugungsmaxima. Mit α_1 als Einfallswinkel auf das Gitter (wieder relativ zum Einfallslot) und β als Beugungswinkel relativ zum Lot sowie g wieder als Spaltabstand, jetzt Gitterkonstante genannt, gilt:

$$\sin \alpha_1 \pm \sin \beta = m\frac{\lambda}{g}, \qquad m = 0, \pm 1, \pm 2, \cdots. \tag{2.153}$$

Zwischen den sin-Ausdrücken steht das Pluszeichen, wenn einfallendes Strahlenbündel und Beugungsmaximum auf derselben Seite des Einfallslots lie-

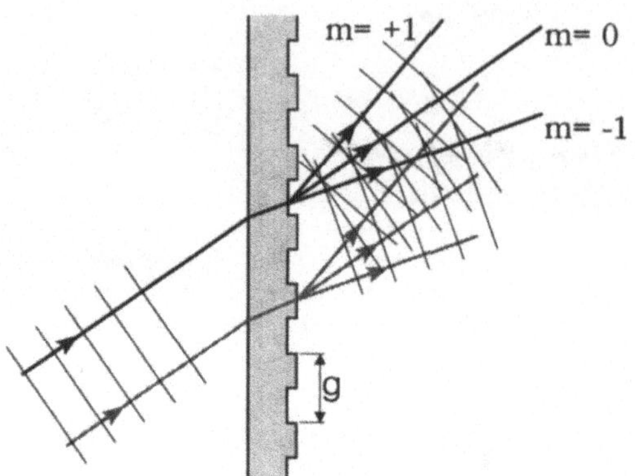

Abb. 2.25: Prinzipskizze zur Beugung am Gitter am Beispiel eines Transmissionsgitters. Die Größe g bezeichnet die Gitterkonstante. Von jeder Gitterperiode geht eine Huygenssche Elementarwelle aus. Je nach der Phasendifferenz zwischen allen Teilwellen kommt es in verschiedenen Richtungen zu konstruktiver Interferenz und damit zu sogenannten Beugungsordnungen, die mit der Nummer m bezeichnet werden

gen; das Umgekehrte trifft für das Minuszeichen zu. Der Faktor m bezeichnet die sogenannten Beugungsordnungen. Die obige Formel gilt sowohl für Transmissions- als auch für Reflexionsgitter. Die Situation ist für ein Transmissionsgitter in Abb. 2.25 skizziert.

Da die Phasendifferenzen zwischen den einzelnen Strahlen eines Bündels bei der Beugung am Gitter die entscheidende Rolle spielen, ist nicht verwunderlich, daß auch die Form der Gitterfurchen oder die Transmissionsverteilung eines einzelnen Spalts von Bedeutung ist. In Abb. 2.26 sind die Gitterbeugungswirkungsgrade η_0 und η_1 der 0. und der 1. Beugungsordnung für ein Sinus- und ein Rechteck-Phasentransmissionsgitter über dem Verhältnis aus maximaler Profiltiefe Δd und Vakuum-Wellenlänge λ aufgetragen. Der Wirkungsgrad ist das Verhältnis aus abgebeugter und einfallender Intensität. Die Abbildung zeigt zum einen, daß es für jede Wellenlänge eine optimale Profiltiefe gibt. Außerdem wird aber auch deutlich, daß unterschiedliche Gitterprofile zu unterschiedlichen maximalen Beugungswirkungsgraden führen. Das Rechteckgitter liegt bei etwa 41%, während das Sinusgitter maximal auf etwa 33% kommt. Es muß betont werden, daß die Abb. 2.26 aus einer Rech-

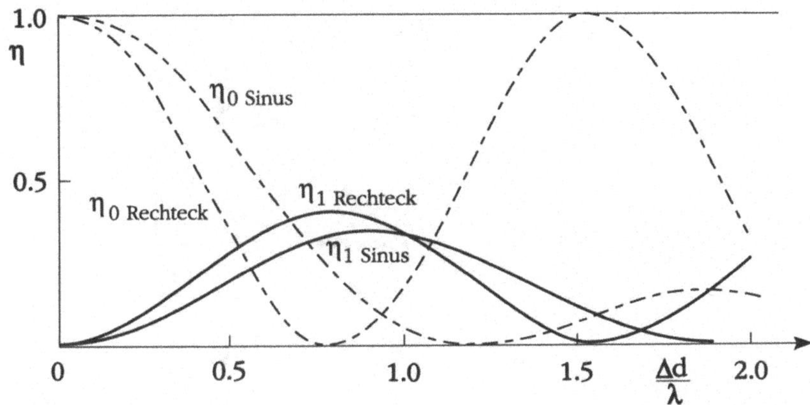

Abb. 2.26: Wirkungsgrade η der Gitterbeugung der 0. und der 1. Beugungsordnung für ein Sinus- und ein Rechteck-Phasentransmissionsgitter (Reflexion an der Vorderseite) über dem Verhältnis aus maximaler Relieftiefe Δd und Vakuum-Wellenlänge λ. Unterschiedliche Gitterformen ergeben verschiedene maximale Beugungswirkungsgrade

nung resultiert, die von senkrechtem Einfall auf das Gitter ausgeht ($\alpha_1 = 0$). Außerdem wird angenommen, daß alle Beugungsordnungen, die noch nennenswerte Beugungsintensitäten aufweisen, auch tatsächlich auftreten.

Wäre dies nicht der Fall ($\beta_m > 90°$), könnte die betreffende Beugungsordnung nicht auftreten und die ihr "zukommende" Intensität verteilte sich auf die anderen Beugungsordnungen - etwa in dem Verhältnis ihrer Beugungswirkungsgrade. Diese Tatsache kann dazu genutzt werden, um noch mehr Intensität in eine bestimmte Beugungsordnung abzubeugen. Durch Schrägstellen des Gitters relativ zur einfallenden Welle können negative Beugungsordnungen unterdrückt werden. Durch eine kleine Gitterperiode g kann die Abbeugung so stark werden, daß alle höheren Beugungsordnungen nicht auftreten.

Eine andere Möglichkeit, die Intensität einer bestimmten Beugungsordnung zu erhöhen, ist das sogenannte "blazing". Hierbei sind die Gitterfurchen asymmetrisch, im Falle eines Oberflächenreliefs zum Beispiel in Form eines stark ungleichschenkligen Dreiecks, wie Abb. 2.27 für ein Reflexionsgitter veranschaulicht. Der in der Abbildung definierte Winkel γ_B wird "blaze"-Winkel genannt. Der Trick dieser Anordnung besteht darin, daß für eine bestimmte

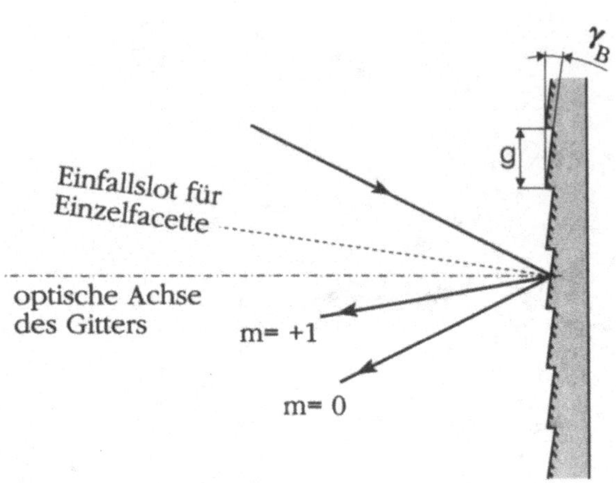

Abb. 2.27: Veranschaulichung eines "blazed grating". Die Größen g und γ_B geben die Gitterkonstante und den sogenannten "blaze"-Winkel an

Beugungsordnung (in der Abbildung die +1.) zu der Beugung am Gitter die Reflexion an jeder Einzelfacette (beziehungsweise die 0. Ordnung der Beugung am Einzelspalt) hinzukommt. Dem Beugungsmuster des Gitters ist also die Intensitätsverteilung einer einfachen Reflexion überlagert, die nur ein einzelnes scharf, begrenztes Maximum zuläßt. Mit solchen "blazed gratings" können Beugungswirkungsgrade deutlich über 80% erreicht werden.

Eine in der Praxis häufig auftretende Anordnung eines Reflexionsgitters ist die sogenannte Littrow-Anordnung, bei der die 1. Beugungsordnung in dem einfallenden Strahlenbündel zurückläuft. In Abb. 2.28 ist der Aufbau skizziert. Diese Anordnung wird zum Beispiel zum Durchstimmen von Halbleiterlasern verwendet. Das von einem Halbleiterlaser über ein Objektiv kommende Licht wird gebeugt und durch die Beugung am Reflexionsgitter wellenlängenselektiv wieder in den Laser zurückgekoppelt. Ein bestimmter Kippwinkel des Gitters relativ zur optischen Achse entspricht der Auswahl einer bestimmten Wellenlänge, die bevorzugt zurückgekoppelt wird. Nach einem Einschwingvorgang verstärkt der Laser dann bevorzugt diese zurückgekoppelte Wellenlänge, wenn sie in den spektralen Verstärkungsbereich des Materials fällt. Zum Durchstimmen des Lasers ist das Gitter zu drehen.

Ein Gitter mit parallelen Furchen kann den Öffnungswinkel eines Strahlenbündels nicht beeinflussen. Kollimiertes Licht (ein Bündel in sich paral-

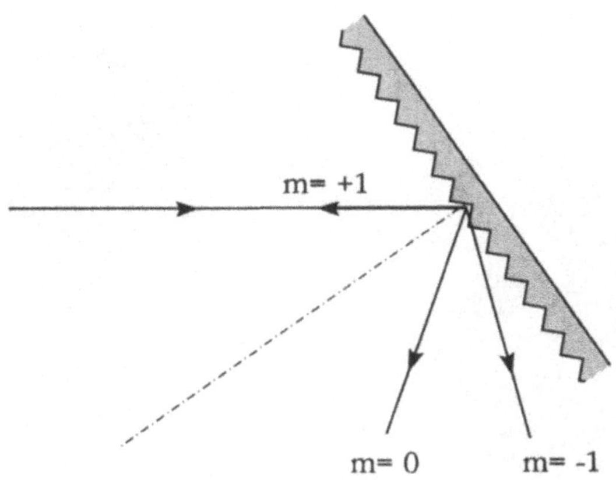

Abb. 2.28: Littrow-Anordnung eines Reflexions-Beugungsgitters: die
1. Beugungsordnung läuft in der einfallenden Welle zurück

leler Strahlen) wird zu kollimierten Beugungsordnungen. Divergentes Licht
bleibt divergent mit demselben Öffnungswinkel. Konvergentes Licht bleibt
konvergent. In einem abstrakteren Sinne des Wortes existieren aber auch
"Gitter", mit denen zum Beispiel divergentes Licht in konvergentes umgewandelt wird, also fokussiert werden kann. In diesem Sinne sind solche optischen Bauelemente abbildende Elemente, die nicht auf der Brechung, sondern
auf der Beugung des Lichts basieren.

Auch die sogenannten Fresnelschen Zonenplatten gehören hierzu. In
Abb. 2.29 sind ihr Entstehungsprinzip und eine Fresnelsche Zonenplatte skizziert. Zur Erklärung der Funktion wird ein Gedankenexperiment gemacht
(linkes Teilbild). Ein punktförmige Lichtquelle Q strahle kugelförmige Wellen ab. Betrachtet werde eine Kugeloberfläche mit dem Radius r von der
Quelle. Die Beobachtung erfolge im Punkt B. Die Verbindungslinie zwischen
Q und B definiere die optische Achse. Der Abstand $\overline{QB} - r = d$ sei der Abstand von B zur Kugeloberfläche auf der optischen Achse. Die Frage ist nun,
wie sich die Interferenz der von der gedachten Kugeloberfläche herrührenden
Elementarwellen im Punkt B auswirkt. Dazu müssen die Elementarwellen
von der Kugeloberfläche unter Berücksichtigung ihrer Phasen im Punkt B
aufaddiert werden. Nun läßt sich aber schon sagen, daß es bestimmte gedachte Bereiche auf der Kugeloberfläche gibt - in der Abb. 2.29 dunkel und
hell gekennzeichnet - für die in benachbarten Bereichen entsprechende Strah-

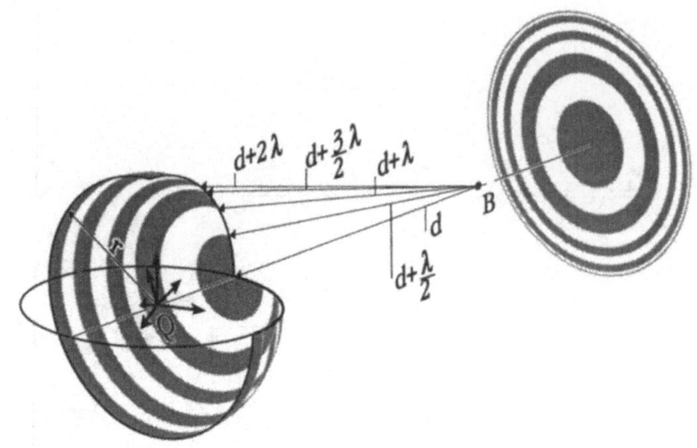

Abb. 2.29: Skizze einer Fresnelschen Zonenplatte (rechts) und ihres Entstehungsprinzips (links) - genaue Erklärung im Text

len gerade einen relativen Wegunterschied von $\lambda/2$ zum Punkt B zurücklegen müssen, entsprechend einer Phasendifferenz von π, so daß es hier gerade zur Auslöschung der Teilwellen kommt. Die erwähnten Bereiche heißen Fresnelsche Zonen. Wird nun jede zweite Fresnelsche Zone nicht nur zur Veranschaulichung im Bild dunkel gefärbt, sondern tatsächlich lichtundurchlässig gemacht, existieren nur noch Zonen, in denen die entsprechenden Strahlen einen Wegunterschied von Vielfachen von λ beziehungsweise eine Phasendifferenz von Vielfachen von 2π besitzen und sich deshalb gegenseitig verstärken. Im Beobachtungspunkt B ergibt sich dann ein heller Fleck; das Licht ist fokussiert worden.

Genau wie oben erläutert, gibt es auch bei den Fresnelschen Zonenplatten, aufgefaßt als Beugungsgitter mit gekrümmten Gitterlinien, die Version mit einem Oberflächenphasenrelief anstelle der Hell-Dunkel-Verteilung. Das Relief muß für den Fall der Transmission gerade eine solche Höhe haben, daß eine zusätzliche Phasendifferenz von π auftritt. Dann verstärken sich alle entsprechenden Strahlen in allen Zonen - und nicht nur in jeder zweiten. Dadurch kann die gesamte Intensität, die auf die Fresnelsche Zonenplatte einfällt, zur Beugung genutzt werden. (Tatsächliche Fresnelsche Zonenplatten sind eben und entsprechen der Projektion der Fresnelschen Zonen auf die Ebene.)

Solche Fresnelschen Zonenplatten mit Oberflächenrelief werden immer häufi-

ger in der integrierten Optik zur Fokussierung des Lichts von oberflächen-
mittierenden Halbleiterlaserdioden eingesetzt, die in zweidimensionalen Feldern angeordnet sind. Jeder Laserdiode ist eine kleine Fresnelsche Zonenplatte zugeordnet [RAS 91], die ebenfalls integriert-optisch erstellt und in
einem zweidimensionalen Feld angeordnet wird. Hierauf werden wir weiter
hinten noch zurückkommen. Solche Fresnelschen Zonenplatten haben unter
anderem den Vorteil, daß sie sehr flach sind, also dickbäuchige Linsen (für
kleine Brennweiten) vermieden werden.

Das Prinzip der Fresnelschen Zonen funktioniert nicht nur für sphärische Wellen. Zum Beispiel ändert sich bei einfallendem kollimiertem Licht qualitativ
nichts; nur die Zonenbreiten fallen etwas anders aus. Auch schräg einfallendes
divergentes Licht kann auf einen Punkt auf der optischen Achse gebündelt
werden; die Fresnelschen Zonen müssen dann entsprechend verzerrt sein.

Die Fresnelschen Zonen erklären die Erscheinungen der Fresnel-Beugung.
Das Entscheidende ist, wie eine beugende Öffnung die Fresnelschen Zonen
- hier sind damit wieder die gedachten Zonen gemeint - aus dem Blickwinkel
des gerade betrachteten Beobachtungspunkts abdeckt. Je nach der Zahl der
Fresnel-Zonen, die zu der Überlagerung am Beobachtungspunkt beitragen,
ergibt sich am Beobachtungspunkt eine bestimmte Intensität. Oft wirken Zonen auch nur teilweise mit, weil ihr Rest von dem Hindernis abgedeckt wird.
Die Überlegungen müssen für jeden Punkt der Beobachtungsebene wiederholt werden, um das Fresnel-Beugungsmuster zu bestimmen. In diesem Buch
soll auf die Fresnelsche Beugung nicht weiter eingegangen werden.

2.6.5 Kohärenz

Innerhalb dieses Kapitels wurde schon mehrfach der Begriff der Kohärenz
verwendet. Hier soll er detaillierter erörtert werden. Die Kohärenzzeit Δt
einer elektromagnetischen Welle ist etwa die Dauer der Wellenzüge, aus der
sich die Gesamtwelle zusammensetzt. Nun ist die Dauer der Wellenzüge nicht
nur mit der Dauer der atomaren Emissionsvorgänge verknüpft, sondern kann
deutlich länger sein, wenn durch stimulierte Emissionsvorgänge eine "Kopplung" der atomaren Emissionsvorgänge stattfindet, die zu relativ langen Wel-
lenzügen führen kann. Die Kohärenzzeit ist umgekehrt proportional zur spektralen Bandbreite $\Delta\nu$ der Wellenzüge; das heißt, ein Wellenzug kann nur so
lang sein, wie sein Spektrum schmal ist. Aus der Fourier-Analyse elektrischer
Zeitfunktionen müßte diese Aussage geläufig sein. Umgekehrt gilt: je kürzer
und steiler ein Puls ist, desto mehr (höhere) Frequenzen sind in ihm enthal-

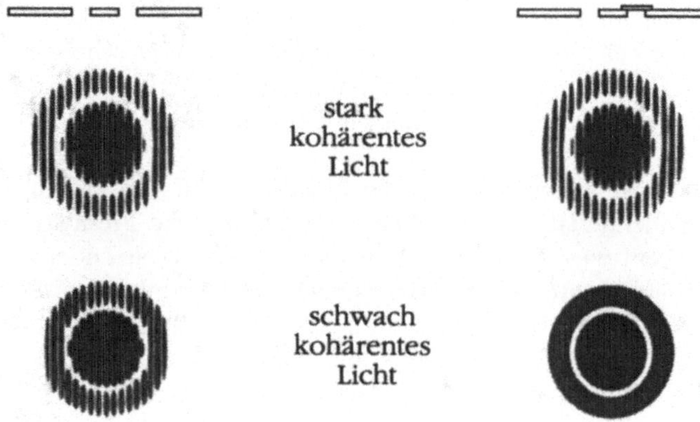

Abb. 2.30: Versuchsergebnisse an einer Youngschen "Doppellochanordnung" zum Begriff der Kohärenz nach [HEC 89]: bei schwacher Kohärenz und leichter Phasenverschiebung der beiden aus der Doppellochanordnung austretenden Wellen ist zwar keine Interferenzfähigkeit dieser Wellen gegeben; Beugung am Einzelloch mit den damit verbundenen Beugungsmustern kann dennoch auftreten

ten. Die Kohärenzzeit ist diejenige Zeitdauer, über die die Phasenlage einer Welle mehr oder weniger genau für einen Punkt im Raum vorhergesagt werden kann. Über eine Zeit, die kleiner als die Kohärenzzeit ist, kann Licht wie monochromatisches Licht behandelt werden. Dieser Sachverhalt wird manchmal mit dem Begriff der zeitlichen Kohärenz beschrieben. Licht breitet sich in einer bestimmten Zeit eine bestimmte Strecke aus. Daher kann die Situation auch aus einem anderen Blickwinkel gesehen werden. Die Entfernung, über die die Phasenlage vorhersagbar ist, führt zu den Begriffen räumliche Kohärenz und Kohärenzlänge.

Ein Experiment, das den Begriff der Kohärenz sehr schön veranschaulicht, ist in Abb. 2.30 nach [HEC 89] dargestellt. Eine (Youngsche) Doppellochanordnung wird beleuchtet. In der rechten Spalte der Abbildung ist vor einem der beiden Löcher eine Glasplatte angebracht. Die obere Bildzeile zeigt das Ergebnis für einen Versuch mit dem relativ stark kohärenten Licht eines Helium-Neon-Lasers (He-Ne-Lasers), die untere das Versuchsergebnis für schwach kohärentes Licht zum Beispiel von einer Quecksilberdampf-Lampe. Ohne die Glasplatte vor einem der beiden Löcher sind für beide Lichtquellen sowohl die kreisrunden Erscheinungen der Beugung an jedem einzelnen Loch als auch die streifenförmigen Interferenzerscheinungen beider Löcher zu sehen. Mit Glasplatte vor dem Loch ist dies nur noch für die stark kohärente He-Ne-Laser-Quelle der Fall. Für die schwach kohärente Quelle treten nur noch die Beugungserscheinungen auf, da sie durch das Zusammenwirken benachbarter Randstrahlen zustandekommen; dafür reicht die lateral räumliche Kohärenz aus. Durch die Glasplatte werden aber die Wellen beider Öffnungen so stark gegeneinander verzögert, daß die Kohärenzzeit für Interferenzerscheinungen zu gering ist. Das heißt, die Kohärenzlänge ist geringer als die optische Dicke der Glasplatte.

Ein Anhaltspunkt für die Stärke der Kohärenz kann die Durchmodulation eines Interferenzmusters zweier gleichintensiver Wellen sein. Dazu wird der Kontrast K (englisch: "visibility") über den Maximalwert I_{max} und den Minimalwert I_{min} der Intensität im Beugungsmuster definiert:

$$K = \frac{I_{max} - I_{min}}{I_{max} + I_{min}}.$$

$$(2.154)$$

Für Anwendungen von Lasern ist der Kohärenzbegriff sehr wichtig. Gerade hierbei ist er aber problematisch, da das Auftreten mehrerer Longitudinalmoden die Situation verkompliziert. Longitudinalmoden sind die verschiedenen Resonanzen eines Lasers, die dadurch zustande kommen, daß jeder Laser auch einen Fabry-Perot-Resonator darstellt. Jede Resonanz besitzt eine andere Wellenlänge. Und die Überlagerung der Wellen mit diesen unterschiedlichen Resonanzwellenlängen ergeben die komplizierteren Erscheinungen, auf die jetzt eingegangen werden soll.

Zu Beginn des Abschnitts 2.6.3 über Interferenz ist schon berechnet worden, daß die Überlagerung einer Welle E_1 mit sich selbst - nach einer Verzögerung τ - zu folgender Intensität $I(\tau)$ in Abhängigkeit der Verzögerung τ, die ja einem entsprechenden Wegunterschied gleichzusetzen ist, führt:

$$I(\tau) = 2I_1 + 2\,Re\{< E_1 E_2^* >\} \tag{2.155}$$

mit

$$E_2(t) = E_1(t + \tau) \tag{2.156}$$

Für den Ausdruck $< E_1 E_2^* >$ aus dem Interferenzterm wird der Begriff der komplexen Selbstkohärenzfunktion $\Gamma(\tau)$ eingeführt:

$$\Gamma(\tau) = < E_1 E_2^* > = \lim_{T\to\infty} \frac{1}{T} \int_{-T/2}^{T/2} E_1(t) E_1^*(t + \tau)\, dt \tag{2.157}$$

mit T als Zeitmittelungsintervall. Daraus folgt:

$$I(\tau) = 2I_1 + 2\,Re\{\Gamma(\tau)\}. \tag{2.158}$$

Da Laserlicht relativ schmalbandig ist ($\Delta\omega << \omega$), gilt ungefähr:

$$\Gamma(\tau) = I_1 \cdot \lim_{T\to\infty} \frac{1}{T} \int_{-T/2}^{T/2} \exp(-j\omega t) \cdot \exp(j\omega t)\exp(j\omega\tau)\, dt = I_1 \cdot \exp(j\omega\tau);$$

$$\tag{2.159}$$

das heißt, $\Gamma(\tau)$ läuft für zunehmendes τ etwa auf einem Kreis in der komplexen Ebene um. Daher gilt:

$$|\,\Gamma(\tau)\,| \approx const \quad \forall\tau. \tag{2.160}$$

Damit folgt weiter:

$$
\begin{aligned}
I_{max} &= 2I_1 + 2\,Re\{\Gamma(\tau_{I_{max}})\} \\
&\approx 2I_1 + 2\,|\,\Gamma(\tau)\,|, \\
I_{min} &= 2I_1 - 2\,Re\{\Gamma(\tau_{I_{min}})\} \\
&\approx 2I_1 - 2\,|\,\Gamma(\tau)\,|.
\end{aligned}
\tag{2.161}
$$

$$\tag{2.162}$$

Für den Kontrast ergibt sich damit:

$$K(\tau) \;=\; \frac{2I_1 + 2\mid\Gamma(\tau)\mid -2I_1 + 2\mid\Gamma(\tau)\mid}{2I_1 + 2\mid\Gamma(\tau)\mid +2I_1 - 2\mid\Gamma(\tau)\mid}$$

$$=\; \frac{4\mid\Gamma(\tau)\mid}{4I_1} = \frac{\mid\Gamma(\tau)\mid}{I_1} =\mid\frac{\Gamma(\tau)}{\Gamma(0)}\mid$$

$$=\; \mid\gamma\mid. \tag{2.163}$$

Die gerade eingeführte Größe γ ist der sogenannte komplexe Selbstkohärenzgrad. Wie Abb. 2.31 beschreibt, wird - je nach der Art und Weise, wie sich der Kontrast K mit der Verzögerung τ verringert - von vollständig kohärentem (nicht realistisch), partiell kohärentem und vollständig inkohärentem Licht (ebenso wenig realistisch) gesprochen.

Für eine monofrequente Welle gilt:

$$\gamma \;=\; \frac{\Gamma(\tau)}{\Gamma(0)} = \frac{\exp(j\omega\tau)}{\exp(0)} = \exp(j\omega\tau) \tag{2.164}$$

$$K = \;\mid\gamma\mid \;=\; 1. \tag{2.165}$$

Für zwei Frequenzen ω_1 und ω_2 (zum Beispiel 2 sehr schmalbandige Longitudinalmoden eines Lasers - für den Fall üblicher He-Ne-Laser ist dies oft eine zutreffende Annahme) ergibt sich die Selbstkohärenzfunktion zu:

$$\Gamma(\tau) \;=\; \lim_{T\to\infty} \frac{1}{T} \int_{-T/2}^{T/2} [(\exp(-j\omega_1 t) + \exp(-j\omega_2 t)) \cdot$$

$$\cdot\; (\exp(j\omega_1(t+\tau)) + \exp(j\omega_2(t+\tau)))]\, dt$$

$$=\; \lim_{T\to\infty} \frac{1}{T} \Big[\int_{-T/2}^{T/2} (\exp(j\omega_1\tau) + \exp(j\omega_2\tau))\, dt$$

$$+\; \int_{-T/2}^{T/2} (\exp(+j(\omega_2 - \omega_1)t + j\omega_2\tau) + \exp(-j(\omega_2 - \omega_1)t + j\omega_1\tau))\, dt \Big]$$

$$=\; \exp(j\omega_1\tau) + \exp(j\omega_2\tau). \tag{2.166}$$

Es folgt weiter:

$$\mid\Gamma(\tau)\mid^2 \;=\; \Gamma(\tau)\Gamma^*(\tau)$$

$$
\begin{aligned}
&= (\exp(j\omega_1\tau) + \exp(j\omega_2\tau))(\exp(-j\omega_1\tau) + \exp(-j\omega_2\tau)) \\
&= 2 + \exp(j(\omega_2 - \omega_1)\tau) + \exp(-j(\omega_2 - \omega_1)\tau) \\
&= 2 + 2\cos((\omega_2 - \omega_1)\tau) \\
&= 4\cos^2 \frac{(\omega_2 - \omega_1)\tau}{2}
\end{aligned}
\tag{2.167}
$$

$$
|\,\Gamma(\tau)\,| = 2\,|\cos \frac{(\omega_2 - \omega_1)\tau}{2}\,|,
\tag{2.168}
$$

$$
|\,\Gamma(0)\,| = 2
\tag{2.169}
$$

$$
K(\tau) = |\,\gamma(\tau)\,| = |\,\frac{\Gamma(\tau)}{\Gamma(0)}\,| = |\cos \frac{(\omega_2 - \omega_1)\tau}{2}\,| .
\tag{2.170}
$$

Die Kontrastfunktion weist also eine $|\cos|$-Form auf. Bei der Überlagerung
zweier ideal monochromatischer Wellen gleicher Frequenz müßte es zu diesem
$|\cos|$-Muster kommen; durch die nicht verschwindende Bandbreite existiert
aber eine abklingende Einhüllende, wie sie in Abb. 2.31 dargestellt ist. Umge-
kehrt kann die Einhüllende als durch die $|\cos|$-Funktion moduliert verstan-
den werden. Durch diese Modulation ist der übliche Begriff der Kohärenzzeit
beziehungsweise -länge nicht mehr sinnvoll, da die Kontrastfunktion mehrere
Maxima enthält. Deswegen wird bei Lasern die Kohärenzzeit je nach Anwendung über den Abfall der Kontrastfunktion definiert. Es gibt Anwendungen
-zum Beispiel die Tiefenholografie-, bei denen auch höhere Kontrastfunkti-
onsmaxima, für die ja tatsächlich wieder Kohärenz und Interferenzfähigkeit
des Lichts gegeben ist, verwendet werden.

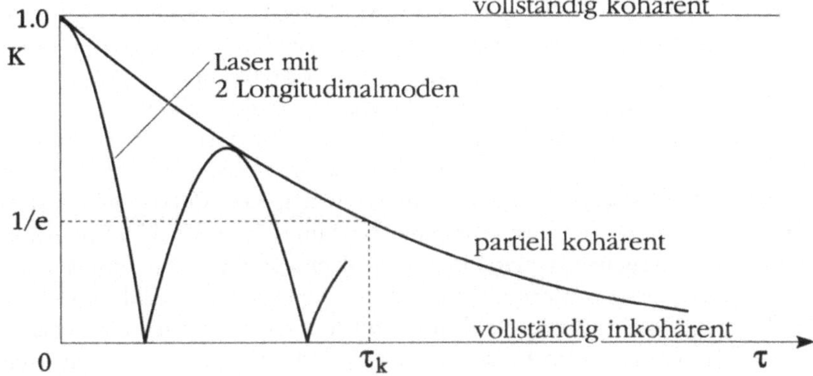

Abb. 2.31: Veranschaulichung der Begriffe vollständig kohärentes, partiell kohärentes und vollständig inkohärentes Licht mittels der Kontrastfunktion K in Abhängigkeit von der zeitlichen Verzögerung τ der beiden sich überlagernden Teilwellen. Bei der Überlagerung zweier ideal monochromatischer Wellen gleicher Frequenz müßte es zu einem $|\cos|$-Muster kommen; durch die nicht verschwindende Bandbreite existiert eine abklingende Einhüllende. Ob letztere oder die Überstruktur sinnvollerweise zur Definition von Kohärenzzeit und -länge verwendet wird, hängt von der Anwendung ab

3 Fourier-Optik

3.1 Fourier-Optik und Fraunhofer-Beugung

Wie in diesem Kapitel gezeigt werden wird, ist die Verteilung des elektrischen Felds einer elektromagnetischen Welle in weiterem Abstand hinter einem beugenden Objekt die Fourier-Transformierte der Feldverteilung in der Ebene des Objekts. Eine Linse holt "die Ebene in weiterem Abstand" in ihre hintere Brennebene. In diesem Sinne könnte eine Linse als "Fourier-Transformator" bezeichnet werden. In der elektrischen Meßtechnik wird mit Hilfe einer Fourier-Transformation eine Zeitfunktion in Sinusfunktionen unterschiedlicher Frequenz zerlegt. In der Optik entspricht die zweidimensionale räumliche Fourier-Transformation einer zweidimensionalen Feld- oder Lichtverteilung der Zerlegung in Strukturen mit unterschiedlicher räumlicher Periode. Jedes Objekt wird praktisch so aufgefaßt, als sei es aus sehr vielen sinusförmigen Beugungsgittern unterschiedlicher Gitterperiode und Orientierung zusammengesetzt. Das auf das Objekt einfallende Licht wird an diesen Gittern gebeugt. Je enger der Abstand der "Gitterlinien", desto größer die Beugungswinkel. Die optische Fourier-Analyse entspricht also der Zerlegung des Lichts in ebene Wellen unterschiedlicher Ausbreitungsrichtung. Die Erzeugung und Beeinflussung dieser Teilwellen sind der Grundgedanke der Fourier-Optik. Es handelt sich demnach um die Behandlung der Optik aus einem bestimmten gedanklichen Blickwinkel.

Wie oben angekündigt, soll hier zunächst gezeigt werden, daß sich die Fernfeldverteilung als Fourier-Transformierte der Feldverteilung in der Objektebene ergibt. Betrachtet werde eine Geometrie nach Abb. 3.1. Zunächst soll nur der Bezug zwischen der Objektebene x-y und der Beobachtungsebene $\tilde{x}$-$\tilde{y}$ hergestellt werden. Die z-Richtung ist die Ausbreitungsrichtung. Die Lichtwelle sei eben. (Ist dies nicht der Fall, kann schon die einfallende Welle gedanklich in ebene Anteile mit unterschiedlicher Ausbreitungsrichtung zerlegt werden; die Überlegungen können dann für jeden ebenen Anteil getrennt durchgeführt werden.) Die Welle falle für unsere Betrachtungen der Einfachheit halber senkrecht auf die Objektebene, die sie beleuchtet, ein. Das Objekt beugt die einfallende Welle. Nach dem Huygensschen Prinzip ge-

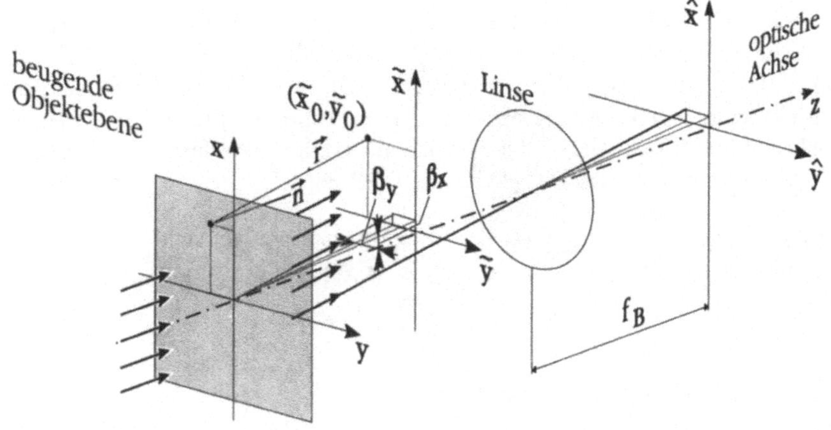

Abb. 3.1: Skizze zur Definition der Ebenen und Größen im Zusammenhang mit der Fourier-Optik

hen von jedem Objektpunkt kugelförmige Elementarwellen aus, die sich zu der neuen, modifizierten Gesamtwelle überlagern. Durch die Beugung fallen Lichtstrahlen unter den verschiedensten Winkeln $\angle(\vec{n}, \vec{r})$ - mit $\vec{n}$ als Normalenvektor auf die Objektebene - auf die Beobachtungsebene ein und überlagern sich dort kohärent. (Handelt es sich um inkohärentes Licht, gelten die Betrachtungen für die in sich kohärenten Anteile. Die Beugung zieht sich gewissermaßen die zusammengehörigen kohärenten Anteile der Welle heraus.) Die sphärischen Elementarwellen können durch Ausdrücke der Form $f(x, y) \cdot (1/r) \exp(j\, n \vec{k} \cdot \vec{r}) \cdot \exp(-j\omega t)$ beschrieben werden, wobei $\vec{k}$ den Ausbreitungsvektor vom Betrag $k = (2\pi/\lambda)$, n die Brechzahl und $\vec{r}$ den Ortsvektor vom Objekt- zum Beobachtungspunkt mit $\mid \vec{r} \mid = r$ darstellen. Der Faktor $f(x, y)$ steht hier für die Feldverteilung in der Objektebene x-y. Der Term $\exp(-j\omega t)$ wird im folgenden weggelassen, weil er bei der Intensitätsbildung ohnehin fortfällt.

Um zu der Feldverteilung in der Beobachtungsebene (nach der Beugung) zu gelangen, müssen für jeden Punkt $(\tilde{x}_0, \tilde{y}_0)$ der Beobachtungsebene die Beiträge aller Objektpunkte und damit aller sphärischen Elementarwellen - unter Berücksichtigung ihrer Phasen - aufaddiert werden:

$$\tilde{f}(\tilde{x}, \tilde{y}) = \frac{1}{j\lambda} \int\!\!\!\int_{|R^2} f(x, y) \frac{1}{r} \exp(j\, n \vec{k} \cdot \vec{r}) \cos(\angle(\vec{n}, \vec{r}))\, dx\, dy \qquad (3.1)$$

Dies ist das Kirchhoffsche Beugungsintegral. Es wird davon ausgegangen, daß die Punkte, die innerhalb der Objektebene, aber außerhalb des Objekts liegen, die Transmission 0 besitzen. Deshalb kann über die gesamte Objektebene x-y integriert werden. Die Faktoren $1/(j\lambda)$ und $\cos(\angle(\vec{n}, \vec{r}))$ (Abstrahlcharakteristik) entstammen einer exakten Herleitung, die hier aber nicht dargestellt werden soll [GOO 88, BOR 83].

Für die weitere Herleitung werden einige Annahmen gemacht.
Die Betrachtung findet nahe der optischen Achse (der z-Achse) statt:

$$\cos(\angle(\vec{n}, \vec{r})) \approx 1. \tag{3.2}$$

Die Betrachtung erfolgt im Fernfeld:

$$\frac{1}{r} \approx \frac{1}{z}, \tag{3.3}$$

wobei z auch die z-Koordinate der Beobachtungsebene darstellt. Für r kann geschrieben werden:

$$\begin{aligned}
r &= \sqrt{z^2 + (x - \tilde{x})^2 + (y - \tilde{y})^2} \\
&= z \cdot \sqrt{1 + \frac{(x - \tilde{x})^2}{z^2} + \frac{(y - \tilde{y})^2}{z^2}}
\end{aligned} \tag{3.4}$$

Wegen der starken Drehung des komplexen Zeigers $\exp(j\cdot)$ gilt aber:

$$\exp(jknr) \not\approx \exp(jknz). \tag{3.5}$$

Wegen der Betrachtung im Fernfeld gilt mit Gl. (3.4) und der Taylor-Entwicklung

$$\sqrt{1 + \rho} \approx 1 + \frac{\rho}{2} \tag{3.6}$$

mit $\rho \ll 1$ für r:

$$\begin{aligned}
r &= z \cdot \left(1 + \frac{(x - \tilde{x})^2}{2z^2} + \frac{(y - \tilde{y})^2}{2z^2}\right) \\
&= z + \frac{x^2 - 2x\tilde{x} + \tilde{x}^2}{2z} + \frac{y^2 - 2y\tilde{y} + \tilde{y}^2}{2z}.
\end{aligned} \tag{3.7}$$

Nach Herausziehen aller von den Integrationsvariablen x und y unabhängigen Variablen aus dem Doppelintegral und ihrer Zusammenfassung in der Variablen $\tilde{A}(\tilde{x}, \tilde{y})$ folgt mit den genannten Näherungen aus dem Kirchhoffschen

Beugungsintegral:

$$
\tilde{f}(\tilde{x}, \tilde{y}) \;=\; \frac{1}{j\lambda z}\cdot \exp(jknz)\cdot \exp(jkn\frac{\tilde{x}^2+\tilde{y}^2}{2z})\int\limits_{|R^2}\!\!\int f(x,y)\cdot
$$

$$
\cdot\;\exp(jkn\frac{x^2+y^2}{2z})\exp(-j\frac{kn}{z}(x\tilde{x}+y\tilde{y}))\,dx\,dy \tag{3.8}
$$

$$
=\;\tilde{A}(\tilde{x},\tilde{y})\int\limits_{|R^2}\!\!\int f(x,y)\cdot
$$

$$
\cdot\;\exp(jkn\frac{x^2+y^2}{2z})\cdot\exp(-j2\pi(xn\frac{\tilde{x}}{\lambda z}+yn\frac{\tilde{y}}{\lambda z}))\,dx\,dy. \tag{3.9}
$$

Mit der Definition der sogenannten Raumfrequenzen

$$
\nu_x \;=\; \frac{\tilde{x}}{\lambda z} \tag{3.10}
$$

$$
\nu_y \;=\; \frac{\tilde{y}}{\lambda z} \tag{3.11}
$$

(die Brechzahl n könnte auch in die Definitionen hereingezogen werden) und der Umbenennung

$$
F(\nu_x,\nu_y) = \tilde{f}(\tilde{x},\tilde{y}) \tag{3.12}
$$

ergibt sich weiter:

$$
F(\nu_x,\nu_y) \;=\; \tilde{A}(\tilde{x},\tilde{y})\int\limits_{|R^2}\!\!\int f(x,y)\cdot
$$

$$
\cdot\;\exp(jkn\frac{x^2+y^2}{2z})\exp(-2\pi j(x(n\nu_x)+y(n\nu_y)))\,dx\,dy. \tag{3.13}
$$

Für den ersten Exponentialterm im Integral wird erneut die Fernfeldnäherung herangezogen:

$$
\exp(jkn\frac{x^2+y^2}{2z}) \approx 1, \tag{3.14}
$$

so daß weiter folgt:

$$
F(\nu_x,\nu_y) = \tilde{A}(\tilde{x},\tilde{y})\int\limits_{|R^2}\!\!\int f(x,y)\cdot\exp(-2\pi j(x(n\nu_x)+y(n\nu_y)))\,dx\,dy. \tag{3.15}
$$

Dies ist bis auf den Faktor $\tilde{A}(\tilde{x},\tilde{y})$ aber gerade die Fourier-Transformierte $\mathcal{F}$ der komplexen Feldverteilung $f(x,y)$,

$$F(\nu_x,\nu_y) = \tilde{A}(\tilde{x},\tilde{y})\mathcal{F}\{f(x,y)\}, \tag{3.16}$$

was hier zu beweisen war.

Im Fernfeld befindet sich das Raumfrequenzspektrum der komplexen Feldverteilung des beleuchteten Objekts. Im Unendlichen treffen sich parallele Strahlen. Bei Sammellinsen treffen sich parallel einfallende Strahlen in der hinteren Brennebene. Um im Experiment das Fernfeld betrachten zu können, wird deshalb gewissermaßen das Unendliche mit einer Sammellinse der Brennweite f_B in deren hintere Brennebene $\hat{x}$-$\hat{y}$ geholt, was in Abb. 3.1 ebenfalls angedeutet ist. Mit der Definition der Raumfrequenzen und aus der Geometrie der Anordnung folgt:

$$\lambda\nu_x = \frac{\tilde{x}}{z} = \tan\beta_x \approx \sin\beta_x \approx \beta_x \tag{3.17}$$

$$\frac{\hat{x}}{f_B} = \tan\beta_x \approx \sin\beta_x \approx \beta_x \tag{3.18}$$

$$\nu_x = \frac{\hat{x}}{\lambda f_B}. \tag{3.19}$$

$$\text{Analog:} \quad \nu_y = \frac{\hat{y}}{\lambda f_B}. \tag{3.20}$$

Die Raumfrequenzen ν_x und ν_y sind also direkt proportional zu den entsprechenden Koordinaten $\hat{x}$ und $\hat{y}$ in der hinteren Brennebene der Linse. Für einen sogenannten $2f(= 2f_B)$-Aufbau, bei dem die Objektebene in die vordere Brennebene der Linse fällt, ergibt sich für den Faktor $\tilde{A}(\tilde{x},\tilde{y})$ gerade:

$$\tilde{A}(\tilde{x},\tilde{y}) = \frac{1}{j\lambda z} \cdot \exp(jknz) \cdot \exp(jkn\frac{\tilde{x}^2 + \tilde{y}^2}{2z}) = 1. \tag{3.21}$$

Die Erklärung kann der Herleitung von Goodman [GOO 88] entnommen werden. Für einen $2f$-Aufbau ergibt sich nach Gl. (3.16) also:

$$F(\nu_x,\nu_y) = \mathcal{F}\{f(x,y)\}. \tag{3.22}$$

Es ist wichtig zu verstehen, daß in der hinteren Brennebene der Linse keine Abbildung der Intensitätsverteilung der vorderen Brennebene stattfindet. Denn die parallelen Lichtstrahlen, die sich jeweils in einem Punkt der hinteren Brennebene treffen, stammen nicht von je einem gemeinsamen Objektpunkt in der vorderen Brennebene. Vielmehr stellen sie Lichtstrahlen dar, die von verschiedenen Objektpunkten unter demselben Winkel ausgehen. Die vom Objekt kommende Welle wird auf diese Weise gedanklich in unendlich viele ebene Wellen mit unterschiedlichen Ausbreitungswinkeln zerlegt; es handelt sich um eine räumliche Fourier-Analyse. Wie bei Fourier-Transformationen üblich führen die großen Strukturen im Objekt zur Feinstruktur der Fourier-Transformierten und umgekehrt. Dieser Sachverhalt wird durch den Ähnlichkeitssatz der Fourier-Transformation ausgedrückt:

$$f(a_x x, a_y y) = \frac{1}{|\,a_x\,|\cdot|\,a_y\,|}\cdot \mathcal{F}(\frac{\nu_x}{a_x}, \frac{\nu_y}{a_y}) \qquad (3.23)$$

mit a_x und a_y als reelle "Streckungsfaktoren" in x- und y-Richtung.

Eine ebene Welle führt also in der hinteren Brennebene, das heißt in der Ebene der Fourier-Transformation (vergleiche Abb. 2.2), zu einem Lichtpunkt. Er liegt nur dann auf der optischen Achse, wenn die ebene Welle auch achsenparallel verläuft. Umgekehrt führt ein Lichtpunkt in der vorderen Brennebene zu einer ebene Welle hinter der Linse und damit zu einer gleichmäßigen (konstanten) Feldverteilung in der hinteren Brennebene.

Da am Anfang dieses Kapitels von der gedanklichen Zerlegung des Objekts in Sinusgitter gesprochen wurde, soll hier kurz auf die Beugung am Sinusgitter hingewiesen werden. Detaillierte Herleitungen hierzu sind bei [LAU 93] zu finden. Die entsprechende Feldverteilung soll hier folgendermaßen geschrieben werden:

$$f(x, y) = \frac{1}{2} + \frac{1}{2}\cos\frac{2\pi y}{g} \qquad (3.24)$$

mit

$$0 \le f(x, y) \le 1 \qquad (3.25)$$

wobei g wieder die Gitterkonstante mit Ausrichtung der Streifen in x-Richtung ist. Mit

$$\cos\rho = \frac{1}{2}(\exp(j\rho) + \exp(-j\rho)) \qquad (3.26)$$

ergibt sich für die Feldverteilung (3.24) in einer veränderten Schreibweise:

$$f(x, y) = \frac{1}{2} + \frac{1}{4}\exp(j2\pi\frac{y}{g}) + \frac{1}{4}\exp(-j2\pi\frac{y}{g}) \qquad (3.27)$$

Dies entspricht einer achsenparallelen und zwei schräg zur optischen Achse laufenden ebenen Wellen (Beugungsordnungen). Sie ergeben in der hinteren

Brennebene (nach der Fourier-Transformation) Lichtpunkte, die hier durch Diracsche Delta-Funktionen δ beschrieben werden. Es folgt [LAU 93]:

$$F(\nu_x, \nu_y) = \frac{1}{2}\delta(\nu_x, \nu_y) + \frac{1}{4}\delta(\nu_x, \nu_y - \frac{1}{g}) + \frac{1}{4}\delta(\nu_x, \nu_y + \frac{1}{g}). \qquad (3.28)$$

Dies sind drei Lichtpunkte auf einer Linie entlang der y-Achse im Abstand von $1/g$ von der optischen Achse.

3.2 Kohärente optische Filterung

Die Existenz von Ebenen, in denen die Fourier-Transformierte der Feldverteilung des beugenden Objekts vorliegt, erlaubt die Beeinflussung eines Bilds durch Filterung der Raumfrequenzen. In diesem Zusammenhang wird von kohärenter optischer Filterung gesprochen.

Wird der Vorgang der Fourier-Transformation wiederholt, wie in Abb. 3.2 dargestellt, das heißt, wird eine Fourier-Rücktransformation der Feldverteilung in der hinteren Brennebene der ersten Linse durchgeführt, ergibt sich ein umgekehrtes Bild des Objekts in der hinteren Brennebene der zweiten Linse:

$$f(-x, -y) = \mathcal{F}\mathcal{F}\{f(x,y)\}. \qquad (3.29)$$

Es handelt sich bei der Anordnung um einen sogenannten $4f$-Aufbau, da viermal die Brennweite aneinandergereiht wird. Dazu müssen die beiden Linsen nicht dieselbe Brennweite besitzen ($2f_1 + 2f_2$). In der hinteren Brennebene der ersten Linse, die gleichzeitig die vordere Brennebene der zweiten Linse darstellt, existiert die räumliche Fourier-Transformierte der (Objekt-) Feldverteilung aus der vorderen Brennebene der ersten Linse. Ähnlich wie bei der Filterung von elektrischen Zeitfunktionen durch Manipulation des Leistungsspektrums mit Tief- und Hochpaßfiltern, Bandpässen und -sperren sowie Phasenfiltern können auch die räumlichen Feldverteilungen und die daraus resultierenden Intensitätsverteilungen durch Manipulation des Raumfrequenzspektrums verändert werden. Dazu können in die Fourier-Transformationsebene des $4f$-Aufbaus Blenden eingebracht werden. Ein Stopp auf der optischen Achse entspricht einer speziellen Hochpaßfilterung (in der Optik Dunkelfeldverfahren genannt), eine Lochblende einem Tiefpaßfilter, ein Kreisring einer Bandsperre und entsprechend weiter. Beispiele für kohärent-optische Filterungen zeigt Abb. 3.3 aus [VOG 80]. Die einzelnen Teilbilder sind in der Bildunterschrift erklärt. Es ist zu erkennen,

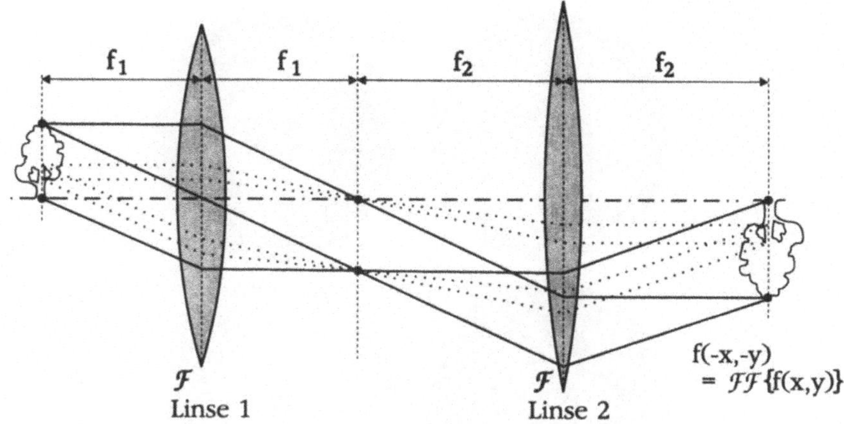

Abb. 3.2: 4f-Aufbau (eventuell $2f_1 + 2f_2$) mit 2 Linsen für Fourier-Transformation und Rücktransformation

daß die hohen Raumfrequenzen für die scharfen Kanten und feinen Struktu-ren des Bildes "zuständig" sind. Deswegen treten bei einer Hochpaßfilterung überwiegend diese Kanten in Erscheinung, während sie bei einer Tiefpaßfil-terung verschwinden und besonders die gleichmäßigen Flächen (mit großer Periode der Struktur) hervortreten.

Es bleibt anzumerken, daß bereits das "ungefilterte Objekt" (Abb. 3.3a) Ver-waschungen der feinen Strukturen im Zentrum aufweist, da Kameraobjektiv und Filmauflösung bereits eine Tiefpaßfilterung bewirken.

Ausführlicher, als es im Rahmen dieses Buches möglich ist, erläutern Lau-terborn et al. [LAU 93] in ihrem Buch über kohärente Optik die kohärente optische Filterung und die damit eng verbundenen Gebiete der holografischen Filterung und der Mustererkennung mit Hilfe holografischer Filter.

3.3 Modulationstransferfunktion

Nur kurz soll hier das Thema Modulationstransferfunktion angerissen wer-den, welches in der Optik eine große Bedeutung hat, für die Anwendungen bei den Halbleitern und in der integrierten Optoelektronik aber nicht so wichtig ist, daß ihm sehr viel Platz gewidmet werden müßte.

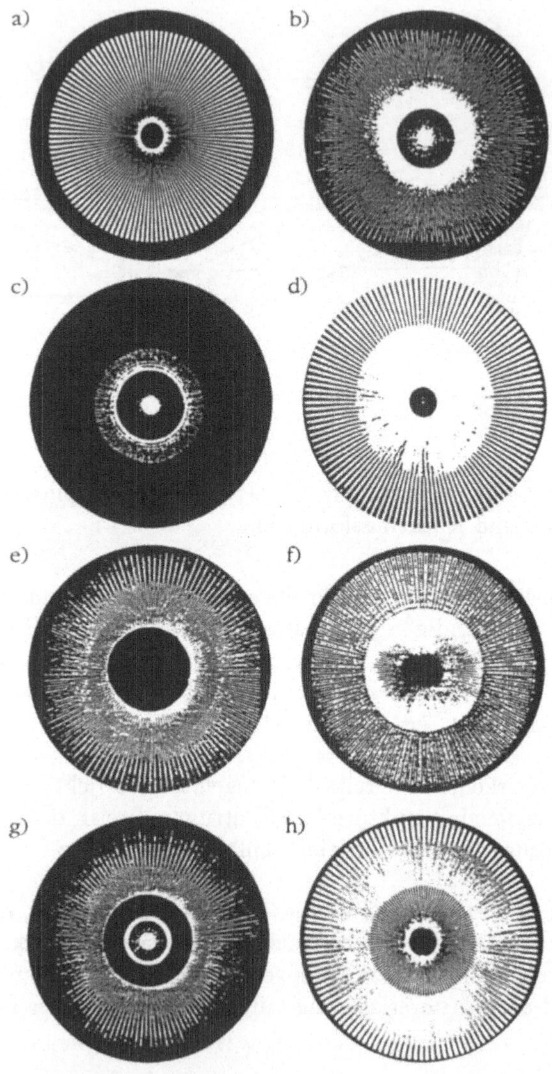

Abb. 3.3: Fotos von Experimenten zu kohärent-optischen Filterungen aus [VOG 80]: a) Original-"Siemens-Stern", b) ungefiltertes Raumfrequenzspektrum, c/e/g) mit Tiefpaß / Hochpaß / Bandsperre gefilteres Spektrum, d/f/h) entsprechende Bilder nach Tiefpaß- / Hochpaß- / Bandsperren-Filterung

In den letzten beiden Unterkapiteln war von den Raumfrequenzanteilen die
Rede, aus denen sich ein Objekt zuusammensetzt. Jedes optische System
zeigt eine ihm eigene Charakteristik, die Raumfrequenzanteile des Objekts
an seinen Ausgang zu transformieren. So wirken sich Blenden oder auch
Linsenfassungen üblicherweise wie Tiefpaßfilter aus, die die höheren Raumfrequenzanteile abschneiden. Dadurch ist das Bild, das von dem optischen
System vom Objekt entworfen wird, nicht mit dem Objekt identisch. (Wenn
hier von Abbildungen gesprochen wird, ist das kein Widerspruch zu der
früheren Bemerkung, daß es sich bei der Fourier-Transformation nicht um
eine Abbildung handelt. Vielmehr ist gemeint, daß natürlich an der Bildent-
stehung in einer Abbildung auch verschiedene ebene Teilwellen unterschiedlicher Ausbreitungswinkel beteiligt sind, die durch die optischen Elemente und
deren Begrenzungen unterschiedlich beeinflußt werden.) Bestimmte Raum-
frequenzbereiche können nicht oder nur schlecht durch das System an seinen
Ausgang transportiert beziehungsweise im Bild aufgelöst werden. Dies spie-
gelt sich darin wider, daß der Kontrast K (in dem früher in Kap. 2 definierten
Sinne) für diese Raumfrequenzen nicht seinen Maximalwert 1 erreicht. Ein
Diagramm der Abhängigkeit des Kontrasts von den Raumfrequenzen (hier
der Einfachheit halber nur eindimensional) zeigt Abb. 3.4 für zwei fiktive
optische Systeme. Der Kontrast K wird in diesem Zusammenhang auch oft
"Modulation" genannt. Da die Kurve die Qualität der Transformation der
Raumfrequenzen durch ein optisches Sytem beschreibt, wird es Modulations-
transferfunktion genannt [HEC 89, SC3 87].

Abbildung 3.4 soll auch veranschaulichen, daß die Frage, welches optische
System besser ist, von der betreffenden Anwendung abhängt. System "1"
zeigt zwar bei höheren Raumfrequenzen als System "2" noch einen deutlichen Kontrast; bei dem gegebenen Detektor der Grenz-Raumfrequenz ν_{Det}
(zum Beispiel der Sensorfläche einer Fernsehkamera) können diese höheren
Raumfrequenzen aber ohnehin nicht aufgelöst werden. Dadurch ist Objektiv "2" für die Anwendung geeigneter; denn es weist bis zu der gegebenen
Grenz-Raumfrequenz des Detektors noch einen stärkeren Kontrast auf.

Oft interessiert nicht nur, wie sich der Kontrast als Funktion der Raumfrequenzen darstellt, sondern auch wie sich die Phase der Welle mit den
Raumfrequenzen verschiebt. Die entsprechende Abhängigkeit wird Phasentransferfunktion genannt. Modulations- und Phasentransferfunktion werden
als Amplitude und Phase einer komplexen Funktion, der sogenannten optischen Transferfunktion, zusammengefaßt. Hecht [HEC 89] erklärt in seinem Buch sehr anschaulich, daß die optische Transferfunktion die Fourier-

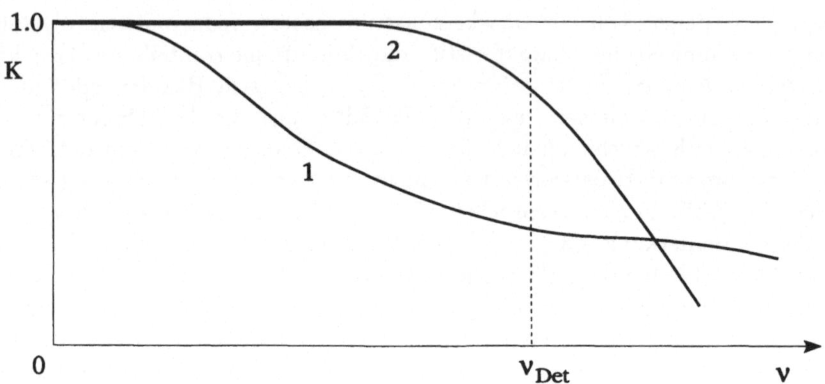

Abb. 3.4: Modulationstransferfunktion zweier fiktiver optischer Systeme. Die Eignung eines optischen Systems für eine spezielle Anwendung hängt nicht unbedingt mit der höchsten auftretenden Raumfrequenz zusammen, sondern auch mit der Frage, welche Raumfrequenzen von dem detektierenden System aufgelöst werden. Die Größe ν_{Det} stellt die obere Grenz-Raumfrequenz des Detektors dar

Transformierte der sogenannten Punktbildfunktion (besser englisch: "point spread function") ist. Die Punktbildfunktion gibt an, wie ein idealer Objektpunkt durch ein optisches System zu einem "verschmierten" Bildpunkt wird. In der Analogie mit der Situation bei Zeitfunktionen entspricht die Punktbildfunktion der Impulsantwort und die optische Transferfunktion der Übertragungsfunktion.

4 Holografie

4.1 Grundprinzip der Holografie

Bei der Fotografie wird nur die Information über die Amplitude beziehungsweise Intensität der Wellen gespeichert, die auf die lichtempfindliche Filmschicht einfallen. Die Information über die Phasenunterschiede der Wellen, in denen die Information über die "Räumlichkeit" des Objekts steckt, geht verloren. Bei der Holografie ist das anders. Es ist möglich, die gesamte Information über das Objekt, wie es sich einem Betrachter aus dem Blickwinkel, in dem die Hologrammplatte steht, darstellt, zu speichern und zu rekonstruieren [COL 71, LAU 93, IIZ 87].

Als holografische Schichten dienen fotografische Schichten, die allerdings für die Holografie feinkörniger sind, als es in der Fotografie üblich ist. Das Entscheidende bei der Holografie sind das Aufnahme- und das Rekonstruktionsverfahren. Abbildung 4.1 gibt einen Überblick über die Aufnahmeanordnung. Als Objekt dient für diese Darstellung eine Pyramide. Das Objekt wird beleuchtet; das von ihm in Richtung auf die Hologrammplatte mit der holografischen Schicht reflektierte Licht wird Objektwelle der Feldstärke E_O genannt. Um die Information über die Phasenunterschiede der Teilwellen aufnehmen zu können, ist eine Referenzphase erforderlich. Sie wird durch eine Referenzwelle der Feldstärke E_R geliefert, die am Objekt vorbeiläuft und sich mit der Objektwelle überlagert. Die Referenzwelle ist sinnvollerweise einfach zu wählen und wird deswegen meist durch eine möglichst ebene Welle gebildet. Damit die Referenzwelle wirklich eine definierte Referenzphase für die Objektwelle liefern kann, müssen Objekt- und Referenzwelle kohärent sein. Das heißt notwendigerweise, daß sie aus ein und derselben Lichtquelle stammen müssen. Sind die Polarisationsrichtungen von Referenz- und Objektwelle gleich, können sie miteinander interferieren. (Da hier von diesem Fall ausgegangen wird, reicht es, für die Feldstärken der elektromagnetischen Wellen die skalare Schreibweise zu verwenden.) In der holografischen Schicht wird also nicht die Intensitätsverteilung der Objektwelle gespeichert, sondern die des Interferogramms aus Objekt- und Referenzwelle am Ort der holografischen Schicht.

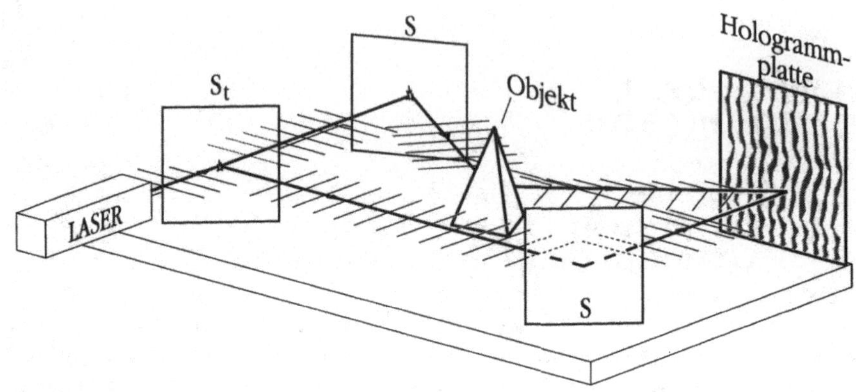

Abb. 4.1: Prinzipskizze der Anordnung zur Aufnahme eines Hologramms

Objekt- und Referenzwelle stammen aus derselben Laser-Lichtquelle und werden durch Teilung der ursprünglichen Welle mit Hilfe eines Strahlteilers S_t (eines teildurchlässigen Spiegels) erzeugt. Da Interferenzen bei ähnlicher Intensität der beiden interferierenden Wellen den besten Kontrast besitzen, wird der Strahlteiler so gewählt, daß die auf das Objekt einfallende Welle deutlich höhere Intensität zeigt. Denn durch die diffuse Reflexion des Lichts am Objekt geht sehr viel Intensität verloren. (Der Kontrast von Interferenzmustern ist von dem Verhältnis der Intensitäten der sich überlagernden Wellen abhängig. Nur für gleiche Intensitäten kann der Kontrast bei Laufweggleichheit der Wellen Eins werden.)

Je nach der Komplexität des Objekts ist das Interferogramm unterschiedlich kompliziert. In der Struktur der Interferenzlinien ist die Information über die "Verbeulung" der Phasenfronten, aber auch über die lokale Amplitude der Wellen gespeichert. Wie bei einer üblichen fotografischen Schicht kann das belichtete Material entwickelt und fixiert werden. Das fertige Hologramm kann als komplizierte Beugungsstruktur, die aus vielen unterschiedlichen Gittern zusammengesetzt ist, aufgefaßt werden. Zur Rekonstruktion der Information über das ursprüngliche Objekt wird das fertige Hologramm, wie die Abb. 4.2 verdeutlichen soll, nur noch mit der ursprünglichen Referenzwelle beleuchtet, die an der Struktur gebeugt wird. Eine der Beugungsordnungen ist gerade die ursprüngliche Objektwelle, wie etwas später klar werden sollte. Das heißt, bei Beleuchtung des Hologramms mit der Referenzwelle entsteht

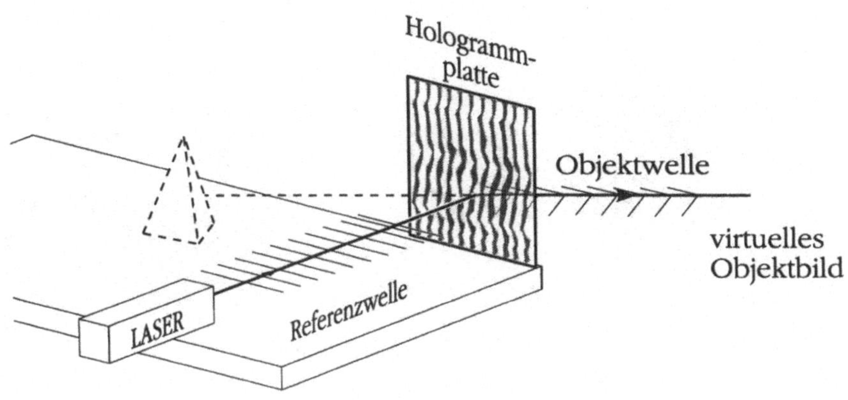

Abb. 4.2: Prinzipskizze der Anordnung zur Rekonstruktion eines Hologramms

eine Welle, die von dem ursprünglichen Objekt herzukommen scheint. Das so entworfene virtuelle Bild kann beispielsweise durch die menschlichen Augen abgebildet werden. Ein Bild des Objekts inklusive seiner räumlichen Information entsteht. Daß eine der Beugungsordnungen die Objektwelle darstellt, läßt sich nicht intuitiv verstehen. Allerdings verwundert es nicht, daß das Beugungsbild etwas mit der komplizierten Form der im Hologramm gespeicherten Interferenzlinien zu tun hat. Und daß diese eine direkte Folge der Form des Objekts und der daraus resultierenden "Verbeulung" der Objektwelle sind, wurde weiter oben erwähnt.

Die einfachste Form eines Hologramms liegt dann vor, wenn sowohl Referenz- als auch Objektwelle ebene Wellen sind (also das "Objekt" zum Beispiel ein von einer ebenen Welle beleuchteter flacher Spiegel ist). Dies ist in Abb. 4.3 links dargestellt. In diesem Fall ist das Interferogramm sehr einfach und besteht aus geraden Interferenzlinien. Die Rekonstruktion entspricht dann der Beugung an diesem holografischen Beugungsgitter. Mit dieser Herstellungstechnik können (geringe) Gitterkonstanten erreicht werden, wie sie durch mechanisches Ritzen von Gitterfurchen nicht zu erzielen sind. Die nächstkompliziertere Form der Holografie liegt dann vor, wenn die Objektwelle einen Ausschnitt aus einer konvergenten Kugelwelle darstellt - Abb. 4.3 rechts. Als Interferenzmuster ergibt sich eine Fresnelsche Zonenplatte, wie sie schon im Zusammenhang mit der Fresnel-Beugung behandelt wurde. Stehen die Mittelachsen von Objekt- und Referenzwelle senkrecht auf der holografischen

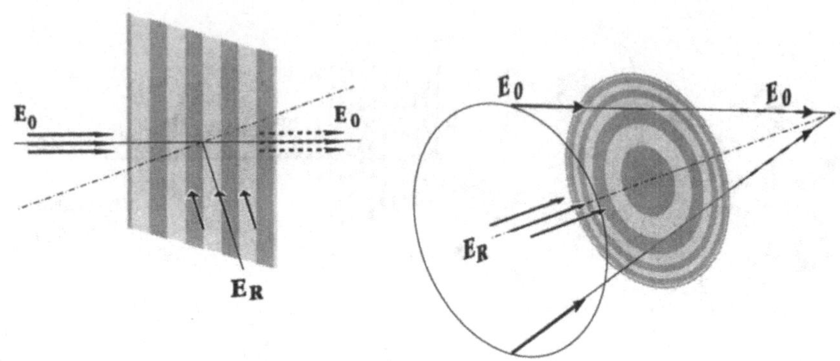

Abb. 4.3: Überblicksskizzen zu einfachen Hologrammen: links: ebene Objekt-
und ebene Referenzwelle → holografisches Beugungsgitter als Hologramm;
rechts: konvergente Objekt- und ebene Referenzwelle → Fresnelsche Zonenplatte als Hologramm

Ebene, besteht die Fresnelsche Zonenplatte aus konzentrischen Ringen; an-
dernfalls wären die Zonen entsprechend verformt. Bei der Rekonstruktion,
das heißt bei der Beleuchtung des Hologramms mit der ebenen Referenzwelle, wird von der Fresnelschen Zonenplatte die konvergente "Objektwelle"
erzeugt. Aus der ebenen Referenzwelle wird mit Hilfe der Beugung fokussier-
tes Licht - ähnlich wie bei einer Linse mittels Brechung. Aus diesem Grund
werden solche Strukturen auch holografische optische Elemente (HOE) genannt, auf die im Unterkapitel 4.3 noch einmal eingegangen wird.

Wie schon aus den Ausführungen über Beugungsgitter in Kap. 2 bekannt,
gibt es außer Amplitudengittern (Interferenzmustern mit Schwärzungsver-
teilungen) auch Phasengitter. Auch bei holografischen Schichten kann durch
spezielle Entwicklungsverfahren dafür gesorgt werden, daß sich ein kompli-
ziertes Phasengitter (Dickenrelief und/oder Brechzahlverteilung) ergibt. Die
Rekonstruktion funktioniert völlig identisch. Nun wird aber kaum noch Licht
absorbiert, so daß sich sehr hohe Beugungswirkungsgrade und sehr lichtstarke
rekonstruierte Bilder ergeben können.

Bisher fehlen noch Erläuterungen zu den verschiedenen Teilen des von dem
Hologramm bei der Rekonstruktion abgebeugten Lichts. Dazu ist noch ein-

mal die Aufnahme des Hologramms zu betrachten. Zur Vereinfachung sei angenommen, daß es sich um ein reines Amplitudentransmissionshologramm handelt. Dieses wird durch eine Intensitätstransmissionsverteilung $T(x,y)$ charakterisiert. Die Belichtungsintensität der holografischen Schicht bei der Aufnahme ergibt sich aus der kohärenten Überlagerung von Objekt- und Referenzwelle. Die Gesamtfeldstärke ist:

$$E_{ges} = E_O + E_R. \tag{4.1}$$

Unter Verdrängung der schon mehrfach erwähnten Konstante ergibt sich die Belichtungsintensitätsverteilung im wesentlichen aus der Betragsquadratbildung der elektrischen Gesamtfeldstärke:

$$\begin{aligned}
I_{ges}(x,y) &\sim\ <\mid E_{ges}(x,y)\mid^2> = <E_{ges}E_{ges}^*> \\
&=\ <(E_O + E_R)(E_O + E_R)^*> \\
&=\ <(E_O + E_R)(E_O^* + E_R^*)> \\
&=\ <E_O E_O^*> + <E_O E_R^*> \\
&+\ <E_R E_O^*> + <E_R E_R^*>
\end{aligned} \tag{4.2}$$

Im folgenden soll die zeitliche Mittelung $<>$ unberücksichtigt bleiben, da sie nur dem Wegfall der $\exp(-j\omega t)$-Terme entspricht und ohnehin eine erneute Intensitätsbildung erfolgen muß, wenn die Intensitäten der rekonstruierten Welle betrachtet werden. Nach der Entwicklung des Hologramms liegt eine entsprechende Amplituden-Transmissionsverteilung vor:

$$\begin{aligned}
T(x,y) &=\ a_1 + a_2 I_{ges}(x,y) t_{Bel} \\
&=\ a_1 + a_2 t_{Bel}(E_O E_O^* + E_O E_R^* + E_R E_O^* + E_R E_R^*)
\end{aligned} \tag{4.3}$$

mit t_{Bel} als Belichtungszeit sowie a_1 und a_2 als Koeffizienten einer Geradengleichung für die Abhängigkeit der Transmission von der Belichtungsintensität. Hierbei wird davon ausgegangen, daß der lineare Bereich der Empfindlichkeitskurve des holografischen Materials ausgenutzt wird. Zur Rekonstruktion wird das Hologramm mit der Referenzwelle beleuchtet. Wie bei der Beschreibung von Beugungserscheinungen immer notwendig - werden alle Operationen zunächst mit den Feldstärken der elektromagnetischen Wellen durchgeführt, bevor letztendlich die Intensitätsbildung vorgenommen wird. Die Rekonstruktionswelle, die gleich der Referenzwelle E_R bei der Hologrammaufnahme ist, wird durch die Transmissionsverteilung verändert:

$$\begin{aligned}
T(x,y) \cdot E_R &=\ a_1 E_R + a_2 I_{ges}(x,y) t_{Bel} E_R \\
&=\ a_1 E_R + a_2 t_{Bel} \\
&\quad \cdot\ (E_O E_O^* E_R + E_R E_R^* E_O + E_R E_R E_O^* + E_R E_R^* E_R).
\end{aligned} \tag{4.4}$$

(Wegen der Kommutativität der Multiplikation dürfen die Umgruppierungen vorgenommen werden.) Inklusive des Terms mit dem Koeffizienten a_1 sind dies fünf Terme. Der erste, zweite und fünfte Term stellen die Referenzwelle dar, die ungebeugt als 0. Beugungsordnung durch das Hologramm tritt. Der zweite Term wird zusätzlich auch (etwas irreführend) als "verbreiterte 0. Ordnung" bezeichnet, weil die Referenzwelle hier durch die Intensität der Objektwelle moduliert ist.

Der dritte Term stellt umgekehrt die durch die Intensität der Referenzwelle modulierte Objektwelle dar. Genau dieser Term ist es, auf den es ankommt und weswegen der Aufwand getrieben wird. Er zeigt, daß bei der Rekonstruktion des Hologramms eine der Beugungsordnungen - sie kann als +1. Ordnung verstanden werden - durch eine mit der ursprünglichen Objektwelle identische Welle gebildet wird. Der vierte der fünf Terme hängt ebenfalls mit der Objektwelle zusammen. Hier handelt es sich um das Konjugiert-Komplexe der Objektwelle; das heißt, die Welle ist gegenüber der ursprünglichen Objektwelle in Zeit und Raum mit negativem Vorzeichen versehen. Es handelt sich um eine konvergente Welle, die ein reelles Bild ergibt. Bei diesem Bild, das pseudoskopisch genannt wird, verdecken bei Bewegung des Auges hinter dem Hologramm die hinten liegenden Bildteile die vorderen, und die Körper scheinen sich dem Betrachter/der Betrachterin entziehen zu wollen, wenn er/sie die Seitenansicht sucht. Beide Erscheinungen liegen daran, daß "vorne" und "hinten" des ursprünglichen Objekts zu "hinten" und "vorne" im konjugierten Bild geworden sind. Für die meisten Anwendungen der Holografie wird aber nicht das konjugierte, sondern das direkte, virtuelle Bild genutzt.

Die Tiefenbegrenzung des rekonstruierten Bilds ist abhängig von der Kontrastfunktion der Lichtquelle bei der Hologrammaufnahme. Wie in Kap. 2 erläutert, muß die Kontrastfunktion durchaus nicht mit dem Wegunterschied der interferierenden Wellen monoton fallend sein. Es kann mehrere Maxima geben. So kommt es vor, daß bestimmte Tiefen eines Objekts nicht rekonstruiert werden, während noch tiefer im Objekt gelegene Teile gut zu erkennen sind.

Da Aufnahme und Rekonstruktion eines Hologramms mit Interferenz- und Beugungserscheinungen verknüpft sind, spielt die Wellenlänge bei Aufnahme und/oder Rekonstruktion eine wichtige Rolle. Wird mit einer anderen Wellenlänge rekonstruiert, ist das Bild des Objekts versetzt und verzerrt.

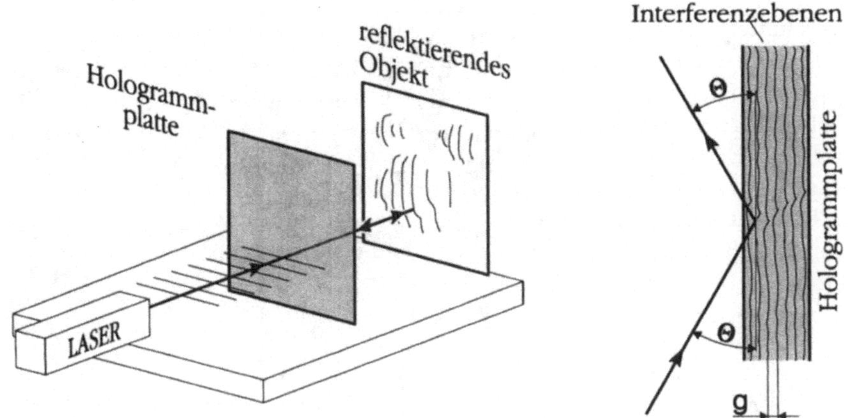

Abb. 4.4: Prinzip der Weißlichtholografie bei Aufnahme und Rekonstruktion. Die Interferenz-"Ebenen" mit ihrem mittleren Abstand g liegen in der holografischen Schicht. Dadurch kann es bei der Rekonstruktion je nach Glanzwinkel Θ wellenlängenabhängig zur Bragg-Beugung kommen

4.2 Weißlichtholografie

Der Begriff Weißlichtholografie bezieht sich auf die Rekonstruktion des Hologramms mit (breitbandigem) weißem Licht. Nach dem gerade am Ende des vorhergehenden Unterkapitels Gesagten verwundert dies. Wie soll es möglich sein, nicht mit der Wellenlänge der Aufnahme zu rekonstruieren - und dann sogar mit dem anderen Extrem inkohärenten weißen Lichts. Möglich ist dies nur durch eine besondere Form der Rekonstruktion, die durch eine spezielle Form der Aufnahme ermöglicht wird.

Abbildung 4.4 verdeutlicht das Verfahren. Objekt- und Referenzwelle fallen bei der Aufnahme von verschiedenen Seiten auf die Hologrammplatte ein - nicht notwendigerweise exakt entgegengesetzt. Dies wird dadurch erreicht, daß das Objekt durch die Hologrammplatte hindurch bei der Aufnahme von der Referenzwelle beleuchtet wird. Das vom Objekt reflektierte Licht dient als Objektwelle. Der Wegunterschied zwischen Referenz- und Objektwelle darf aus Kohärenzgründen nicht zu groß werden. Das heißt, das Objekt darf in allen seinen Teilen nicht zu weit von der Hologrammplatte entfernt sein; dadurch ist die Weißlichtholografie meist auf recht flache Objekte (zum Beispiel Reliefs) beschränkt. Durch die spezielle Aufnahmeanordnung liegen die "verbeulten Interferenzebenen", wie in Abb. 4.4 angedeutet, in ihrer Ausrichtung parallel zur Hologrammplatte und der etwa $7\,\mu$m dicken lichtempfindlichen holografischen Schicht. Der Ebenenabstand beträgt etwa eine halbe Wellenlänge, so daß bei einer sichtbaren Wellenlänge der Aufnahme ungefähr 10 bis 15 Ebenen in die holografische Schicht passen. Wird das fertige Hologramm bei der Rekonstruktion unter dem Glanzwinkel Θ schräg mit weißem Licht beleuchtet, kommt es zur Bragg-Reflexion an den aufgenommenen verbeulten Interferenzebenen. Mit dem ungefähren Ebenenabstand g ergibt sich die Bragg-Bedingung für die 1. Ordnung:

$$2g \sin \Theta = \lambda \tag{4.5}$$

Für jede Wellenlänge existiert ein anderer optimaler Blickwinkel, oder umgekehrt formuliert: für jeden Blickwinkel zieht sich das Hologramm die nach der Bragg-Bedingung passende optimale Wellenlänge aus dem angebotenen weißen Rekonstruktionslicht heraus. Zwar kommt es zu Verzerrungen, aber das Bild ist relativ gut zu erkennen, da die Bilder der unterschiedlichen Wellenlängen nicht gleichzeitig existieren und sich somit nicht stören können.

Interessant bei diesem Vorgang ist noch eine weitere Erkenntnis, die oft im Zusammenhang mit Beugungs- und Interferenzerscheinungen festzustellen ist. Beugungsanordnungen ziehen sich aus dem vorhandenen Licht die kohärenten Anteile heraus, die dann die Beugungs- und Interferenzerscheinung herbeiführen. Diese Tatsache zeigt noch einmal die Schwierigkeit des Begriffs der Kohärenz oder die Unzulänglichkeit unserer Beschreibung dieser Phänomene.

4.3 Holografische optische Elemente (HOE)

Von holografischen optischen Elementen wird gesprochen, wenn es sich um holografisch erzeugte optische Elemente handelt, die eine Abbildung vornehmen oder Licht fokussieren [ST2 91]. Für holografische optische Elemente gibt es eine Vielzahl von Ausführungsformen und Anwendungen, von denen hier nur zwei exemplarisch vorgestellt werden sollen.

In Abb. 4.5 ist ein integriertes System aus einer oberflächenemittierenden Laserdiode (die eingehend in Kap. 9 behandelt werden wird) und einer Fresnelschen Zonenplatte skizziert [RAS 91]. Diese Anordnung eignet sich natürlich auch für zweidimensionale Felder gleichartiger Bauelemente. Die Fresnelschen Zonenplatten dienen dazu, das von den oberflächenemittierenden Halblei-

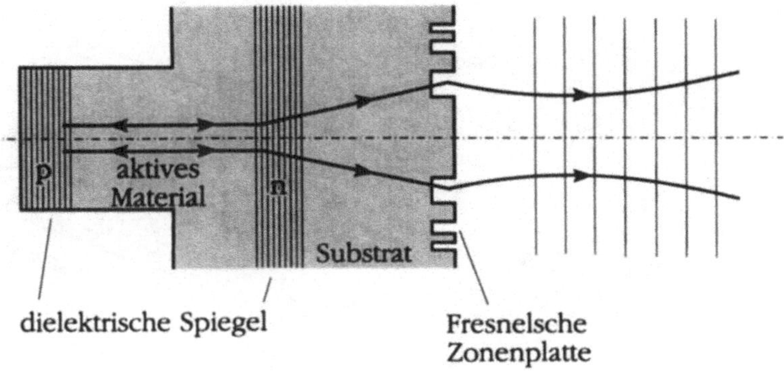

Abb. 4.5: Skizze eines integrierten Systems aus einer oberflächenemittierenden Laserdiode und einer Fresnelschen Zonenplatte als Oberflächenrelief-Phasenstruktur nach [RAS 91]. Die Zonenplatte fokussiert (Achtung ! - Strahltaille) das Licht in eine Ebene dicht hinter der Anordnung, wo ein weiteres integriert-optoelektronisches Bauelement sitzen könnte

terlaserdioden ausgestrahlte Licht in eine Ebene dicht hinter den Fresnelschen Zonenplatten zu fokussieren. Da die Darstellung hier bereits auf einer Längenskala im Mikrometerbereich angesiedelt ist, sind hier - entsprechend der Ausführungen im Unterkapitel 2.4 - Strahltaillen und nicht etwa Fokuspunkte nach der geometrischen Optik gezeichnet.

Bei der Definition des Begriffs holografische optische Elemente wurde der Ausdruck "holografisch erzeugt" verwendet; er bedarf einer näheren Erklärung. Schon in dem Anwendungsbeispiel der Fresnelschen Zonenplatten aus Abb. 4.5 erfolgt die Herstellung nicht über eine holografische Ausnahmeanordnung mit einem Laser etc. Vielmehr wird die Interferenzstruktur zur "Belichtung" berechnet und dann zum Beispiel mit schreibenden Ionenstrahl-Ätzverfahren in die Halbleiterschicht eingeschrieben. Für die Berechnung werden - ähnlich wie bei der Berechnung von Beugungsmustern - alle Teilstrahlen von Objekt- und Referenzwelle für jeden einzelnen Punkt der Hologrammebene unter Berücksichtigung ihrer Phasenlage (das heißt kohärent) aufaddiert. Das daraus resultierende berechnete Interferenzmuster wird über lithografische Verfahren in die Schicht eingebracht. Die "Verwendung" der so hergestellten beugenden Struktur entspricht der Rekonstruktion des Ho-

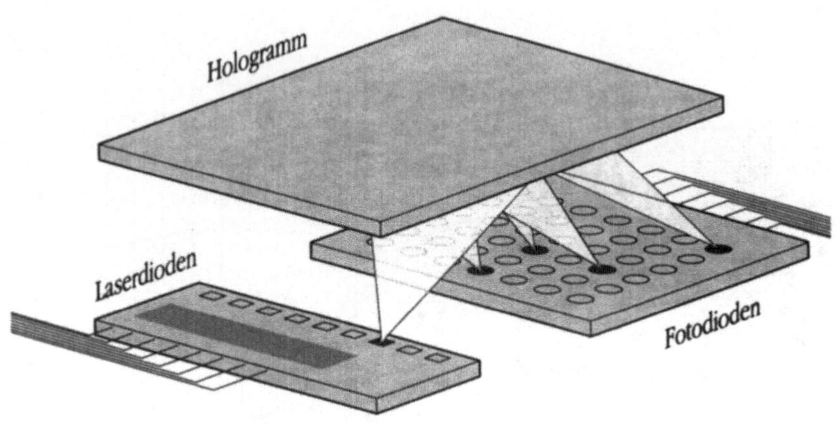

Abb. 4.6: Anordnung zu einer optischen "between chips"-Verbindung mit Hilfe eines Reflexionshologramms

logramms. Eine genaue Beschreibung des mathematischen Verfahrens und der üblichen Vereinfachungen zur Reduzierung der Rechenzeit findet sich in [LAU 93]. Auf diese Weise können auch Beugungstrukturen mit komplizierten Beugungsmustern berechnet und erzeugt werden, bei denen eine tatsächliche Aufnahmeanordnung kaum zu realisieren wäre [KAT 92].

Abbildung 4.6 zeigt eine typische Anwendung holografisch optischer Elemente aus der integrierten Optik. Heute wird intensiv daran gearbeitet, praktikable optische Verbindungen zwischen integriert-elektronischen Schaltungen zu realisieren. Eine Möglichkeit dazu bieten Hologramme, die zum Beispiel das von verschiedenen Punkten eines Chips kommende Licht auf verschiedene Punkte auf einem zweiten Chip fokussieren. Die Punkte auf dem einen Chip entsprechen dort angebrachten Laserdioden, die die elektrischen Signale nach Wandlung in optische Signale in Richtung auf das oberhalb der Chips angebrachte Phasenreflexionshologramm emittieren. Die Ausrichtung der Lichtstrahlen kann zum Beispiel durch in die Halbleiterstruktur eingebrachte, feststehende Mikrospiegel erfolgen. Das Hologramm fokussiert das Licht auf Stellen, an denen Photodioden sitzen, die das Signal in ein elektrisches zurückwandeln. Die beugende Struktur muß eine irgendwie verzerrte Fresnelsche Zonenplatte sein. Sollen mehrere Fokuspunkte existieren, so muß es sich um mehrere Fresnelsche Zonenplatten handeln. Die Strukturen für die Fokussierung des Lichts der verschiedenen Laserdioden können selbst wieder ineinandergeschachtelt sein [ST3 91]. Das drückt den Beugungswirkungsgrad, verbessert wegen der Großflächigkeit der beugenden Struktur aber die Fokussierung. Oder die Strukturen werden auf verschiedenen Segmenten des Hologramms angesiedelt [ST3 91]. Das Licht muß in diesem Fall auf die entsprechenden Segmente ausgerichtet sein.

Am besten wäre es, wenn die Beugungstruktur, das Hologramm, dynamisch rekonfigurierbar wäre, also zeitlich relativ schnell veränderbar. Die Suche nach dafür geeigneten holografischen Materialien stellt einen Schwerpunkt der aktuellen Forschung dar.

5 Lineare Wechselwirkung von Licht und Materie

5.1 Absorption, stimulierte und spontane Emission

Zunächst wurde Licht nur als Wellenerscheinung verstanden. Es handelt sich um elektromagnetische Wellen, die durch die Maxwellschen Gleichungen der Elektrodynamik beschrieben werden. Eine beschleunigte elektrische Ladung strahlt Energie in Form einer elektromagnetischen Welle ab. Das heißt, elektromagnetische Wellen können als Strahlung eines oszillierenden Hertzschen Dipols verstanden werden. Der Begriff Beschleunigung kann sich dabei auch auf eine reine Richtungsänderung beziehen, und die Beschleunigung wird üblicherweise ihrerseits durch eine elektromagnetische Welle hervorgerufen.

Wie Planck und Einstein erkannt haben, muß aber schon zur Beschreibung der fundamentalen Wechselwirkungen zwischen Licht und Materie, Absorption, stimulierte und spontane Emission, von dem einfachen Oszillatormodell abgegangen werden. Das Konzept von der Quantelung der Energie ist zur Beschreibung notwendig - oder um im Bild zu bleiben: aus dem klassischen ist ein quantenmechanischer Oszillator geworden. Dieser kann nur diskrete Energieniveaus einnehmen und Energie nur gequantelt in Paketen, die den Energieniveauunterschieden entsprechen, aufnehmen oder abgeben. Solange der Oszillator weder Energie aufnimmt noch abstrahlt, bleibt er in seinem quantisierten Zustand.

Unter der Annahme der Energiequantisierung leitete Planck die heute nach ihm benannte Plancksche Strahlungsformel ab [GER 89]:

$$u(\nu) = \frac{8\pi h\nu^3}{c^3}\frac{1}{\exp(h\nu/(kT))-1} \tag{5.1}$$

mit $h = 6.62620 \cdot 10^{-34}\,Js$ als Planckschem Wirkungsquantum, ν als Frequenz der Strahlung, c als Lichtgeschwindigkeit im Vakuum, $k = 1.38062 \cdot 10^{-23}\,J/K$

als Boltzmann-Konstante und T als absoluter Temperatur. Hierbei hat u die Dimension Js/m^3 und stellt eine spektrale Strahlungsenergiedichte (Energie pro Volumen und pro Frequenzbandbreite) dar. Mit dieser Formel konnte Planck das für große Frequenzen ν geltende Wiensche Strahlungsgesetz und das für kleine Frequenzen gültige Rayleigh-Jeans-Gesetz zusammenfassen und die sogenannte, offenbar unphysikalische UV-Katastrophe des Rayleigh-Jeans-Gesetzes vermeiden - das heißt das Streben der Energiedichte gegen Unendlich für große Lichtfrequenzen [GER 89].

Auch Einstein leitete die Plancksche Strahlungsformel unter der Annahme der Energiequantisierung und der Existenz diskreter Energieniveaus her und machte dabei einige wichtige Feststellungen. Bei seiner Herleitung ging er von einem System mit nur zwei möglichen Energiezuständen E_1 und $E_2 > E_1$ aus; damit wurden Raman- und Brillouin-Streuung [WEB 78] sowie einige andere nichtlineare Wechselwirkungen von vornherein ausgeschlossen. Nach Einstein kann elektromagnetische Strahlung auf drei verschiedene fundamentale Arten mit den Atomen (mit zwei Energiezuständen) in Wechselwirkung treten:
- durch Absorption (A_{12})
- durch induzierte (stimulierte) Emission (I_{21})
- und durch spontane Emission S_{21}.
A_{12}, I_{21} und S_{21} sind die sogenannten Einstein-Koeffizienten, die ein Maß für die Übergangswahrscheinlichkeit darstellen [UNG 92]. In Abb. 5.1 sind die drei Phänomene skizziert. Bei der Absorption springt ein Elektron unter Aufnahme eines Photons vom tieferen Energiezustand E_1 in den höheren, also angeregten Zustand E_2. Dazu muß die Photonenenergie mit der Energiedifferenz zwischen den beiden Niveaus übereinstimmen. Der zur Absorption komplementäre Emissionsvorgang wird von der stimulierten beziehungsweise induzierten Emission gebildet; beide Begriffe sind synonym. Ein Photon geeigneter Energie $h\nu$ stimuliert das Elektron im angeregten Zustand, in den Grundzustand zu springen. Bei der Emission wird die Energie $h\nu$, die dem Unterschied der Niveaus entspricht, frei und in Form eines Photons abgestrahlt. Stimulierendes und erzeugtes Photon besitzen dieselbe Photonenenergie - und als Wellen verstanden, dieselbe Phasenlage und Ausbreitungsrichtung; die Wellen sind kohärent. Auf der induzierten Emission basiert ganz wesentlich die Funktion jedes Lasers. Das Zurückfallen des Elektrons in seinen Grundzustand kann aber auch ohne "Triggerung" durch ein externes Photon, sondern spontan erfolgen. Natürlich wird auch hierbei ein Photon entsprechender Energie $h\nu$ frei.

Zur Herleitung der Planckschen Strahlungsformel nach Einstein wird ein Sy-

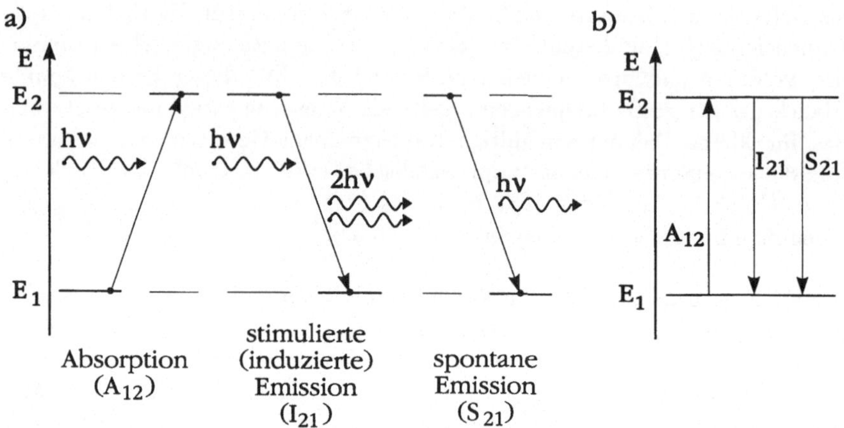

Abb. 5.1: Mnemonische Darstellung anhand eines 2-Niveau-Energieschemas der drei fundamentalen Wechselwirkungen zwischen Licht und Materie: Absorption, induzierte Emission und spontane Emission (a) und Veranschaulichung zur Notation der Einstein-Koeffizienten (b)

stem mit der Atomanzahldichte n (Atome pro Volumen) betrachtet - davon n_1 für den Zustand E_1 und n_2 für E_2. Die Größen n_1 und n_2 sind also die Besetzungsdichten. Das System sei im thermodynamischen Gleichgewicht mit der Umgebung. Wechselwirkung mit dem Strahlungsfeld sei nur in Form einer der drei oben genannten Arten möglich. Für die Übergangsraten (-dichten) gelten dann folgende Beziehungen:

Absorption:

$$\frac{dN_{12}^A}{dt} = A_{12} \cdot n_1 \cdot u(\nu), \tag{5.2}$$

induzierte Emission:

$$\frac{dN_{21}^I}{dt} = I_{21} \cdot n_2 \cdot u(\nu), \tag{5.3}$$

spontane Emission:

$$\frac{dN_{21}^S}{dt} = S_{21} \cdot n_2. \tag{5.4}$$

Für die spontane Emission ist das Strahlungsfeld unwichtig. N_{12}^A, N_{21}^I und N_{21}^S sind die Anzahldichten der Übergangsereignisse. Die obige Schreibweise der Gleichungen setzt implizit voraus, daß die Besetzungswahrscheinlichkeit des angesprungenen Zustands keine Rolle spielt. Elektronen stellen Fermionen dar, und kein Elektronenzustand kann nach dem Pauli-Verbot doppelt besetzt werden, so daß diese Annahme von einer geringen Besetzung des unteren Energieniveaus ausgeht. Bei einer späteren Herleitung zur Voraussetzung für Lasertätigkeit wird dagegen die Besetzungswahrscheinlichkeit des angesprungenen Zustands berücksichtigt werden müssen.

Im Gleichgewicht erfolgen gleich viele Übergänge in beide Richtungen:

$$dN_{12}^A = dN_{21}^I + dN_{21}^S. \tag{5.5}$$

Bei Einsetzen der Gln. (5.2) - (5.4) in Gl. (5.5) folgt:

$$\frac{n_2}{n_1} = \frac{A_{12}u(\nu)}{S_{21} + I_{21}u(\nu)}. \tag{5.6}$$

Im thermischen Gleichgewicht kann das Verhältnis der Besetzungszahlen (Besetzungszahldichten) der Energieniveaus mit Hilfe der Boltzmann-Verteilung angegeben werden, das heißt:

$$\frac{n_2}{n_1} = \frac{\exp(-E_2/(kT))}{\exp(-E_1/(kT))} = \exp(-\frac{E_2 - E_1}{kT}) = \exp(-\frac{h\nu}{kT}). \tag{5.7}$$

Damit folgt mit Gl. (5.6) weiter:

$$\frac{A_{12}u(\nu)}{S_{21} + I_{21}u(\nu)} = \frac{1}{\exp(h\nu/(kT))} \tag{5.8}$$

$$\frac{S_{21} + I_{21}u(\nu)}{A_{12}u(\nu)} = \exp(\frac{h\nu}{kT}) \tag{5.9}$$

$$\frac{S_{21}}{u(\nu)} + I_{21} = A_{12}\exp(\frac{h\nu}{kT}) \tag{5.10}$$

$$\frac{S_{21}}{u(\nu)} = A_{12}\exp(\frac{h\nu}{kT}) - I_{21} \tag{5.11}$$

$$u(\nu) = \frac{S_{21}}{A_{12}\exp(h\nu/(kT)) - I_{21}} \tag{5.12}$$

Für $T \to \infty$ muß $u(\nu) \to \infty$ gelten. Deswegen folgt mit Gl. (5.12):

$$A_{12} = I_{21}. \tag{5.13}$$

Dies ist eine wichtige Aussage über die Einstein-Koeffizienten, die die Komplementarität von Absorption und induzierter Emission widerspiegelt. Damit folgt weiter:

$$u(\nu) = \frac{S_{21}}{A_{12}(\exp(h\nu/(kT)) - 1)}. \tag{5.14}$$

Mit der Exponentialreihenentwicklung

$$\exp(\rho) \approx 1 + \rho \tag{5.15}$$

ergibt sich für kleine Photonenenergien $h\nu \ll kT$ weiter:

$$u(\nu) = \frac{S_{21}}{A_{12}} \cdot \frac{kT}{h\nu}. \tag{5.16}$$

Da diese Gleichung aber mit dem experimentell für relativ geringe Photonenenergien $h\nu$ bestätigten Rayleigh-Jeans-Gesetz,

$$u(\nu) = \frac{8\pi\nu^2}{c^3} kT, \tag{5.17}$$

übereinstimmen muß, folgt aus einem Koeffizientenvergleich der Gln. (5.16) und (5.17):

$$S_{21} = \frac{8\pi h\nu^3}{c^3} \cdot A_{12}. \tag{5.18}$$

Dies ist die zweite wichtige Aussage über die Einstein-Koeffizienten. Sie besagt, daß die Wahrscheinlichkeiten von spontaner Emission und Absorption (wegen $A_{12} = I_{21}$ auch zwischen spontaner Emission und induzierter Emission) einander proportional sind. Nach dem erwähnten Koeffizientenvergleich ergibt sich aus Gl. (5.14) endgültig:

$$u(\nu) = \frac{8\pi h\nu^3}{c^3} \cdot \frac{1}{\exp(h\nu/(kT)) - 1}. \tag{5.19}$$

Dies ist die Plancksche Strahlungsformel Gl. (5.1), die zu beweisen war.

Im Vorgriff auf die Ausführungen über Laser sei hier folgendes angemerkt. Wegen der Bedingung des thermodynamischen Gleichgewichts wurde in der obigen Herleitung die Boltzmann-Verteilung für die Ladungsträgerdichten der Energiezustände angewendet. Das heißt, daß im thermodynamischen Gleichgewicht nie mehr Atome im angeregten Zustand E_2 als im Grundzustand E_1 sein können. Inversion ist unmöglich. Das bedeutet wegen der Gleichheit der Einstein-Koeffizienten für Absorption und induzierte Emission sowie der Abhängigkeit der Übergangsraten vom Strahlungsfeld, daß ein Ensemble von Atomen im thermodynamischen Gleichgewicht eine Lichtwelle nur schwächen und niemals verstärken können. Um Lasertätigkeit hervorzurufen, muß der Zustand des thermodynamischen Gleichgewichts verlassen und Inversion erzeugt werden.

Obwohl es sich bei den betrachteten Objekten um Elektronen und damit um Fermionen handelt, wurde in der Einsteinschen Herleitung der Planckschen Strahlungsformel von der Boltzmann-Energieverteilung für die Ladungsträgerdichten und nicht etwa von der Fermi-Dirac-Verteilung für die Besetzungswahrscheinlichkeiten gesprochen. Die Frage ist natürlich, unter welchen Umständen dies erlaubt ist. Die Beantwortung dieser Frage gibt Einblicke in oft geübte physikalische Denkweisen und das Verhalten von Elektronen als Fermionen und Photonen als Bosonen. Deswegen möge dieser Einschub hier erlaubt sein, der in seinem Gerüst aus [GER 89] stammt.

Die Frage ist, unter welchen Bedingungen sich aus der Boltzmann-Verteilung für klassische Teilchen die Fermi-Verteilung für Fermionen und speziell Elektronen ergibt. Zur Beantwortung wird ein Gedankenexperiment durchgeführt. Viele Elektronen mögen in einem System zusammengefaßt sein - zum Beispiel in einem Kasten. Sehr viele identische solcher Kästen als Elektronensysteme mögen zu einem Ensemble zusammengefügt sein. Durch die übergeordnete Gruppierung der Elektronen in Kästen werden makroskopische Gebilde geschaffen, die nicht mehr an das Pauli-Verbot gebunden sind (das ansonsten besagen würde, daß keine zwei Elektronen in ihrem Gesamtzustand übereinstimmen dürfen). Es werde angenommen, daß alle sich in den verschiedenen Kästen entsprechenden Elektronen wegen des Pauli-Verbots leicht unterschiedliche Energiezustände haben, daß sich die Unterschiede durch die Vielzahl der Elektronen in einem Kasten aber ausmitteln, so als hätten die entsprechenden Elektronen in den verschiedenen Kästen völlig gleiche Zustände. Für die Kästen als makroskopische Gebilde gilt die Boltzmann-Verteilung als klassische Verteilungsfunktion. Es sollen nun zwei Teilgruppen von Kästen ins Auge gefaßt werden:
1) Kästen, in denen alle Elektronen in ganz bestimmten Zuständen sind; die Anzahldichte dieser Kästen sei n_1,
2) Kästen, die sich von denen der Gruppe 1 nur durch den Zustand jeweils eines einzigen Elektrons unterscheiden; dieses Elektron soll sich in einem Energiezustand E_2 befinden, der $\Delta E^{(12)}$ oberhalb des Zustands E_1 der Elektronen-Gegenstücke in den Kästen der Gruppe 1 liegt; die Anzahldichte dieser zweiten Sorte Kästen sei n_2.

Die Gesamtenergie eines Kastens der Gruppe 2 ist demnach um $\Delta E^{(12)}$ höher als die eines Kastens der Gruppe 1. Mit der Boltzmann-Verteilung ergibt sich damit für das Verhältnis der Anzahldichten:

$$\frac{n_2}{n_1} = \exp(-\frac{\Delta E^{(12)}}{kT}) = \exp(-\frac{E_2 - E_1}{kT}). \qquad (5.20)$$

Die Wahrscheinlichkeitsrate $W_{21,Kasten}$ für den Übergang vom Zustand E_2 in den Zustand E_1 muß dann zwangsläufig größer sein als die Rate $W_{12,Kasten}$ für den umgekehrten Vorgang:

$$\frac{W_{12,Kasten}}{W_{21,Kasten}} = \exp(-\frac{\Delta E^{(12)}}{kT}) = \exp(-\frac{E_2 - E_1}{kT}) = \exp(+\frac{E_1 - E_2}{kT}). \quad (5.21)$$

Der Übergang zwischen den Gesamtzuständen der Kästen wird aber durch den Übergang der erwähnten "ausgezeichneten" Einzelelektronen vollzogen, so daß die letzte Gleichung auch auf diese Elektronen bezogen werden könnte:

$$\frac{W_{12,Elektron}}{W_{21,Elektron}} = \exp(\frac{E_1 - E_2}{kT}). \quad (5.22)$$

Diese Ausführungen dienten zunächst als Vorbereitung, die anschließend noch einmal benötigt wird. Jetzt sollen die Übergangsraten zwischen den Zuständen betrachtet werden, wobei berücksichtigt wird, inwieweit Zustände bereits besetzt sind und insofern von Fermionen nicht mehr besetzt werden können. Mit D_{Z_1} und D_{Z_2} als Anzahlen der Zustände E_1 und E_2 sowie n_{Z_1} und n_{Z_2} als Anzahlen der Elektronen in den Zuständen E_1 und E_2 ergibt sich für die Übergangsraten:

$$r_{12} = W_{12,Elektron} \cdot n_{Z_1} \cdot (D_{Z_2} - n_{Z_2}) \quad (5.23)$$
$$r_{21} = W_{21,Elektron} \cdot n_{Z_2} \cdot (D_{Z_1} - n_{Z_1}), \quad (5.24)$$

wobei die Klammerausdrücke jeweils die freien Plätze darstellen. Aus Gl. (5.24) folgt mit Gl. (5.22):

$$r_{21} = W_{12,Elektron} \cdot \exp(\frac{E_2 - E_1}{kT}) \cdot n_{Z_2} \cdot (D_{Z_1} - n_{Z_1}). \quad (5.25)$$

Im thermodynamischen Gleichgewicht müssen beide Raten, r_{12} und r_{21}, gleich sein:

$$W_{12,Elektron} \cdot n_{Z_1} \cdot (D_{Z_2} - n_{Z_2}) = W_{12,Elektron} \cdot \exp(\frac{E_2 - E_1}{kT}) \cdot n_{Z_2} \cdot (D_{Z_1} - n_{Z_1}). \quad (5.26)$$

Wenn die Größen auf ein bestimmtes Volumen V bezogen werden, ergibt sich mit den Zustandsdichten $D_1 = D_{Z_1}/V$ und $D_2 = D_{Z_2}/V$ sowie den Elektronendichten $n_1 = n_{Z_1}/V$ und $n_2 = n_{Z_2}/V$:

$$W_{12,Elektron} \cdot n_1 \cdot (D_2 - n_2) = W_{12,Elektron} \cdot \exp(\frac{E_2 - E_1}{kT}) \cdot n_2 \cdot (D_1 - n_1). \quad (5.27)$$

Sammeln von Größen mit gleichem Index auf jeweils einer Seite des Gleichheitszeichens ergibt:

$$\frac{n_1}{D_1 - n_1} \exp(\frac{E_1}{kT}) = \frac{n_2}{D_2 - n_2} \exp(\frac{E_2}{kT}). \tag{5.28}$$

Wenn diese Gleichung für jedes beliebige E_1 gelten soll, muß die rechte (und damit auch die linke) Seite der Gleichung eine Konstante sein, die hier einfallsreich C genannt werden soll:

$$\frac{n_2}{D_2 - n_2} \exp(\frac{E_2}{kT}) = C, \tag{5.29}$$

$$\frac{n_2}{D_2 - n_2} = C \exp(-\frac{E_2}{kT}) \tag{5.30}$$

$$\frac{D_2}{n_2} - 1 = C^{-1} \exp(+\frac{E_2}{kT}) \tag{5.31}$$

$$\frac{D_2}{n_2} = C^{-1} \exp(\frac{E_2}{kT}) + 1 \tag{5.32}$$

$$n_2 = \frac{D_2}{C^{-1} \exp(E_2/(kT)) + 1} \tag{5.33}$$

Wenn nun bedacht wird, daß auch das Energieniveau E_2 ein festes, aber beliebiges Niveau darstellt, kann allgemeiner mit dem Index l für das Niveau geschrieben werden:

$$n_l = \frac{D_l}{C^{-1} \exp(E_l/(kT)) + 1}. \tag{5.34}$$

Dies ist schon fast die bekannte Darstellung für die Fermi-Dirac-Verteilung, geschrieben für die Elektronendichte. Die Grenze zwischen der Besetzung und der Nicht-Besetzung von Energiezuständen liegt bei

$$E_F = kT \cdot \ln C; \tag{5.35}$$

denn für E_F gilt:

$$n_F = \frac{D_F}{C^{-1} \exp(E_F/(kT)) + 1} = \frac{D_F}{1 + 1} = \frac{D_F}{2}, \tag{5.36}$$

also die Energie mit Halbbesetzung. Diese Energie E_F ist die sogenannte Fermi-Energie. Mit Gl. (5.35) ist

$$C^{-1} = \exp(-\frac{E_F}{kT}). \tag{5.37}$$

Damit ergibt sich aus Gl. (5.34):

$$n_l = \frac{D_l}{\exp(E_l - E_F/(kT)) + 1}.$$ (5.38)

Das ist aber genau die Fermi-Verteilung, was zu zeigen war.

Für große E_l ergibt sich die Ähnlichkeit von Gl. (5.38) mit der Boltzmann-Verteilung; denn für $E_l >> kT$ gilt:

$$n_l \approx D_l \exp(-\frac{E_l - E_F}{kT}).$$ (5.39)

Die Bedingung $E_l >> kT$ ist gleichwertig mit der Forderung nach schwach besetzten Zuständen weit oberhalb der Fermi-Energie E_F. Unter dieser Annahme gehen Boltzmann- und Fermi-Dirac-Verteilung ineinander über - ein Ergebnis, das nicht weiter verwundert; denn unter diesen Umständen besteht gar nicht die Gefahr, daß zwei Elektronen in ihrem Quantenzustand vollständig miteinander übereinstimmen.

Interessant ist noch die entsprechende Überlegung für Bosonen. Sie haben die Tendenz zum Klumpen, sie treten in Haufen auf (englisch: "bunching"). Das bedeutet für die Raten der Übergänge zwischen den Niveaus k und l:

$$r_{kl} = W_{kl,Elektron} \cdot n_{Z_k} \cdot (D_{Z_l} + n_{Z_l}),$$ (5.40)

$$r_{lk} = W_{lk,Elektron} \cdot n_{Z_l} \cdot (D_{Z_k} + n_{Z_k})$$ (5.41)

mit den entsprechenden Anzahlen der Zustände und der Elektronen in den Zuständen. Das heißt, daß gerade in besetzte Zustände noch andere Bosonen hinzukommen. Eine entsprechende Herleitung der Verteilungsfunktion führt auf die Bose-Einstein-Verteilung für Bosonen:

$$n_l = \frac{D_l}{\exp(E_l - E_F/(kT)) - 1}.$$ (5.42)

5.2 Absorption und Brechung

Im Oszillatormodell sind Absorption und Streuung Effekte, die mit der Anregung des Dipol-Oszillators zu erzwungenen Schwingungen verknüpft sind, wobei die einfallende elektromagnetische Strahlung den Erreger darstellt. Die Emission von Licht ist in diesem Bild eine Folge der erzwungenen Schwingung des oszillierenden Dipols. Die erregende Primärwelle und die erzwungene Sekundärwelle überlagern sich zu der resultierenden Welle. Die Energieaufnahme aus der Primärwelle durch den Sekundärstrahler ist maximal, wenn die zeitliche Ableitung der Auslenkung des Oszillators mit der Primärwelle in Phase ist. Das ist der Fall für Gleichheit der Kreisfrequenzen der erregenden Schwingung und des Oszillators ("Schnelleresonanz") [MEY 74]. In diesem Fall ist die Sekundärwelle (Auslenkung) gegenüber der Primärwelle um $-90°$ phasenverschoben. Die Amplituden und die Phasenbeziehungen zwischen den sich überlagernden Wellen führen zu einer Gesamtverzögerung der resultierenden gegenüber der Primärwelle. Diese Phasenverzögerung drückt sich makroskopisch in der Brechzahl beziehungsweise in dem Realteil ϵ_r' der Dielektrizitätszahl aus.

Absorption und Brechung sind Ausdruck desselben Phänomens der Wechselwirkung zwischen den elektromagnetischen Wellen und der Materie. Der Wechselwirkung liegt das Resonanzverhalten der Oszillatoren in der Materie zugrunde. Bei bestimmten Photonenenergien entziehen die Oszillatoren dem Strahlungsfeld Energie, das heißt, sie absorbieren und verzögern (im Normalfall) die Welle. Die enge Verflechtung von Absorption und Brechung drückt sich in den Kramers-Kronig-Beziehungen aus, nach denen die Brechzahl aus dem Absorptionskoeffizienten durch eine spezielle Transformation über der Photonenenergie hervorgeht - und umgekehrt. Die Kramers-Kronig-Beziehungen werden in einem späteren Abschnitt behandelt werden.

Da es im Material verschiedene Oszillatoren gibt, sind auch mehrere Resonanzen und deren Auswirkungen auf Absorptionskoeffizient und Brechzahl vorhanden. Die mikroskopischen Einflüsse werden durch die verschiedenen Formen der sogenannten dielektrischen Polarisierbarkeit beschrieben.

5.2.1 Dielektrische Polarisierbarkeiten

Bei Materialien, die quasi-freie Ladungsträger im Leitungsband besitzen, das heißt bei Metallen und Halbleitern, werden externe elektrische Felder durch innere elektrische Felder, die durch makroskopische Verschiebungen der Ladungsträger zustande kommen, kompensiert und abgeschirmt. Da in Dielektrika, das sind Isolatoren, keine freien Ladungsträger zur Verfügung stehen, dringen die äußeren Felder in das Innere der Probe ein und treten mit den Teilchen des Dielektrikums in Wechselwirkung. Zwar dreht sich dieses Buch überwiegend um Halbleiter; doch soll hier kurz auf diese Wechselwirkungen äußerer elektrischer Felder beispielsweise einer elektromagnetischen Welle mit Dielektrika eingegangen werden. Unter Umständen sind solche Wechselwirkungen auch bei Halbleitern festzustellen.

Die Wechselwirkung des in die Probe eindringenden externen elektrischen Felds mit den Teilchen des Dielektrikums äußert sich üblicherweise in einer Ladungsverschiebung innerhalb des Teilchens oder zwischen benachbarten Teilchen. Die Ladungen sind also immer noch lokalisiert. Die Ladungsverschiebung kann als Verzerrung der Elektronenorbitale verstanden werden.

Die dielektrischen Eigenschaften von Isolatoren werden makroskopisch durch die Dielektrizitätskonstante

$$\epsilon = \epsilon_0 \epsilon_r = \epsilon_0(\epsilon_r' - j\epsilon_r'') \tag{5.43}$$

beschrieben, die bei Berücksichtigung von Verlusten (das heißt bei Aufnahme von Energie aus dem äußeren Feld durch die Oszillatoren) eine komplexe Zahl darstellt;

$$\epsilon_0 = 8.8542 \cdot 10^{-12} \frac{As}{Vm} \tag{5.44}$$

ist, wie schon in Kap. 2 definiert, die elektrische Feldkonstante, ϵ_r die Dielektrizitätszahl, eine Materialkonstante. Sie gibt an, wie durch die inneren Ladungsverschiebungen das externe Feld im Material modifiziert wird. Das resultierende Feld wird als dielektrische Verschiebung $\vec{D}$ bezeichnet:

$$\vec{D} = \epsilon_0 \epsilon_r \vec{E} \tag{5.45}$$

in isotropen Medien. In anisotropen Medien ist ϵ_r nicht, wie hier geschrieben, ein komplexwertiger Skalar, sondern eine komplexwertige Matrix, weil in verschiedenen Raumrichtungen verschiedene Werte vorliegen.

Im optischen Spektralbereich wird üblicherweise nicht mit der Dielektrizitätszahl, sondern mit der Brechzahl operiert:

$$\eta = n - j\kappa. \tag{5.46}$$

Die Größe n ist die üblicherweise als solche bezeichnete Brechzahl; η ist die komplexe Brechzahl, die auch Verluste berücksichtigt. Und κ stellt wieder den Extinktionskoeffizienten mit $\kappa = (\lambda/(4\pi))\alpha$ dar, wobei α der Intensitätsabsorptionskoeffizient und λ die Vakuum-Wellenlänge sind.

Die Brechzahl gibt das Verhältnis der Phasengeschwindigkeiten der elektromagnetischen Welle im Vakuum, c, und im Medium, v_M, an:

$$n = \frac{c}{v_M} = c \cdot \frac{1}{v_M} \tag{5.47}$$

$$= \frac{1}{\sqrt{\mu_0 \epsilon_0}} \cdot \sqrt{\mu_0 \epsilon_0 \mu_r' \epsilon_r'}$$

$$= \sqrt{\mu_r' \epsilon_r'} \tag{5.48}$$

mit

$$\mu_0 = 1.2566 \cdot 10^{-6} \frac{Vs}{Am} \tag{5.49}$$

als magnetische Feldkonstante und μ_r als Permeabilitätszahl, wie gehabt. Für nichtmagnetische Stoffe ($\mu_r \approx 1$) gilt:

$$n = \sqrt{\epsilon_r'}. \tag{5.50}$$

Die entsprechende Gleichung

$$\eta = \sqrt{\epsilon_r} \tag{5.51}$$

kann für die komplexen Größen geschrieben werden.

Die oben erwähnte Modifikation des externen elektrischen Felds innerhalb des Dielektrikums wird durch die sogenannte dielektrische Polarisation $\vec{P}$ pauschal erfaßt, die nichts mit dem bereits aus Kap. 2 bekannten Begriff der Polarisation zu tun hat. Die dielektrische Polarisation $\vec{P}$ setzt sich aus den induzierten zusätzlichen Dipolmomenten

$$\vec{p} = q \cdot \vec{a} \tag{5.52}$$

mit q als Elementarladung und $\vec{a}$ als Abstandsvektor zwischen den beiden unterschiedlichen Ladungen des Dipols zusammen:

$$\vec{P} = \frac{\sum \vec{p}}{V} \tag{5.53}$$

mit V als Volumen. Das bedeutet, daß die dielektrische Verschiebung folgendermaßen geschrieben werden kann:

$$\vec{D} = \epsilon_0 \vec{E} + \vec{P} = \epsilon_0 \epsilon_r \vec{E}. \tag{5.54}$$

$\vec{P}$ ist oft selbst proportional zu der elektrischen Feldstärke $\vec{E}$:

$$\vec{P} = \epsilon_0 \cdot \chi \cdot \vec{E} \tag{5.55}$$

mit χ als komplexer dielektrischer Suszeptibilität. Daraus folgt mit Gl. (5.54):

$$\vec{D} = \epsilon_0 \vec{E} + \epsilon_0 \chi \vec{E} = \epsilon_0 \vec{E}(1 + \chi), \tag{5.56}$$

das heißt,

$$\epsilon_r = 1 + \chi. \tag{5.57}$$

Die Proportionalität, Gl. (5.55), resultiert aus der mikroskopischen Proportionalität zwischen $\vec{p}$ und $\vec{E}$:

$$\vec{p} = \tilde{A} \cdot \vec{E} \tag{5.58}$$

mit der sogenannten Polarisierbarkeit $\tilde{A}$ als komplexe Proportionalitätskonstante. Sie setzt sich aus drei Beiträgen zusammen: der atomaren Polarisierbarkeit $\tilde{A}_a$ bei großen Kreisfrequenzen ω des externen Felds (entsprechend des Resonanzverhaltens der geringmassigen Elektronen als wechselwirkende Oszillatoren), der Verschiebungspolarisierbarkeit $\tilde{A}_d$ bei mittleren Frequenzen (entsprechend des Resonanzverhaltens von Ionen) und der Orientierungspolarisierbarkeit $\tilde{A}_o$ bei kleinen Frequenzen (entsprechend der langsamen Ausrichtung von Dipol-Molekülen oder kurzzeitig Dipol-behafteten Molekülen). Es gilt:

$$\tilde{A} = \tilde{A}_a + \tilde{A}_d + \tilde{A}_o. \tag{5.59}$$

Die atomare Polarisierbarkeit ist anschaulich auf eine Verschiebung der Elektronenschale gegenüber dem Atomkern zurückzuführen. Die Verschiebungspolarisierbarkeit tritt bei Kristallen mit ionogenem oder zumindest teilweise ionogenem Bindungscharakter auf und ist eine Folge der Verschiebung der Ionen gegeneinander im elektrischen Feld. Die Orientierungspolarisierbarkeit folgt aus der Ausrichtung etwa permanenter molekularer Dipolmomente im elektrischen Feld, die ohne äußeres Feld regellos im Raum verteilt wären und sich damit gegenseitig ausmitteln würden. Für die Bewegungen der Teilchen im Zusammenhang mit der Orientierungspolarisierbarkeit existiert keine eindeutige Rückstellkraft, so daß in diesem Zusammenhang der Begriff Oszillator in einem abstrakteren Sinne als sich bewegende Einheiten zu verstehen ist.

Der Zusammenhang zwischen den mikroskopisch relevanten Polarisierbarkeiten und der Dielektrizitätszahl ϵ_r, die die Einflüsse pauschal makroskopisch zusammenfaßt, wird durch die Clausius-Mosotti-Gleichung

$$\frac{\epsilon_r - 1}{\epsilon_r + 2} = \frac{N\tilde{A}}{3\epsilon_0} \tag{5.60}$$

mit N als Dipoldichte hergestellt. Die Herleitung dieser Gleichung soll hier nicht wiedergegeben werden, ist aber in [KOW 94] nachzulesen.

Entsprechend der an diesen drei Polarisierbarkeiten beteiligten Oszillatoren und ihrer Massen finden die Resonanzphänomene bei unterschiedlichen Kreisfrequenzen ω des externen elektrischen Felds statt [SC1 90, KOW 94], wie es

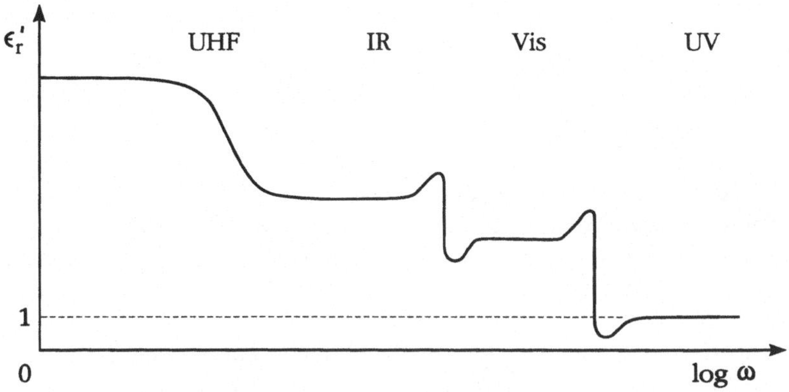

Abb. 5.2: Abhängigkeit des Realteils ϵ_r' der Dielektrizitätszahl von der Kreisfrequenz $\omega = 2\pi\nu$ des anregenden externen elektrischen Felds zum Beispiel einer elektromagnetischen Welle

in Abb. 5.2 angedeutet ist. Die Orientierungspolarisierbarkeit geht mit Bewegungen einher, die mit Frequenzen im Ultrahochfrequenz (UHF)-Bereich erfolgen. Die Verschiebungspolarisierbarkeit hat ihre Resonanzen im Infrarot (IR)-Bereich, und die atomare Polarisierbarkeit mit den Elektronen als Oszillatoren zeigt Resonanzen im Bereich des sichtbaren (Vis - "visible"-) bis ultravioletten (UV-) Spektralbereichs. (An den Resonanzstellen hat der Imaginärteil ϵ_r'' der Dielektrizitätszahl, der auf Absorption hinweist, Absorptionspeaks, die in Abb. 5.2 nicht gezeigt werden.) Der Realteil ϵ_r' zeigt das in der Abbildung qualitativ dargestellte Verhalten. Angaben des Realteils der relativen Dielektrizitätszahl können nur frequenzabhängig gemacht werden. Das heißt zum Beispiel, daß eine im sichtbaren Spektralbereich gemessene reelle Brechzahl nicht entsprechend Gl. (5.50) mit einer im UHF-Bereich vermessenen reellen Dielektrizitätszahl verglichen werden darf. Dieser Fehler wird häufig gemacht. Auch die zur Verdeutlichung der Situation oft eingeführten Größen ϵ_{r0}' und $\epsilon_{r\infty}'$, bei denen der zweite Index den Grenzfall der Frequenz angeben soll, sind ohne weitere Erläuterungen nicht eindeutig. Denn es bleibt unklar, ob nur unmittelbar "links" und "rechts" von der betrachteten Resonanz gemeint ist oder auch jeweils die am weitesten außen auf der Frequenzskala liegende Resonanz "mitgenommen" wird. Eine genaue Ausdrucksweise ist hier sehr wichtig.

5.2.2   Absorption in Halbleitern

Bei Halbleitern werden die genannten Polarisierbarkeiten oft von Ladungsträgereffekten überdeckt. Die Ladungsträger wandern im äußeren elektrischen Feld (falls dieses langsam veränderlich ist), bauen dadurch ein Gegenfeld auf und schirmen damit das äußere elektrische Feld ab.

Im Prinzip können natürlich die von Dielektrika bekannten Polarisierbarkeiten dennoch auftreten, solange keine Ladungsträger erzeugt werden. Von Halbleitern sind die Auswirkungen der Verschiebungspolarisierbarkeit bekannt - allerdings nur für solche Materialien mit wenigstens teilweise vorhandenem ionogenem Bindungscharakter, wie III-V- und II-VI-Halbleiter. Das entsprechende im fernen Infrarot auftretende Resonanzverhalten wird als Reststrahlenbande bezeichnet [KOW 94].

Die wichtigsten (linearen) Resonanzphänomene in Halbleitern sind mit der Absorption bei Photonenenergien im Bereich der Bandlückenenergie oder Absorption durch bereits in das Leitungsband angeregte Elektronen verbunden. Hier sind drei wichtige Formen der Absorption zu unterscheiden, die in Abb. 5.3 schematisch dargestellt sind:
- die Fundamentalabsorption mit dem Absorptionskoeffizienten α_F findet unter Anregung von Elektronen vom Valenz- in das Leitungsband ohne Austausch eines Impulses (wenn von dem Impuls der Photonen abgesehen wird) statt; die Fundamentalabsorption begründet die sogenannte Absorptionskante in der Darstellung des Gesamtabsorptionskoeffizienten α über der Wellenlänge λ bei relativ kleinen Wellenlängen,
- die Intrabandabsorption mit dem Absorptionskoeffizienten α_{iB} könnte auch Intersubbandabsorption heißen, da sie die Absorption freier Ladungsträger aus einem in ein anderes Subband innerhalb des Leitungsbands unter Austausch eines relativ starken Impulses mit dem Kristall bezeichnet; die Intrabandabsorption tritt bei "mittleren" Wellenlängen auf,
- die Absorption freier Ladungsträger mit dem Absorptionskoeffizienten α_{fL} betrifft wie die Intrabandabsorption auch freie Ladungsträger; nun sind aber sowohl die dem Strahlungsfeld entzogenen Energien als auch die mit dem Kristall ausgetauschten Impulse gering, so daß die freien Ladungsträger ihr Subband nicht verlassen.

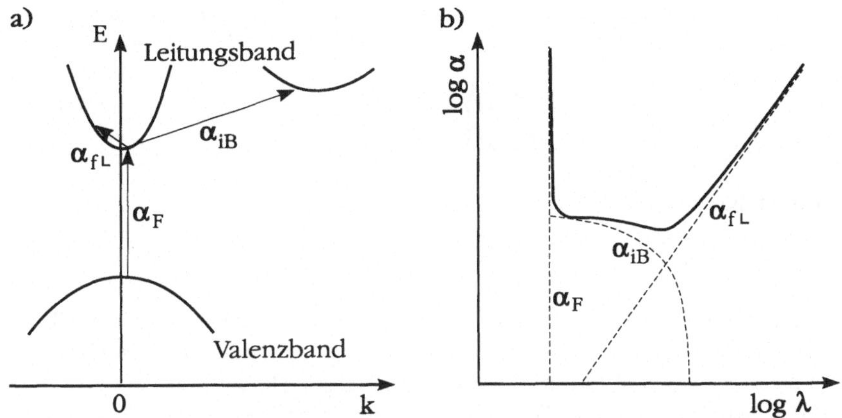

Abb. 5.3: Schematische Darstellung von Fundamentalabsorption (Index $_F$), Intrabandabsorption (Index $_{iB}$) und Absorption freier Ladungsträger (Index $_{fL}$): a) Energiebandschema (E) über dem Kristallimpuls k, b) Intensitätsabsorptionskoeffizient α über der Vakuum-Wellenlänge λ der elektromagnetischen Strahlung qualitativ in doppelt-logarithmischer Auftragung

5.2.3 Kramers-Kronig-Relationen

In diesem Abschnitt soll der enge Zusammenhang zwischen der Absorption und der Brechung, zwischen dem Intensitätsabsorptionskoeffizienten und der Brechzahl, durch die Herleitung der Kramers-Kronig-Relationen in der Version nach Stern [ST1 63] noch einmal dokumentiert werden.

$\vec{E}$ und $\vec{D}$ seien die elektrische Feldstärke einer elektromagnetischen Welle der Kreisfrequenz ω und die dielektrische Verschiebung nach Modifikation des externen elektrischen Felds durch ein Medium der komplexwertigen Dielektrizitätszahl $\epsilon_r(\omega)$:

$$\vec{D} = \epsilon_0 \epsilon_r(\omega) \vec{E}(\omega). \tag{5.61}$$

Die Integration über alle Frequenzanteile ergibt in einer Fourier-Synthese die entsprechenden zeitabhängigen Größen, hier klein geschrieben:

$$\vec{d}(t) = \int_{-\infty}^{\infty} \vec{D}(\omega) \exp(-j\omega t)\, d\omega, \tag{5.62}$$

$$\vec{e}(t) = \int_{-\infty}^{\infty} \vec{E}(\omega) \exp(-j\omega t)\, d\omega. \tag{5.63}$$

Wenn $\vec{D}$ und $\vec{E}$ physikalisch sinnvolle Größen sein (und der Kausalität und dem Gerichtetsein der Zeit genügen) sollen, muß außerdem gelten:

$$\vec{D}(-\omega) = \vec{D}^*(\omega), \tag{5.64}$$

$$\vec{E}(-\omega) = \vec{E}^*(\omega). \tag{5.65}$$

Daraus folgt mit Gl. (5.61):

$$\epsilon_r(-\omega) = \epsilon_r^*(\omega). \tag{5.66}$$

Das heißt, daß die Realteile von $\vec{D}$, $\vec{E}$ und ϵ_r symmetrische und die Imaginärteile antisymmetrische Funktionen über ω sein müssen. Die dielektrische Polarisation $\vec{p}(t)$ (hier in der zeitabhängigen Darstellung aus Gründen der Konsistenz mit obiger Bezeichnungsweise klein geschrieben) beschreibt die Modifikation des externen elektrischen Felds durch das Dielektrikum:

$$\vec{p}(t) = \vec{d}(t) - \epsilon_0 \vec{e}(t) \tag{5.67}$$

$$= \int_{-\infty}^{\infty} \epsilon_0(\epsilon_r(\omega) - 1)\vec{E}(\omega)\exp(-j\omega t)\,d\omega. \tag{5.68}$$

Für die quadratintegrierbare Funktion $\vec{E}(\omega)$ kann die Fourier-Rücktransformation von Gl. (5.63) angesetzt werden:

$$\vec{p}(t) = \int_{-\infty}^{\infty} \epsilon_0(\epsilon_r(\omega) - 1) \cdot \frac{1}{2\pi} \int_{-\infty}^{\infty} \vec{e}(\hat{t})\exp(j\omega(\hat{t} - t))\,d\hat{t}\,d\omega \tag{5.69}$$

$$= \frac{1}{2\pi} \int_{-\infty}^{\infty} \vec{e}(\hat{t})[\int_{-\infty}^{\infty} \epsilon_0(\epsilon_r(\omega) - 1)\exp(-j\omega(t - \hat{t}))\,d\omega]\,d\hat{t}. \tag{5.70}$$

Daraus folgt bei Definition der [ ]-Klammer als $p_a(t - \hat{t})$:

$$\vec{p}(t) = \frac{1}{2\pi} \int_{-\infty}^{\infty} p_a(t - \hat{t})\vec{e}(\hat{t})\,d\hat{t}. \tag{5.71}$$

$p_a(t - \hat{t})$ ist die Antwort der dielektrischen Polarisation zum Zeitpunkt t auf einen Delta-Impuls des elektrischen Felds zum Zeitpunkt $\hat{t}$; es ist gleichzeitig nach der Definition der eckigen Klammer in dem Schritt von Gl. (5.70) nach Gl. (5.71) die Fourier-Transformierte von $\epsilon_0(\epsilon_r(\omega) - 1)$. Deswegen kann geschrieben werden:

$$\epsilon_0(\epsilon_r(\omega) - 1) = \frac{1}{2\pi} \int_{-\infty}^{\infty} p_a(\tilde{t})\exp(j\omega\tilde{t})\,d\tilde{t}. \tag{5.72}$$

Die Kausalitätsbedingung der Physik besagt, daß es keine Antwort der dielektrischen Polarisation auf das Feld geben kann, bevor das Feld "an" ist. Daraus folgt:

$$p_a(\tilde{t}) = 0 \qquad \text{für } \tilde{t} < 0. \tag{5.73}$$

Das bedeutet, es muß über $\tilde{t} \geq 0$ integriert werden. Es kann gezeigt werden, daß Gl. (5.72) bedeutet, daß $\epsilon_0(\epsilon_r(\omega) - 1)$ eine analytische Funktion mit positivem Imaginärteil ist. In diesem Fall kann mit

$$\epsilon_r(\omega) = \epsilon_r'(\omega) - j\epsilon_r''(\omega) \tag{5.74}$$

weiter geschrieben werden:

$$\epsilon_0(\epsilon_r(\omega) - 1) = \epsilon_0(\epsilon_r'(\omega) - 1 - j\epsilon_r''(\omega)) \tag{5.75}$$

$$= \frac{1}{j\pi}\mathcal{H}\int_{-\infty}^{\infty} \frac{\epsilon_0(\epsilon_r(\tilde{\omega}) - 1)}{\tilde{\omega} - \omega}\, d\tilde{\omega}. \tag{5.76}$$

$\mathcal{H}$ bedeutet hier den Cauchyschen Hauptwert des Integrals, das heißt den Grenzwert des Integrals für gleichzeitig gegen Unendlich gehende Integralgrenzen. Wird Gl. (5.76) nach Real- und Imaginärteil aufgeschlüsselt, ergibt sich:

$$\epsilon_0(\epsilon_r'(\omega) - 1) = -\frac{1}{\pi}\mathcal{H}\int_{-\infty}^{\infty} \frac{\epsilon_0\epsilon_r''(\tilde{\omega})}{\tilde{\omega} - \omega}\, d\tilde{\omega}, \tag{5.77}$$

$$\epsilon_0\epsilon_r''(\omega) = \frac{1}{\pi}\mathcal{H}\int_{-\infty}^{\infty} \frac{\epsilon_0(\epsilon_r'(\tilde{\omega}) - 1)}{\tilde{\omega} - \omega}\, d\tilde{\omega}. \tag{5.78}$$

Dabei ist zu beachten, daß der Faktor $1/j$ auf der rechten Seite in Gl. (5.76) den Real- mit dem Imaginärteil in Beziehung setzt und umgekehrt. Da allgemein gezeigt werden kann, daß

$$\mathcal{H}\int_{-\infty}^{\infty} f(\rho)/(\rho - a)\, d\rho = \mathcal{H}\int_{0}^{\infty} \frac{\rho[f(\rho) - f(-\rho)] + a[f(\rho) + f(-\rho)]}{\rho^2 - a^2}\, d\rho, \tag{5.79}$$

folgt wegen

$$\epsilon_r''(-\tilde{\omega}) = -\epsilon_r''(\tilde{\omega}), \tag{5.80}$$

$$\epsilon_r'(-\tilde{\omega}) = +\epsilon_r'(\tilde{\omega}) \tag{5.81}$$

nach Gl. (5.66):

$$\tilde{\omega}[\epsilon_r''(\tilde{\omega}) - \epsilon_r''(-\tilde{\omega})] + \omega[\epsilon_r''(\tilde{\omega}) + \epsilon_r''(-\tilde{\omega})]$$

$$\begin{aligned}
&= \tilde{\omega}[\epsilon_r''(\tilde{\omega}) + \epsilon_r''(\tilde{\omega})] + \omega[\epsilon_r''(\tilde{\omega}) - \epsilon_r''(\tilde{\omega})] \\
&= 2\tilde{\omega}\epsilon_r''(\tilde{\omega}),
\end{aligned}$$
(5.82)

$$\begin{aligned}
\tilde{\omega}[\epsilon_r'(\tilde{\omega}) - \epsilon_r'(-\tilde{\omega})] + \omega[\epsilon_r'(\tilde{\omega}) + \epsilon_r'(-\tilde{\omega})] \\
= \tilde{\omega}[\epsilon_r'(\tilde{\omega}) - \epsilon_r'(\tilde{\omega})] + \omega[\epsilon_r'(\tilde{\omega}) + \epsilon_r'(\tilde{\omega})] \\
= 2\omega\epsilon_r'(\tilde{\omega}).
\end{aligned}$$
(5.83)

Damit ergibt sich mit (hier nicht hergeleitet)

$$\mathcal{H} \int_0^\infty \frac{1}{\tilde{\omega}^2 - \omega^2} \, d\tilde{\omega} = 0,$$
(5.84)

weiter:

$$\epsilon_r'(\omega) - 1 = -\frac{2}{\pi}\mathcal{H} \int_0^\infty \frac{\tilde{\omega}\epsilon_r''(\tilde{\omega})}{\tilde{\omega}^2 - \omega^2} \, d\tilde{\omega},$$
(5.85)

$$\epsilon_r''(\omega) = \frac{2\omega}{\pi}\mathcal{H} \int_0^\infty \frac{\epsilon_r'(\tilde{\omega})}{\tilde{\omega}^2 - \omega^2} \, d\tilde{\omega}.$$
(5.86)

Die Gln. (5.85) und (5.86) sind die Kramers-Kronig-Relationen für ϵ_r', den Realteil der Dielektrizitätszahl, der mit der Brechzahl verknüpft ist, und für ϵ_r'', den Imaginärteil, der mit der Absorption zusammenhängt. Für den Absorptionskoeffizienten und die Brechzahl ergibt sich entsprechend:

$$n(\omega) - 1 = -\frac{c}{2\pi}\mathcal{H} \int_0^\infty \frac{\alpha(\tilde{\omega})}{\tilde{\omega}^2 - \omega^2} \, d\tilde{\omega},$$
(5.87)

$$\alpha(\omega) = \frac{4\omega^2}{c\pi}\mathcal{H} \int_0^\infty \frac{n(\tilde{\omega})}{\tilde{\omega}^2 - \omega^2} \, d\tilde{\omega}.$$
(5.88)

Oft sind nicht die Absolutwerte von $\alpha(\omega)$ und $n(\omega)$ von Interesse, sondern die Änderungen und ihr Zusammenhang infolge eines physikalischen Effektes. Ändert sich zum Beispiel aufgrund der dynamischen Bandfüllung, die in Kap. 10 näher behandelt werden wird, der Absorptionskoeffizient um einen Betrag $\Delta\alpha$, so wird sich auch die Brechzahl um einen Betrag Δn ändern. Es zeigt sich, daß für beide Größen in erster Näherung der gleiche Zusammenhang besteht; auch an der Änderung zeigt sich also die enge Verknüpfung zwischen dem Absorptionskoeffizienten und der Brechzahl oder allgemein zwischen der Absorption und der Brechung. Es ergibt sich nach einer Herleitung, die hier nicht wiedergegeben wird [EBE 92]:

$$\Delta n(\hbar\omega) = \frac{hc}{2\pi^2} \cdot \int_0^\infty \frac{\Delta\alpha(\hbar\tilde{\omega}) - \Delta\alpha(\hbar\omega)}{(\hbar\tilde{\omega})^2 - (\hbar\omega)^2} \, d(\hbar\tilde{\omega}).$$
(5.89)

Das bedeutet, daß eine Brechzahländerung für eine beliebige, aber feste Photonenenergie $\hbar\omega$ berechnet werden kann, wenn die üblicherweise leichter zu messende Absorptionsänderung im gesamten Spektralbereich (Integration über $\hbar\omega$) bekannt ist. Es reicht, statt des gesamten Spektralbereichs denjenigen Ausschnitt zu betrachten, in dem der untersuchte Effekt Auswirkungen zeigt, im Beispiel der dynamischen Bandfüllung also zum Beispiel für Photonenenergien um die Bandlückenenergie herum. Die Kramers-Kronig-Relationen sind damit ein wichtiges Werkzeug der Praxis. Gleichzeitig verdeutlichen sie, daß jede Absorptionsänderung (im allgemeinen sogar zusätzlich noch bei anderen Photonenenergien) immer mit einer Brechzahländerung einhergeht und umgekehrt.

5.2.4 Optische Eigenschaften von Metallen

Obwohl sich dieses Buch nicht um Metalle dreht, soll hier kurz auf die optischen Eigenschaften der Metalle eingegangen werden, da sie einige Hinweise auf die mikroskopischen Vorgänge bei "Absorption" geben. In begrenztem Umfang sind die Ausführungen natürlich auch für Halbleiter gültig - nämlich immer dann, wenn die Anzahl der (quasi-) freien Ladungsträger im Halbleiter zum Beispiel infolge hoher Temperatur oder Dotierung relativ groß und der metallische Charakter dadurch stärker wird.

Bei kleinen anregenden Frequenzen, das heißt im fernen Infrarot, macht sich vornehmlich der Einfluß der gesamten Metallprobe bemerkbar; denn bei diesen großen Wellenlängen kann das Metall als homogenes kontinuierliches Medium beschrieben werden. Bei größeren Frequenzen macht sich der Einfluß der Ladungsträger bemerkbar.

Zum Verständnis des optischen Verhaltens von Metallen hilft es, sich die Ladungsträger in zwei Gruppen zu unterteilen:
- einerseits gebundene Ladungsträger im Valenzband,
- andererseits (quasi-) freie Ladungsträger überwiegend im Leitungsband.
(Solche Ladungsträger sind nicht wirklich frei, sondern nur "quasi-frei", da sie sich nur auf angeregten Energieniveaus befinden und weder schon den Kristallverband verlassen haben, noch sich im Vakuum-Niveau befinden.)
Die (quasi-) freien Ladungsträger sind für die "offensichtlichen" optischen Eigenschaften der Metalle bestimmend.

Ladungsträger als frei zu bezeichnen, impliziert, daß es keine Rückstellkraft gibt, daß die Eigenfrequenz ω_0 der Oszillatoren verschwindet beziehungs-

weise daß die Kreisfrequenz ω des Erregers gegen Unendlich geht. Hohe
Erregerfrequenzen bedeuten nach der Theorie der erzwungenen Schwingungen [MEY 74], daß die Schwingung der Oszillatoren, hier der freien Ladungsträger, mit der Erregerschwingung um $-180°$ außer Phase ist und keine
Energie aus der Erregerschwingung aufgenommen wird (keine Resonanzabsorption). Diese Phasenverschiebung bedeutet aber, daß sich Primärwelle
und Sekundärwelle je nach ihren Amplituden mehr oder weniger stark
auslöschen müssen. Das heißt, bei nicht zu geringen Dicken der Metallproben
existiert keine transmittierte Welle.

Da keine Resonanzabsorption stattfindet, wird jede einfallende Welle - für
viele Wellenlängen - reflektiert; daraus resultiert der metallische Glanz.
Wenn ein Metall in einer bestimmten Farbe schimmert, liegt das daran,
daß die komplementäre Farbe durch Resonanzabsorption der gebundenen
Ladungsträger zusätzlich noch absorbiert wird.

5.3   Elektrooptische Effekte

5.3.1   Prinzip

Neben den im ersten Unterteil dieses Kapitels besprochenen sogenannten
Fundamentalwechselwirkungen zwischen dem Licht und der Materie gibt es
noch eine Vielzahl anderer physikalischer Effekte der Wechselwirkung, die
nach ganz unterschiedlichen Kriterien klassifiziert werden könnten. Hier sollen die beiden elektrooptischen Effekte, der Pockels- und kurz auch der Kerr-
Effekt, behandelt werden. Es handelt sich dabei um Effekte, bei denen durch
eine über Elektroden auf die Probe aufgebrachte externe Spannung das Material unter anderem in seinen optische Eigenschaften leicht verändert wird,
so daß sich die Wechselwirkung mit elektromagnetischen Wellen ändert. Der
Pockels-Effekt hat in der integrierten Optoelektronik eine sehr große Bedeutung, da zahlreiche Konzepte für Modulatoren oder räumliche optische
Schalter auf diesem Effekt beruhen. Er wird im Bereich von Photonenenergien angewendet, die nicht ausreichen, um durch Photonenabsorption Elektronen in höhere Niveaus anzuregen.

Bei den elektrooptischen Effekten verzerrt ein statisches oder relativ langsam veränderliches, dynamisches elektrisches Feld die Elektronenorbitale, so
daß sich das Material, hier speziell seine Brechzahl, leicht verändert. Die
einfallende elektromagnetische Welle "sieht" die veränderte Brechzahl und
durchläuft das Bauelement in veränderter Weise. Diese veränderte Weise

kann bei einem wellenleitergestützten Element zum Beispiel bedeuten, daß sich die Wellenform in dem Wellenleiter verändert und dadurch eventuell die Überkopplung auf einen anderen Wellenleiter beeinflußt wird.

Der Kerr-Effekt wird auch als quadratischer elektrooptischer Effekt bezeichnet, weil bei ihm die durch das externe Feld $\mathcal{E}_{ext}$ verursachte Änderung $\Delta\epsilon_r'$ des Realteils der Dielektrizitätszahl quadratisch von der Stärke des externen Felds abhängt:

$$\Delta\epsilon_r' \propto \mathcal{E}_{ext}^2. \tag{5.90}$$

Beim Pockels- beziehungsweise linearen elektrooptischen Effekt ist die entsprechende Abhängigkeit linear,

$$\Delta\epsilon_r' \propto \mathcal{E}_{ext}, \tag{5.91}$$

wobei gilt:

$$\Delta\epsilon_{r,Kerr}' \ll \Delta\epsilon_{r,Pockels}'. \tag{5.92}$$

Daher kann in Kristallen, in denen der Pockels-Effekt auftritt, der Kerr-Effekt im allgemeinen vernachlässigt werden. In der integrierten Optoelektronik sind die wichtigsten Halbleitersysteme $Al_xGa_{1-x}As/GaAs$ (Aluminiumgalliumarsenid auf Galliumarsenid) und $In_xGa_{1-x}As_yP_{1-y}/InP$ (Indiumgalliumarsenidphosphid auf Indiumphosphid). Diese Materialien besitzen die Zinkblende-Kristallstruktur. Das sind zwei ineinander geschachtelte kubisch-flächenzentrierte (kfz) Gitter mit jeweils anderer Atomsorte, wobei die beiden kfz-Gitter um 1/4 auf der Raumdiagonalen gegeneinander versetzt sind. Damit ist diese Kristallstruktur nicht inversionssymmetrisch; sie wäre es, wenn die beiden Gitter um 1/2 auf der Raumdiagonalen gegeneinander versetzt wären. - Die Kristalle sind an sich optisch isotrop, zeigen aber beim Anlegen eines elektrischen Felds - also auch im Zusammenhang mit dem Pockels-Effekt - eine Anisotropie.

5.3.2 Indexellipsoid

Ganz allgemein läßt sich (auch für anisotrope Medien) der bekannte Zusammenhang zwischen dem elektrischen Feld $\vec{E}$ und der dielektrischen Verschiebung $\vec{D}$ in Tensordarstellung schreiben:

$$\begin{pmatrix} D_x \\ D_y \\ D_z \end{pmatrix} = \epsilon_0 \begin{pmatrix} \epsilon_{xx} & \epsilon_{xy} & \epsilon_{xz} \\ \epsilon_{yx} & \epsilon_{yy} & \epsilon_{yz} \\ \epsilon_{zx} & \epsilon_{zy} & \epsilon_{zz} \end{pmatrix} \begin{pmatrix} E_x \\ E_y \\ E_z \end{pmatrix}, \tag{5.93}$$

wobei die vereinfachende Definition

$$\epsilon_{ij} = \epsilon'_{r,ij} \tag{5.94}$$

mit $i, j = x, y, z$ als Laufindizes über die kartesischen Ortskoordiaten gelte. Zur Vereinfachung kann das Koordinatensystem mit den neuen Koordinaten x', y' und z' so gelegt werden, daß der Tensor Diagonalgestalt annimmt. Damit gilt:

$$\begin{pmatrix} D_{x'} \\ D_{y'} \\ D_{z'} \end{pmatrix} = \epsilon_0 \begin{pmatrix} \epsilon_{x'x'} & 0 & 0 \\ 0 & \epsilon_{y'y'} & 0 \\ 0 & 0 & \epsilon_{z'z'} \end{pmatrix} \begin{pmatrix} E_{x'} \\ E_{y'} \\ E_{z'} \end{pmatrix}. \tag{5.95}$$

Für unmagnetische Stoffe (beziehungsweise, genauer gesagt, für Stoffe, die wie alle Materialien nur den sehr schwachen Diamagnetismus zeigen) gilt - bei Berücksichtigung derselben Frequenz des externen Felds - die Maxwell-Relation:

$$\epsilon_{i'i'} = n_{i'}^2, \tag{5.96}$$

wobei $n_{i'}$ die Brechzahl für die i'-te Feldkomponente darstellt. Damit gilt weiter:

$$\vec{E} \cdot \vec{D} = \epsilon_0 \cdot \sum_{i'} n_{i'}^2 E_{i'}^2 \tag{5.97}$$

oder

$$\vec{E} \cdot \vec{D} = \frac{1}{\epsilon_0} \cdot \sum_{i'} \frac{D_{i'}^2}{n_{i'}^2}. \tag{5.98}$$

Für die elektrische Energiedichte gilt [ALO 77]:

$$w_{el} = \frac{1}{2} \cdot \vec{E} \cdot \vec{D} = \frac{1}{2\epsilon_0} \cdot \sum_{i'} \frac{D_{i'}^2}{n_{i'}^2}. \tag{5.99}$$

Daraus folgt mit Gl. (5.98):

$$2\epsilon_0 w_{el} = \frac{D_{x'}^2}{n_{x'}^2} + \frac{D_{y'}^2}{n_{y'}^2} + \frac{D_{z'}^2}{n_{z'}^2}. \tag{5.100}$$

Die Definition dreier neuer dimensionsloser Größen x', y', z' erfolgt nach dem Schema

$$i' = \frac{D_{i'}}{\sqrt{2\epsilon_0 w_{el}}} \tag{5.101}$$

mit

$$i' = x', y', z' \quad . \tag{5.102}$$

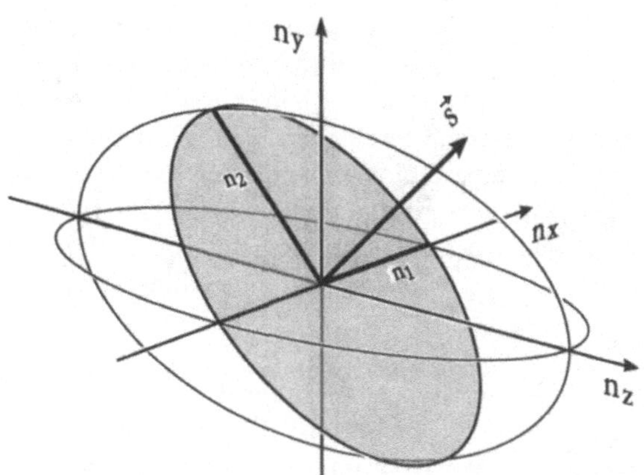

Abb. 5.4: Indexellipsoid zur Beschreibung der unterschiedlichen Brechzahlen in verschiedenen Richtungen bei optisch anisotropen Medien

Hierbei stellen die i' weder Indizes noch Koordinaten (also auch nicht Längenangaben) dar, und ihre Schreibweise soll lediglich an die Achsrichtungen erinnern, in denen sie gelten. Damit folgt aus Gl. (5.100)

$$\frac{x'^2}{n_{x'}^2} + \frac{y'^2}{n_{y'}^2} + \frac{z'^2}{n_{z'}^2} = 1. \tag{5.103}$$

Dies ist die Gleichung einer Ellipse, wobei die Achsenabschnitte Brechzahlen in den betreffenden Raumrichtungen bezeichnen. Abbildung 5.4 veranschaulicht prinzipiell ein solches Indexellipsoid. Die Größe $\vec{s}$ solle den Ausbreitungsvektor in Ausbreitungsrichtung einer etwaigen auf das Medium einfallenden elektromagnetischen Welle darstellen. Die auf $\vec{s}$ senkrecht stehende, durch den Nullpunkt des Koordinatensystems gehende Fläche schneidet aus dem Ellipsoid eine Ellipsenfläche heraus. In dieser Ebene schwingt der E-Feldvektor der elektromagnetischen Welle. Welche Brechzahl die Welle "sieht", hängt von der genauen Schwingungsrichtung des E-Feld-Vektors ab. Die betreffende Brechzahl bestimmt die Phasengeschwindigkeit der Wellenausbreitung in dem Medium.

5.3.3 Elektrooptischer Tensor

Der vorhergehende Abschnitt war nur Vorbereitung zur Einführung von Schreibweisen für die Beschreibung der Brechzahl in anisotropen Medien.

Die Ansiotropie braucht nicht von vornherein eine Eigenschaft des Kristalls
zu sein, sondern kann zum Beispiel durch ein externes elektrisches Feld via
Pockels-Effekt hervorgerufen werden. Denn in Kristallen ohne Inversionssymmetrie kommt es durch das externe elektrische Feld zu Verschiebungen der
Gitteratome. Dadurch ändern sich Dielektrizitätszahltensor und Indexellipsoid. Bei zunächst isotropen Kristallen wird aus einer Indexkugel (als Spezialfall des Ellipsoids) ein Indexellipsoid. Bei von Anfang an anisotropen
Kristallen verzerrt sich das ursprüngliche Indexellipsoid und verwandelt sich
in ein anderes.

Wie können nun die Verzerrungen des Indexellipsoids aufgrund des Pockels-
Effekts beschrieben werden? Dazu wird üblicherweise dasjenige Koordinatensystem verwendet, dessen Koordinaten x', y' und z' parallel zu den Kris-
tallachsen liegen. Dann stellen sich die Verzerrungen als zusätzliche Terme
in der Beschreibung des Ellipsoids dar:

$$\frac{x'^2}{n_{x'}^2} + \frac{y'^2}{n_{y'}^2} + \frac{z'^2}{n_{z'}^2} \; + \; \Delta(\frac{1}{n^2})_1 x'^2 + \Delta(\frac{1}{n^2})_2 y'^2 + \Delta(\frac{1}{n^2})_3 z'^2$$

$$+ \; 2\Delta(\frac{1}{n^2})_4 y'z' + 2\Delta(\frac{1}{n^2})_5 x'z' + 2\Delta(\frac{1}{n^2})_6 x'y'$$

$$= \; 1. \tag{5.104}$$

Soweit ist dies nur Mathematik, das heißt, so läßt sich das verzerrte Ellipsoid
mathematisch darstellen. Die Terme mit $\Delta\ldots$ enthalten zunächst einmal nur
eine Schreibweise; für die Ausdrücke $\Delta(\cdot)_1$ bis $\Delta(\cdot)_6$ könnte auch a_1 bis a_6
geschrieben werden, denn es handelt sich einfach um sechs Koeffizienten. Die
Wahl der Notation erwächst aus dem Wunsch, mit der Schreibweise an die
Ellipsoidform zu erinnern.

Die sechs Koeffizienten haben ihren Ursprung in der Verzerrung des Gitters, die durch die externe elektrische Feldstärke bedingt ist, welche drei
Raumkoordinaten besitzt. Damit sind die sechs Koeffizienten über eine 6×3-
Matrix mit der externen elektrischen Feldstärke $\vec{\mathcal{E}}_{ext} = (\mathcal{E}_{ext,x'}, \mathcal{E}_{ext,y'}, \mathcal{E}_{ext,z'})$
verknüpft (18 Parameter). Diese Matrix wird elektrooptischer Tensor $(r_{li'})$
mit $l = 1,\ldots,6$ und $i' = x',y',z'$ genannt:

$$\begin{pmatrix} \Delta(\frac{1}{n^2})_1 \\ \vdots \\ \Delta(\frac{1}{n^2})_6 \end{pmatrix} = (r_{li'}) \cdot \begin{pmatrix} \mathcal{E}_{ext,x'} \\ \mathcal{E}_{ext,y'} \\ \mathcal{E}_{ext,z'} \end{pmatrix}, \tag{5.105}$$

wobei

$$(r_{li'}) = \begin{pmatrix} r_{1x'} & r_{1y'} & r_{1z'} \\ r_{2x'} & r_{2y'} & r_{2z'} \\ \vdots & \vdots & \vdots \\ r_{6x'} & r_{6y'} & r_{6z'} \end{pmatrix}. \tag{5.106}$$

(Der elektrooptische Tensor darf nicht mit dem Dielektrizitätstensor aus Gl. (5.93) verwechselt werden.)

In Kristallen mit Inversionssymmetrie verschwinden alle $r_{li'}$. Um dies zu zeigen, wird angenommen, daß für das externe elektrische Feld gilt:

$$\vec{\mathcal{E}}_{ext} = (\mathcal{E}_{ext}, 0, 0), \tag{5.107}$$

das heißt, daß das externe Feld nur in x'-Richtung liegt. Daraus folgt zum Beispiel für den ersten der sechs Koeffizienten, die die Verzerrung des Ellipsoids beschreiben:

$$\Delta(\frac{1}{n^2})_1 = r_{1x'} \cdot \mathcal{E}_{ext}. \tag{5.108}$$

Eine Drehung des Felds um 180° ergibt:

$$\vec{\mathcal{E}}_{ext} = (-\mathcal{E}_{ext}, 0, 0) \tag{5.109}$$

$$\Delta(\frac{1}{n^2})_1 = -r_{1x'} \cdot \mathcal{E}_{ext}. \tag{5.110}$$

Wenn statt des Felds der Kristall um 180° gedreht wird (was wegen der Inversionssymmetrie keine Auswirkungen haben darf), muß dies wegen der Äquivalenz der Drehungen zu demselben Ergebnis wie in Gl. (5.110) führen. Das heißt:

$$\Delta(\frac{1}{n^2})_1 = r_{1x'} \cdot \mathcal{E}_{ext} = -r_{1x'} \cdot \mathcal{E}_{ext}. \tag{5.111}$$

Für eine beliebige Stärke $\mathcal{E}_{ext}$ des externen elektrischen Felds bedeutet das aber:

$$r_{1x'} = -r_{1x'} = 0. \tag{5.112}$$

Dieselben Überlegungen gelten im Fall der Inversionssymmetrie für alle anderen Koeffizienten des elektrooptischen Tensors, so daß alle Koeffizienten im Fall der Inversionssymmetrie verschwinden und der Pockels-Effekt nicht auftreten kann.

Andere Symmetrieüberlegungen für Kristalle der Zinkblendestruktur (GaAs,

InP etc.), die keine Inversionssymmetrie zeigen und deshalb den Pockels-Effekt aufweisen, ergeben:

$$
(r_{li'}) = \begin{pmatrix} 0 & 0 & 0 \\ 0 & 0 & 0 \\ 0 & 0 & 0 \\ r_{4x'} & 0 & 0 \\ 0 & r_{4x'} & 0 \\ 0 & 0 & r_{4x'} \end{pmatrix}.
\tag{5.113}
$$

In der allgemein üblichen Schreibweise wird ersetzt:

$$
x' \; \to \; 1 \tag{5.114}
$$

$$
y' \; \to \; 2 \tag{5.115}
$$

$$
z' \; \to \; 3, \tag{5.116}
$$

so daß mit $i = 1, 2, 3$:

$$
(r_{li}) = \begin{pmatrix} 0 & 0 & 0 \\ 0 & 0 & 0 \\ 0 & 0 & 0 \\ r_{41} & 0 & 0 \\ 0 & r_{41} & 0 \\ 0 & 0 & r_{41} \end{pmatrix}.
\tag{5.117}
$$

Damit ist r_{41} der wichtige elektrooptische Parameter für Kristalle der Zink-blendestruktur (Zinkblende ZnS). Zum Beispiel gilt: für GaAs: $r_{41} = 1.2 \cdot 10^{-12} \mathrm{m/V}$ und für InP: $r_{41} = 1.3 \cdot 10^{-12} \mathrm{m/V}$. Damit folgt für feldfrei isotrope Kristalle nach Gl. (5.104) mit

$$
\tilde{n} = n_{x'} = n_{y'} = n_{z'} \tag{5.118}
$$

für das verzerrte Indexellipsoid:

$$
\frac{x'^2}{\tilde{n}^2} + \frac{y'^2}{\tilde{n}^2} + \frac{z'^2}{\tilde{n}^2}
$$
$$
+ \; 2r_{41}(\mathcal{E}_{ext,x'} \cdot y'z' + \mathcal{E}_{ext,y'} \cdot x'z' + \mathcal{E}_{ext,z'} \cdot x'y') = 1. \tag{5.119}
$$

Für Berechnungen ist es oft sinnvoll, dieses neue verzerrte Indexellipsoid auf neue Hauptachsen zu transformieren.

In Sonderfällen, die hier nicht näher erläutert werden sollen, aber in [EBE 92] zu finden sind, ergibt sich nach einer mathematischen Näherung folgende Proportionalität zwischen der durch das externe Feld bewirkten Brechzahländerung $\Delta\tilde{n}$ und dem Feld selbst:

$$\Delta\tilde{n} \propto \mathcal{E}_{ext}. \qquad (5.120)$$

In jenen Sonderfällen bedeutet der Pockels-Effekt eine zum Feld proportionale Brechzahländerung und nicht nur eine proportionale Änderung des Realteils der Dielektrizitätszahl.

Im allgemeinen beeinflußt das externe elektrische Feld das Indexellipsoid je nach Raumrichtung anders. Dadurch werden elektromagnetische Wellen je nach ihrer Polarisationsrichtung beim Durchlauf durch das Material unterschiedliche zusätzliche Phasenverschiebungen erfahren. Deshalb kann der Pockels-Effekt zur Konversion von TE- in TM-Wellen und umgekehrt ausgenutzt werden.

5.3.4 Anwendung

Eine wichtige und sehr moderne Anwendung findet der Pockels-Effekt in der sogenannten elektrooptischen Abtastung (englisch: "electro-optic sampling") [VAL 86]. Bei sehr schnellen elektrischen Pulsen im Piko- und Femtosekunden-Bereich ist eine elektrische Detektion zum Beispiel mit Hilfe von herkömmlichen Abtast-Oszilloskopen unmöglich. Hierbei kommt immer mehr das elektrooptische Abtasten zur Anwendung. Dabei wird ausgenutzt, daß der elektrooptische Effekt momentan anspricht, da er auf eine Verzerrung der Elektronenorbitale, die sich innerhalb weniger Femtosekunden einstellt, zurückzuführen ist, und ein kurzer elektrischer Puls genauso kurzzeitig und lokal die Brechzahl des Materials ändert. Wird dicht neben der metallischen Bahn, die den elektrischen Puls führt, ein optischer Strahl mit der Probe in Wechselwirkung gebracht, läßt sich über die zeitliche Veränderung der Brechzahl der zeitliche Verlauf des elektrischen Pulses vermessen. (Die Detektion der kurzen optischen Meßpulse erfolgt mit Hilfe von Korrelationstechniken.) Bei schnellen GaAs-Schaltkreisen ist das Grundmaterial glücklicherweise selbst elektrooptisch. Bei nicht elektrooptischen Substanzen müssen elektrooptische Proben über kurze Verbindungsleitungen oder über das Streufeld der Leiterbahnen an die Meßstelle angekoppelt werden.

Abbildung 5.5 zeigt einige typische Strahlanordnungen beim elektrooptischen Abtasten. In der Abbildung sind als Beispiele Mikrostreifen- und Koplanar-

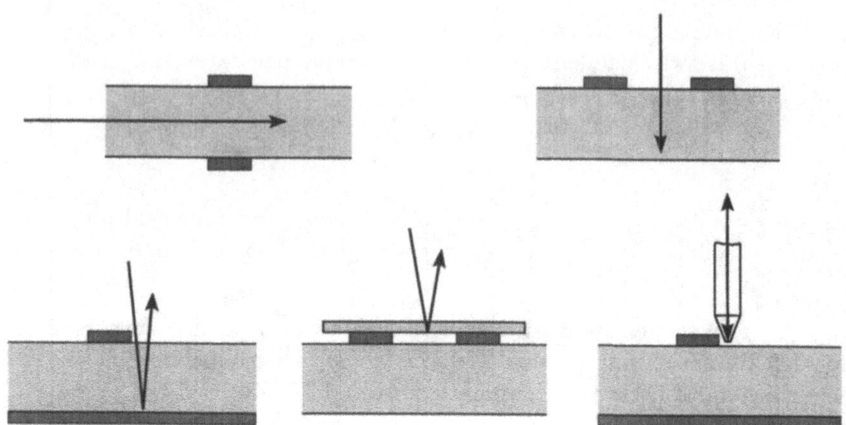

Abb. 5.5: Einige mögliche Strahlanordnungen beim elektrooptischen Abtasten zur Vermessung kurzer elektrischer Pulse auf Mikrostreifen- oder Koplanarleitungen

leitungen zu erkennen. Bei letzteren kann die Reflexion an der unteren Elektrode genutzt werden, um den Lichtstrahl zu reflektieren und zweimal durch das von dem externen elektrischen Feld beeinflußte Material zu schicken. Damit werden die Phasenverschiebung und die Empfindlichkeit des Verfahrens erhöht. Es gibt auch die Möglichkeit, daß eine elektrooptische Meßspitze in die Nähe der stromführenden Bahn gebracht wird, wenn die Probe selbst nicht elektrooptisch ist. Das an der Unterseite der Meßspitze reflektierte Licht wird für die Messung ausgenutzt. In dem Bereich des elektrooptischen Abtastens ist eine rasante Entwicklung - auch im Hinblick auf marktfähige Produkte - abzusehen.

Eine andere wichtige Anwendung des Pockels-Effekts stellen die elektrooptischen Richtkoppler in der optischen Vermittlungstechnik dar. Sie werden in Kap. 11 behandelt werden.

6 Halbleiter

Dieses Kapitel soll keine umfassenden Erläuterungen zu den elektrischen und optischen Eigenschaften der Halbleiter geben. Vielmehr sollen einige Grundlagen aus Elektronik-Lehrbüchern in Erinnerung gerufen werden oder bestimmte Folgerungen aus der Quantenmechanik und Quantenelektrodynamik genannt werden. Die phänomenologischen Aussagen dieses Kapitels sind als Grundlage für spätere Kapitel wichtig.

6.1 Energiebänder

Im Hinblick auf optoelektronische Anwendungen sind Halbleiter in zwei große Klassen zu unterteilen: indirekte und direkte Halbleiter. In Abb. 6.1 ist der Verlauf der Bandkantenenergien für Si als indirektem Halbleiter und GaAs als direktem Halbleiter über dem Kristallimpuls für jeweils zwei verschiedene Kristallrichtungen schematisch wiedergegeben. In einer etwas groben Definition kann formuliert werden: im Fall der direkten Halbleiter liegt das Minimum des Leitungsbands oberhalb des Maximums des Valenzbands bei dem Kristallimpuls Null. Dadurch sind strahlende Übergänge zwischen den Extrema, für die kein Impulsaustausch notwendig ist (wenn von dem Impuls des Photons abgesehen wird), sehr wahrscheinlich. Bei indirekten Halbleitern liegen die entsprechenden Extrema nicht an derselben Stelle im $\vec{k}$-Raum, so daß für die strahlenden Übergänge immer auch ein Impulsaustausch zwischen den Elektronen und dem Kristall notwendig ist und die strahlenden Übergänge damit relativ unwahrscheinlich und selten werden. - In einer genaueren Definition sind unter direkten Übergängen alle solche zu verstehen, die ohne Impulsaustausch mit dem Kristall, aber durchaus auch bei nicht verschwindendem festem k stattfinden; dazu müssen die Steigungen im Valenz- und im Leitungsband nach Betrag und Vorzeichen an der betreffenden Stelle im $\vec{k}$-Raum gleich sein. Bei nicht verschwindendem k haben solche Übergänge aber eine geringere Übergangswahrscheinlichkeit als solche bei $k = 0$.

Wichtige Halbleiter in der Optoelektronik sind die Materialsysteme $Al_x Ga_{1-x} As/GaAs$ (Aluminiumgalliumarsenid auf Galliumarsenid-

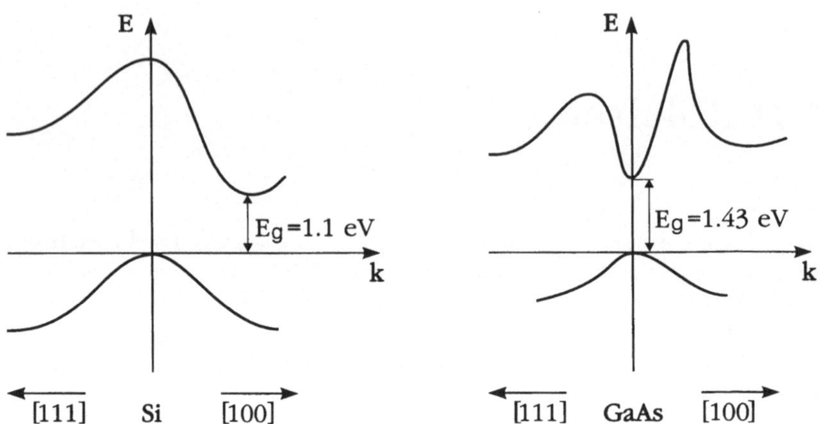

Abb. 6.1: Bandverlauf für zwei Richtungen im $\vec{k}$-Raum für den indirekten Halbleiter Si und den direkten Halbleiter GaAs (schematisch)

Substrat) und $In_xGa_{1-x}As_yP_{1-y}/InP$ (Indiumgalliumarsen(id)phosphid auf Indiumphosphid-Substrat). Wegen vieler Ähnlichkeiten zum Beispiel auch hinsichtlich der Kristallstruktur soll in diesem Buch stellvertretend fast ausschließlich das System AlGaAs behandelt werden, auch wenn in der optischen Langstreckennachrichtenübertragung via Glasfasern das InGaAsP-System das wichtigere ist.

Die Kristallstruktur von GaAs, die sogenannte Zinkblendestruktur, ist in Abb. 6.2 dargestellt. Es handelt sich hierbei, wie schon in Kap. 5 erwähnt, um zwei ineinandergeschachtelte kubisch-flächenzentrierte Gitter, die jeweils von einer der beiden Atomsorten besetzt sind. Beide Gitter sind gegeneinander um 1/4 auf der Hauptdiagonalen versetzt. Da es sich um eine Versetzung um 1/4 und nicht um 1/2 handelt, zeigt die Zinkblendestruktur keine Inversionssymmetrie und weist deshalb den Pockels-Effekt auf.

Im System $Al_xGa_{1-x}As$ wird ein Bruchteil x von Ga-Atomen durch Al-Atome ersetzt. Damit verändert sich die Kristallgitterkonstante a. In Abb. 6.3a ist diese Veränderung auch für andere Materialsysteme aufgetragen. (Bei der Darstellung nach Abb. 6.3a bedeutet $x = 0$ gerade 100 % Al und 0 % Ga; sonst ist die Schreibweise $Al_xGa_{1-x}As$ mit x als Aluminium-Anteil üblich.) Im Materialsystem AlGaAs ist die Veränderung der Gitterkonstante im gesamten Bereich des Bruchteils x sehr gering, das heißt unter 2 %. Damit ist

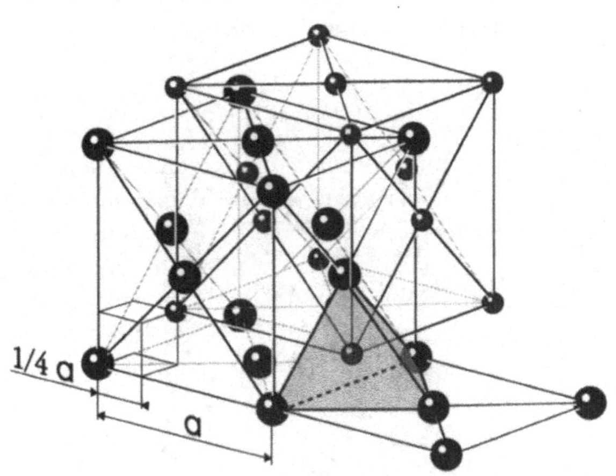

Abb. 6.2: Kristallstruktur von GaAs, die sogenannte Zinkblendestruktur, das heißt zwei ineinandergeschachtelte kubisch-flächenzentrierte Gitter, die auf der Hauptdiagonalen um 1/4 gegeneinander versetzt und jeweils mit den Atomen einer Sorte besetzt sind

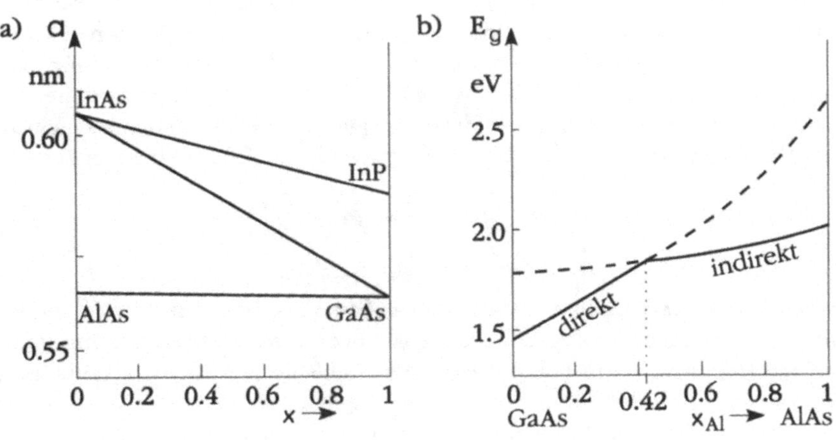

Abb. 6.3: Veränderung der Kristallgitterkonstante a (a) und der Bandlückenenergie E_g (b) mit der Materialzusammensetzung

für jede Zusammensetzung die Gitteranpassung an das GaAs-Substrat sehr
gut und führt zu keinen technologischen Schwierigkeiten beim epitaktischen
Wachstum.

Außer der Gitterkonstante wird prinzipiell mit der Zusammensetzung auch
die Bandlückenenergie - genaugenommen der gesamte Bandverlauf im $\vec{k}$-
Raum - verändert. In Abb. 6.3b ist der Verlauf der Bandlückenenergie E_g
für das Materialsystem $Al_xGa_{1-x}As$ über dem Aluminium-Bruchteil x wiedergegeben. Ab $x \approx 0.42$ bei wachsendem x findet ein Übergang von einem
direkten zu einem indirekten Halbleitermaterial statt, weil sich die Bandkanten so stark verschieben/verzerren, daß die Situation eines indirekten Halbleiters eintritt. Die Darstellung gilt für Raumtemperatur.

6.2   Ladungsträgerkonzentrationen

Halbleiter zeichnen sich dadurch aus, daß sie im reinen Zustand relativ wenige
(quasi-) freie Ladungsträger besitzen. Bei Dotierung, das heißt bei Zugabe
von Fremdatomen, kann die Anzahl der freien Ladungsträger mit einfachen
Mitteln um Größenordnungen verändert werden; das macht Halbleiter für
Anwendungen so interessant. In Abb. 6.4 sind drei eng zusammenhängende
Größen in ihrer Abhängigkeit von der Energie E aufgetragen: die Zustandsdichte D, die Fermi-Verteilung f, die die Besetzungswahrscheinlichkeit von
Energieniveaus angibt (für erlaubte Zustände), und die Ableitungen der Ladungsträgerdichten n für Elektronen und p für Löcher nach der Energie, die
sogenannten spektralen Ladungsträgerdichten. Die Größen hängen - hier für
den Fall der Elektronen aufgeschrieben - folgendermaßen miteinander zusammen:

$$n = \int_{Leitungsband} f(E) \cdot D(E) \, dE, \qquad (6.1)$$

wobei von der Leitungsbandkante E_c bis zu dem höchsten besetzten Energieniveau E integriert wird. Eine vereinfachte Schreibweise ergibt sich mit einer
auf die Bandkante - im Fall der Elektronen auf die Leitungsbandkante E_c -
bezogenen Zustandsdichte:

$$n = f(E_c) \cdot D_c, \qquad (6.2)$$

wobei der Ausdruck $D_c = D(E_c)$ hier nicht hergeleitet werden soll [ST2 80].
Bei undotiertem Material liegt die Fermi-Energie, die schon in Kap. 5 eingeführt wurde, etwa in der Mitte des verbotenen Bandes bei der sogenannten

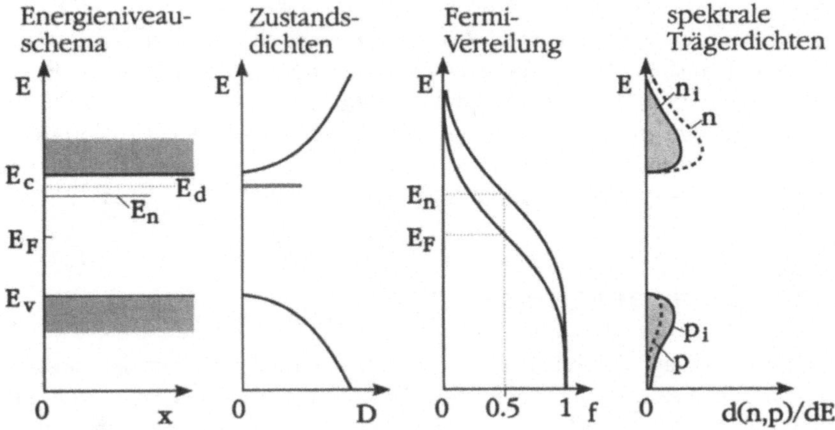

Abb. 6.4: Energiebandschema sowie Zustandsdichte D, Fermi-Verteilung f, die die Besetzungswahrscheinlichkeit von erlaubten Energieniveaus angibt, und die Ableitungen der Ladungsträgerdichten n für Elektronen und p für Löcher nach der Energie E jeweils in Abhängigkeit von der Energie E, die entlang der vertikalen Achse aufgetragen ist. E_v und E_c sind die Valenz- und die Leitungsbandkante. E_F ist die Fermi-Energie, E_n die Fermi-Energie bei n-Dotierung. Die Größen n_i und p_i sind die intrinsischen Ladungsträgerdichten von Elektronen und Löchern - also im Fall ohne Dotierung. E_d ist das Dotierstoffniveau, bei dem die Zustandsdichte eine "Spitze" zeigt

intrinsischen Energie E_i - nur "etwa", weil die auf die Bandkanten reduzierten Zustandsdichten von Valenz- und Leitungsband wegen der unterschiedlichen "effektiven Massen" (der Krümmung der Bandkanten im $\vec{k}$-Raum) nicht ganz gleich sind. Für die Flächen unter den spektralen Ladungsträgerdichten, das heißt für die Ladungsträgerdichten von Elektronen und Löchern, ergeben sich im intrinsischen (undotierten) Fall gleiche Werte. Im Fall einer Dotierung - hier am Beispiel der Zugabe von Donatoren gezeigt, die Elektronen an das Leitungsband abgeben und deren Energieviveaus E_d dicht unterhalb der Leitungsbandkante liegen - verschieben sich die Fermi-Verteilung und damit auch die Fermi-Energie E_n - in diesem Fall zu höheren Energien. Damit nimmt die Elektronendichte im Leitungsband zu, während die Löcherdichte im Valenzband abnimmt. Umgekehrtes gilt für die Dotierung mit Akzeptoren, die Elektronen aus dem Valenzband aufnehmen und deren Dotierstoffniveaus dicht oberhalb des Valenzbands liegen.

6.3 pn-Übergänge

Ein pn-Übergang, der schematisch in Abb. 6.5 wiedergegeben ist, besteht aus zwei aneinander anschließenden Bereichen in einer Probe, von denen einer mit Donatoren n- und der andere mit Akzeptoren p-dotiert ist [ST280]. Durch das Zusammenbringen der Bereiche kommt es infolge der Ladungsträgerüberschüsse zu einer Diffusionsbewegung der "überschüssigen" Ladungsträger zu der jeweils anderen Seite: Elektronen diffundieren in den p-Bereich, Löcher in den n-Bereich. Die Ladungsträger tragen durch diese Umverteilung zum Aufbau sogenannter Raumladungszonen bei. Diese Zonen heißen manchmal auch Verarmungszonen, da sie durch Abwanderung der Majoritätsladungsträger an diesen verarmen. Durch die Diffusion und die daraus resultierenden Raumladungszonen baut sich ein internes elektrisches Feld $\mathcal{E}$ auf; das elektrostatische Potential v des n-Bereichs verschiebt sich relativ zu dem des p-Bereichs nach oben; der Übergangsbereich sind die beiden Raumladungszonen. Der Potentialunterschied V_0 wird Diffusionspotential oder Diffusionsspannung genannt. Wegen der Definition der Energie über die elektrostatische Kraft, die den negativen Gradienten des elektrostatischen Potentials darstellt, ist der aus dem neuen Potentialverlauf resultierende Verlauf der Bandkanten qualitativ entgegengesetzt: im p-Bereich liegen die Energieniveaus höher. Im Fall des thermodynamischen Gleichgewichts, das heißt ohne Anlegen von Spannungen an den pn-Übergang und ohne Injektion von Ladungsträgern zum Beispiel durch optische Generation, sind die Fermi-Niveaus auf beiden Seiten des Übergangs gleich. Wäre dies nicht der

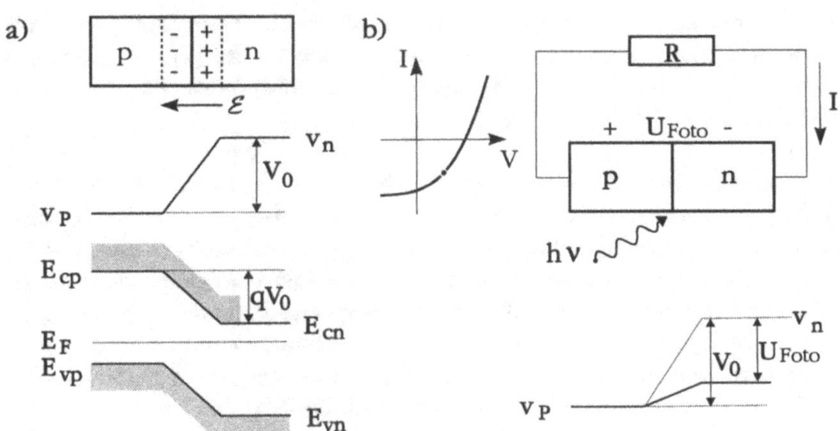

Abb. 6.5: pn-Übergang: a) Prinzipbild eines pn-Übergangs, der entsprechenden Verteilung des elektrostatischen Potentials v entlang der Probe und der Verteilung der Bandkantenenergien; b) mnemonische Darstellungen der Strom-Spannungs-Kennlinie $I = f(V)$ eines beleuchteten pn-Übergangs (Photonenenergien im Bereich oder oberhalb der Bandlückenenergie), mit dem Lastwiderstand R zur Fotostromrichtung im 4. Quadranten der Kennlinie sowie zu den Veränderungen des Potentialverlaufs. U_{Foto} ist die Fotospannung

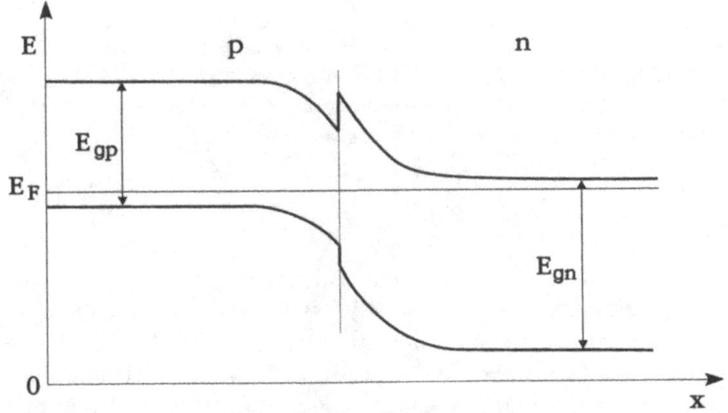

Abb. 6.6: Hetero-pn-Übergang $E = f(x)$ zwischen zwei Materialien

Fall, würden sich für beide Seiten unterschiedliche Besetzungswahrscheinlichkeiten der Niveaus ergeben, die zu unterschiedlichen Ladungsträgerdichten führen würden, bis sich durch daraus folgender Diffusion der Gleichgewichtszustand eingestellt hätte.

Bei Anlegen einer Vorwärtsspannung (Minuspol an die n-Seite des Übergangs) überlagern sich das externe Feld und das interne der Raumladungszonen entgegengesetzt, die Raumladungszonen verengen sich, der Potentialunterschied zwischen beiden Seiten des pn-Übergangs wird kleiner oder verschwindet ganz. Bei Anlegen einer Sperrspannung (umgekehrte Polung) überlagern sich die Felder im gleichen Sinn, die Raumladungszonen vergrößern sich und die Potentialdifferenz zwischen beiden Seiten wird so groß, daß sie von Ladungsträgern kaum noch überwunden werden kann.

Bei Beleuchtung des pn-Übergangs mit Licht, dessen Photonenenergie im Bereich oder oberhalb der Bandlückenenergie liegt, so daß Fundamentalabsorption möglich ist, werden Ladungsträgerpaare generiert. Die sich im Falle eines Lastwiderstands R ergebende Fotospannung U_{Foto} ist der Diffusionsspannung entgegengerichtet und kompensiert diese deshalb teilweise oder sogar vollständig. Allerdings kann die Fotospannung betragsmäßig nie größer als die Diffusionsspannung werden. Ohne externe Spannungen im Fall der Beleuchtung wird der pn-Übergang im vierten Quadranten der Strom-Spannungs-Kennlinie $I = f(V)$, im sogenannten fotovoltaischen Betrieb, als Solarzelle betrieben. Das Bauelement gibt dabei Energie an die äußere Last ab.

Dies sind kurz die wichtigen Eigenschaften von pn-Übergängen. Eine ausführlichere Beschreibung sei einem Elektronik-Lehrbuch vorbehalten [SC2 90]. Für die Zwecke dieses Buches reicht diese allgemeine Darstellung.

6.4 Heteroübergänge

Heteroübergänge sind Übergänge zwischen verschiedenen Materialien, in der Realität durch die Forderung nach Herstellbarkeit mit halbleitertechnologischen und speziell epitaktischen Methoden meist zwischen unterschiedlichen Materialien aus ein und demselben Materialsystem. Zum Beispiel könnte dies ein Übergang zwischen zwei Materialien $Al_x Ga_{1-x} As$ mit unterschiedlichem Aluminium-Anteil x sein. Dabei muß es sich gar nicht gleichzeitig um pn-Übergänge handeln. Die unterschiedlichen Materialien äußern sich im Ener-

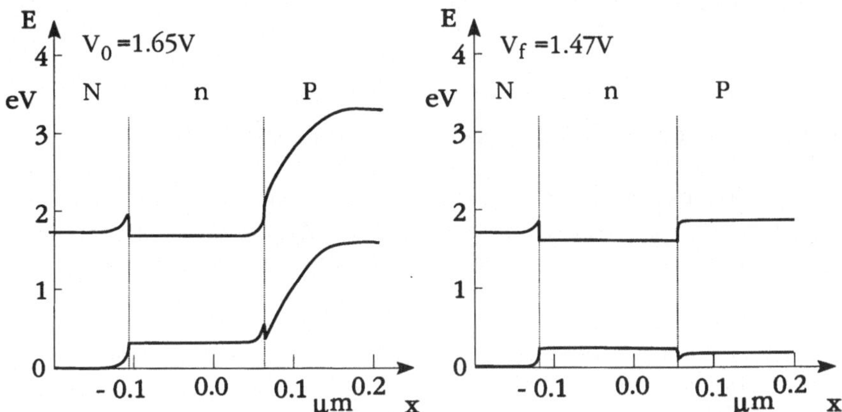

Abb. 6.7: Darstellung des Bandkantenverlaufs $E = f(x)$ für einen NnP-Doppelhetero-Übergang ohne (links) und mit (rechts) Vorwärtsspannung im AlGaAs/GaAs-Materialsystem

giebandschema (Energie über dem Ort) in unterschiedlichen Bandlückenenergien und damit in Bandkantensprüngen. Dies gilt auch, wenn es sich zusätzlich um pn-Übergänge handelt - wie in Abb. 6.6.

Doppelhetero-Strukturen liegen dann vor, wenn in einer Probe gleich zwei Heteroübergänge vorhanden sind. Auch sie treten häufig im Zusammenhang mit pn-Übergängen auf, das heißt, einer der beiden Heteroübergänge stellt gleichzeitig einen pn-Übergang dar. Dies ist in Abb. 6.7 für einen NnP-Doppelhetero-pn-Übergang schematisch dargestellt, wobei die großen Buchstaben zur Kennzeichnung der Bereiche mit größerer Bandlückenenergie verwendet werden. In der linken Bildhälfte sind die Bandkantenenergien als Funktion der Ortskoordinate x für den Fall ohne Vorspannung aufgetragen, in der rechten Bildhälfte für den Fall mit einer Vorwärtsspannung, die etwa der Diffusionsspannung entspricht. Durch diese Vorspannung werden Ladungsträger in den mittleren Bereich geringerer Bandlückenenergien injiziert. Sie können ihn wegen der Sprungstellen in den Bandkanten aber nicht einfach verlassen; das heißt, die Sprungstellen wirken als Potentialbarrieren, die die Ladungsträger auf einem kleinen Bereich mehr oder weniger einschließen. In diesem Bereich findet vorzugsweise die Ladungsträgerrekombination statt. Diese Begrenzung der Rekombination auf einen kleinen Bereich wird zum Beispiel zum Bau von Halbleiterlaserdioden genutzt, die relativ geringe Schwellströme haben und dadurch auch bei Raumtemperatur im kontinuierlichen Betrieb einsetzbar sind.

6.5   Quantenmechanische Strukturen

Quantenmechanisch sollen Strukturen hier dann genannt werden, wenn ihre geringen charakteristischen Abmessungen zum Auftreten quantenmechanischer Effekte, wie etwa der Verschiebung von Energieniveaus, führen.

Die Quantenmechanik ging aus Überlegungen zum Welle-Teilchen-Dualismus hervor [GRE 78, FIC 79]. Dies kann genutzt werden, um heuristisch zu einer Bestimmungsgleichung für quantenmechanische Zustände ψ zu kommen [HAK 80]. Wenn

$$E = \hbar\omega \tag{6.3}$$

die Energie einer Welle beziehungsweise eines Photons ist und

$$E = \frac{\hbar^2 k^2}{2m} \tag{6.4}$$

die kinetische Energie eines Teilchens der Masse m mit

$$p = \hbar k \tag{6.5}$$

als Impuls ist, lautet die Frage: gibt es eine Gleichung für ψ, so daß die Lösungen automatisch die Relation

$$\hbar\omega = \frac{\hbar^2 k^2}{2m}, \tag{6.6}$$

also Gleichheit der beiden Energien, erfüllen? Wenn die Wellenfunktion ψ als ebene Welle mit Ausbreitung in x-Richtung gemäß $\exp(jkx - j\omega t)$ angesetzt wird, lautet die Frage praktisch: welche Bestimmungsgleichung erzeugt aus $\exp(jkx)$ den Ausdruck $\hbar^2 k^2/(2m)$ und aus $\exp(-j\omega t)$ den Ausdruck $\hbar\omega$? Der Wunsch wird mit folgenden Operationen auf ψ beinahe erfüllt:

$$\frac{\partial^2}{\partial x^2}\psi = -k^2\psi, \tag{6.7}$$

$$\frac{\partial}{\partial t}\psi = -j\omega\psi. \tag{6.8}$$

Bei Hinzufügen einiger Konstanten ergeben sich auf den rechten Seiten die
gewünschten Energie-Ausdrücke:

$$-\frac{\hbar^2}{2m}\frac{\partial^2}{\partial x^2}\psi \;=\; +\frac{\hbar^2}{2m}k^2\psi, \tag{6.9}$$

$$j\hbar\frac{\partial}{\partial t}\psi \;=\; +\hbar\omega\psi. \tag{6.10}$$

Da die rechten Seiten der Gleichungen gleich sein sollen, müssen auch ihre
linken Seiten gleichgesetzt werden können:

$$-\frac{\hbar^2}{2m}\frac{\partial^2}{\partial x^2}\psi = j\hbar\frac{\partial}{\partial t}\psi. \tag{6.11}$$

Dies ist die eindimensionale Schrödinger-Gleichung des kräftefreien Teilchens.
In drei Ortsdimensionen verändert sie sich zu:

$$-\frac{\hbar^2}{2m}\Delta\psi = j\hbar\frac{\partial}{\partial t}\psi \tag{6.12}$$

mit dem schon bekannten Laplace-Operator Δ. Die Größe ψ ist komplexwertig, da die Koeffizienten der Schrödingergleichung komplexe Zahlen sind; ψ
wird also nicht etwa nur zur Vereinfachung der Rechnungen komplex angenommen, sondern ist tatsächlich komplexwertig.

Bei einem energieerhaltenden System kommt zur kinetischen Energie noch
ein Potential $V(\vec{r})$ in Abhängigkeit des Ortsvektors $\vec{r}$ hinzu, das über die
Beziehung

$$\vec{F} = -\vec{\nabla}V(\vec{r}) \tag{6.13}$$

mit einer Kraft $\vec{F}$ verbunden ist, so daß

$$E = \frac{\vec{p}^2}{2m} + V(\vec{r}) \tag{6.14}$$

mit $\vec{p}$ als Impuls. Damit folgt die Schrödinger-Gleichung für ein Teilchen im
äußeren Kraftfeld:

$$-\frac{\hbar^2}{2m}\Delta\psi + V(\vec{r})\psi = j\hbar\frac{\partial}{\partial t}\psi. \tag{6.15}$$

Nachdem ψ zunächst eine "Materiewelle" zugeordnet wurde, zeigte sich, daß
nicht ψ selbst, sondern nur der Ausdruck $\mid \psi(\vec{r},t)\mid^2 d^3x$ eine physikalische
Bedeutung haben kann - und zwar entspricht er der Wahrscheinlichkeit, ein
Teilchen im Volumenelement d^3x um den Ort $\vec{r}$ zur Zeit t vorzufinden, oder
dem Anteil von Teilchen eines Ensembles im Volumenelement d^3x.

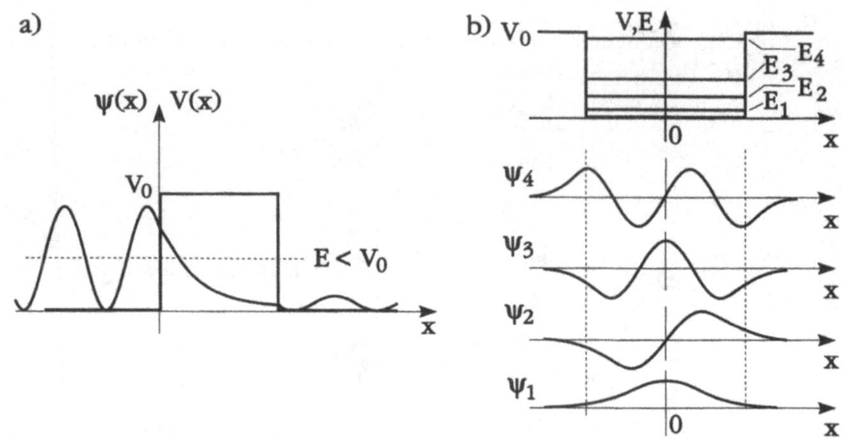

Abb. 6.8: Schematische Darstellung der Potentialverläufe $V = f(x)$ und der Wellenfunktionen der Elektronen $\psi = f(x)$ für a) einen Potentialwall und b) einen Potentialtopf; die charakteristischen Abmessungen liegen im Bereich von einigen bis wenigen zehn Nanometern

Zum Verständnis quantenmechanischer optoelektronischer Bauelemente reichen im wesentlichen zwei Schlußfolgerungen aus der Quantenmechanik:
1) Eine räumliche Einengung der Bewegungsfreiheit von Ladungsträgern führt zu einer Veränderung ihrer potentiellen Energieniveaus.
2) Ladungsträger können mit einer gewissen Wahrscheinlichkeit Potentialbarrieren durchdringen (Tunneleffekt).

Unter quantenmechanischen Strukturen sollen hier solche verstanden werden, bei denen die Abmessungen so klein sind, daß quantenmechanische Effekte eine wesentliche Rolle spielen - speziell die mit der Einengung von Ladungsträgern verbundene Veränderung von Energieniveaus.

In Abb. 6.8 sind schematisch die Potentialverläufe $V(x)$ und quantenmechanischen Wellenfunktionen $\psi(x)$ in den Fällen eines Potentialwalls (a) und eines Potentialtopfes (b) aufgetragen. Die charakteristischen Abmessungen, sprich Wall- und Topfbreite, liegen im Bereich von einigen bis wenigen zehn Nanometern. In Teilbild 6.8a fallen die Elektronen von links auf den Potentialwall ein - und zwar mit einer kinetischen Energie E, die geringer als die Potentialbarrierenhöhe V_0 ist. Dennoch ist es den Teilchen mit einer gewissen Wahrscheinlichkeit möglich, die Barriere zu "durchtunneln"; die "reflektier-

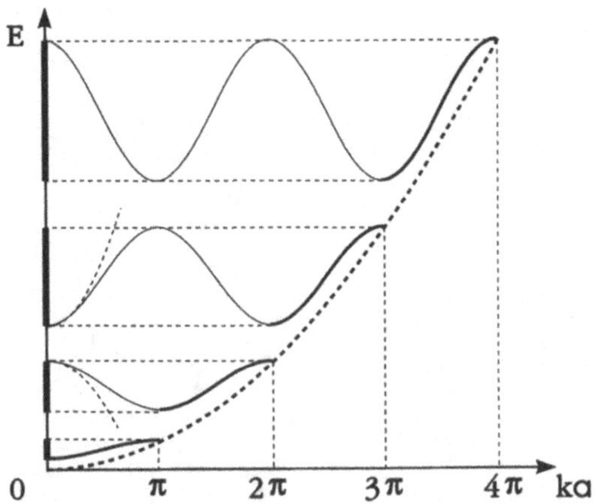

Abb. 6.9: Qualitative Darstellung des Verlaufs der erlaubten Energien E über der Wellenzahl k, letztere normiert mit dem Kehrwert der Kristallgitterkonstante a; es bilden sich erlaubte und verbotene Energiebänder aus, deren Verlauf für kleine k parabolisch genähert werden kann

ten" Anteile sind in diesem Diagramm nicht wiedergegeben. In Teilbild 6.8b ist für den Fall des eindimensionalen Potentialtopfes angedeutet, daß die Einengung der Ladungsträger mit Energien E unterhalb der Topfwandhöhe V_0 zu einer Diskretisierung der möglichen Energieniveaus führt; das heißt, die Ladungsträger können nur ganz bestimmte Energien haben.

Sind zahlreiche Potentialtöpfe infolge sehr dünner Barrieren miteinander verkoppelt - wie es in Festkörperkristallen der Fall ist - kommt das Pauli-Verbot zum Tragen. Es schließt die Existenz zweier in ihrem Quantenzustand vollständig übereinstimmender Ladungsträger aus. Die Folge ist eine Auffächerung der diskreten Energieviveaus in sehr viele so dicht benachbarte Energieniveaus, daß es zur Bildung von erlaubten und verbotenen Energiebändern kommt. In Abb. 6.9 sind die erlaubten Energien E über der (mit dem Inversen der Kristallgitterkonstante a normierten) Wellenzahl k der Wellenfunktion aufgetragen; die dicken Balken an der Energieachse markieren die erlaubten Energiebänder.

Im Normalfall können sich Ladungsträger in drei Dimensionen bewegen. Bei Einengung in einer der drei Dimensionen führt die Diskretisierung in dieser Dimension zu der Ausbildung von Subbandkanten, das heißt, in dieser

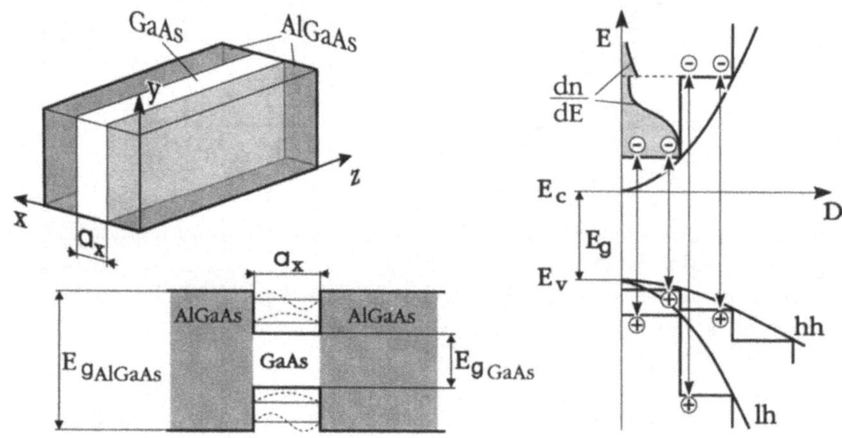

Abb. 6.10: Schematische Darstellung eines Quantenfilms mit einer Dicke a_x im Bereich von etwa 5-30 nm (links oben). Es kommt zur Ausbildung von Subbandkanten (links unten) beziehungsweise Subbändern, die sich besonders deutlich im Diagramm der Zustandsdichte D über der Energie E darstellen lassen (rechts). Die Subbänder der Löcher im Valenzband lassen sich in zwei Klassen unterteilen: in die von schweren Löchern ("hh" für "heavy hole") mit großer effektiver Masse und die von leichten Löchern ("lh" für "light hole") mit geringer effektiver Masse

einen Raumrichtung ist die Wellenvektorkomponente diskret, in den anderen beiden nicht. Die anderen beiden Dimensionen ohne Einengung führen zu der Ausbildung von Subbändern oberhalb der diskreten Niveaus, die als Subbandkanten fungieren. Solche Strukturen mit Einengung der Bewegungsfreiheit der Ladungsträger in einer Dimension werden Quantenfilme genannt; Schichtstrukturen mit mehreren Quantenfilmen werden als Vielfachquantenfilme ("MQW" für "multiple quantum wells") bezeichnet und spielen in der Optoelektronik eine wichtige Rolle. Auf sie wird in späteren Kapiteln noch einzugehen sein. Sind die Quantenfilme miteinander verkoppelt - in dem Sinne, daß sich die quantenmechanischen Wellenfunktionen deutlich überlappen -, ist von Übergittern (englisch: "superlattices") die Rede. Ein Quantenfilm sowie die Energieabhängigkeit seiner Zustandsdichte und der spektralen Ladungsträgerdichte sind schematisch in Abb. 6.10 dargestellt. An den Subbandkanten zeigen die spektralen Ladungsträgerdichten Sprünge.

Zusätzlich zu der Ausbildung von Subbändern kann es zu der Bildung von gebundenen Elektron-Loch-Paaren, sogenannten Exzitonen, kommen, bei denen infolge der Einengung durch Coulombsche Anziehung eine Bindung entsteht, die gegebenenfalls auch bei Raumtemperatur zu langlebigen, wasserstoffähnlichen Zuständen führt. In Abb. 6.11 finden sich Prinzipskizzen zu den Exzitonen, ihren Energieniveaus unterhalb der (Sub-) Bandkanten und ihren Absorptionsresonanzpeaks. Die exzitonischen Resonanzüberhöhungen werden in der Optoelektronik für viele Anwendungen genutzt, die in späteren Kapiteln noch angesprochen werden werden.

Bei Einschränkung der Ladungsträgerbewegung in zwei der drei Dimensionen wird von Quantendrähten ("quantum wires") gesprochen, die schematisch in Abb. 6.12 dargestellt sind. Beide charakteristischen Abmessungen a_x und a_y liegen im Bereich von wenigen Nanometern. Der entsprechende Verlauf der Zustandsdichte über der Energie ist im rechten Teil der Abbildung wiedergegeben. Bei Einengung in allen drei Dimensionen entstehen sogenannte Quantenpunkte ("quantum dots"); die Energieniveaus sind jetzt vollständig diskretisiert, wie nach der Quantenmechanik zu erwarten. Die entsprechenden Skizzen sind in Abb. 6.13 wiedergegeben.

Quantenmechanische Strukturen werden auch immer häufiger in der Elektronik eingesetzt. Abbildung 6.14 zeigt als Beispiel Energieniveauschemata von Resonanz-Tunnel-Bipolar-Transistor-Bauelementen (RTBT) [CAP 90]. Bei diesen Bauelementen besteht die Basis aus einer Doppelbarriere, wobei das Wort Barriere hier im quantenmechanischen Sinn zu verstehen ist. Aus

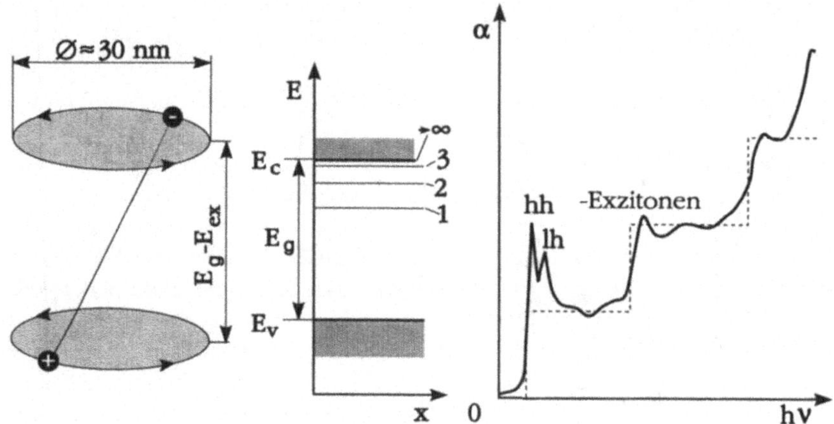

Abb. 6.11: Prinzipskizzen zu Exzitonen (links) und ihren Energieniveaus unterhalb der Leitungs(sub)bandkante(n) (Mitte) sowie spektraler Verlauf des Intensitätsabsorptionskoeffizienten $\alpha = f(h\nu)$ für Quantenfilme (rechts). Hier sind sowohl der Einfluß der Subbänder, die zu einer Abstufung des Absorptionskoeffizienten führen, als auch die ausgeprägten Absorptionsresonanzüberhöhungen als Auswirkungen der Exzitonen zu erkennen, die für viele Anwendungen in der Optoelektronik genutzt werden können. Auch bei den Exzitonen wird zwischen leichten und schweren Löchern unterschieden, die an dieser Bindung teilnehmen

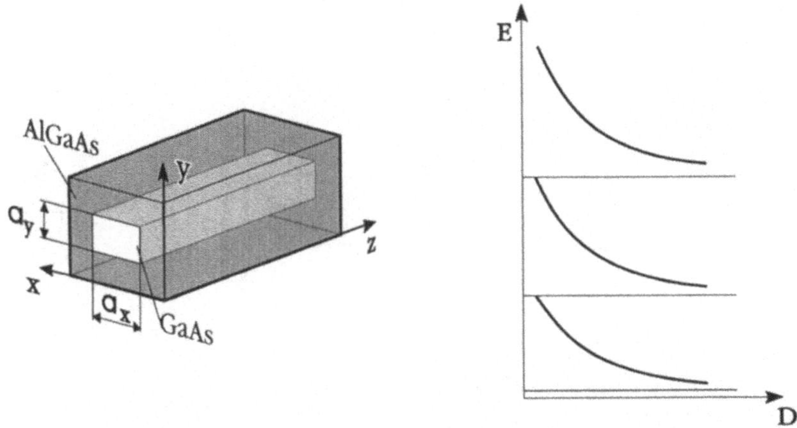

Abb. 6.12: Schematische Darstellung eines Quantendrahts mit einer quantenmechanischen Einengung der Ladungsträger in zwei der drei Dimensionen und die entsprechende Zustandsdichte D in Abhängigkeit der Energie E

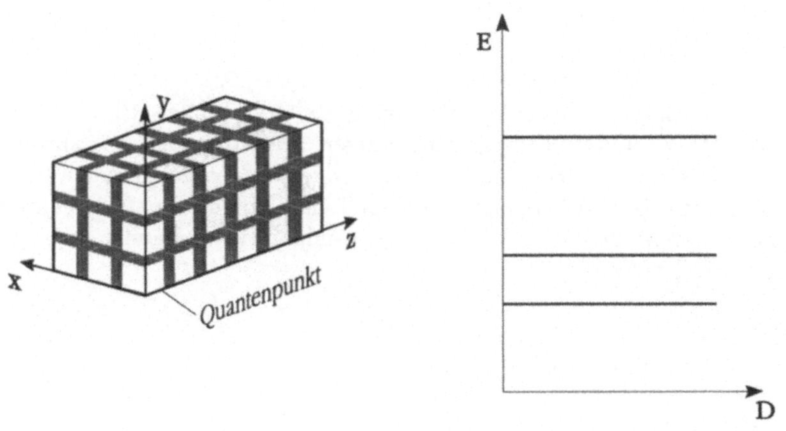

Abb. 6.13: Schematische Darstellung eines Quantenpunkts mit quantenmechanischer Einengung in allen drei Dimensionen und die entsprechende Zustandsdichte D in Abhängigkeit der Energie E

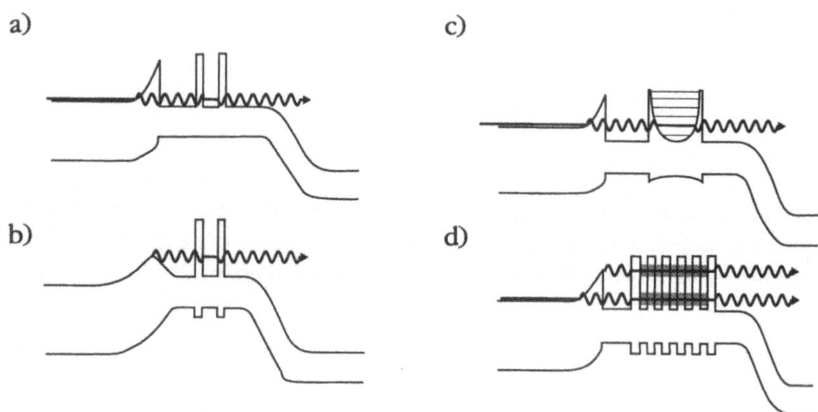

Abb. 6.14: Energieniveauschemata von Resonanz- Tunnel- Bipolar- Transistoren nach [CAP 90]: a) rechteckiger Potentialtopf mit abruptem Emitter-Basis-Heteroübergang; b) rechteckiger Potentialtopf mit allmählichem Emitter-Basis-Übergang; c) parabolischer Potentialtopf; d) stark gekoppelte Potentialtöpfe, die zu einer Ausbildung neuer Bänder (von Subbandkanten) führen

der Emitterseite (in der Zeichnung links) werden Elektronen injiziert, deren potentielle Energie im Emitter durch einen deutlichen Heteroübergang in kinetische Energie umgewandelt wird. Solche Elektronen heißen "heiße Elektronen"; der Ladungsträgertransport wird "ballistisch" genannt. Wenn die Energie der Ladungsträger mit den Energieniveaus beziehungsweise den Subbandkantenniveaus des Potentialtopfes zwischen den beiden Barrieren übereinstimmt, können die Elektronen die erste Doppelbarriere und nach Erreichen des Potentialtopfes auch die zweite Doppelbarriere durchtunneln und so den Kollektorbereich (rechts in den Teilbildern) erreichen. Durch die Wahl der Potentialtopfparameter und -struktur ist es möglich, Strom-Spannungs-Kennlinien mit negativer Steigung und mehreren Strommaxima zu entwerfen und so Bauelemente mit komplizierten Logikfunktionen zu realisieren.

Um dieses Funktionsprinzip soll es hier nicht gehen, sondern um die verschiedenen Möglichkeiten der Potentialtopfstruktur. In den Teilbildern a und b handelt es sich um einen rechteckigen Potentialtopf, das heißt einen rechteckigen Verlauf des Potentials über dem Ort. Die Subbandkanten hängen quadratisch von der Quantenzahl ab, mit der auch die Subbandkanten durchnumeriert werden können. (In den Teilbildern a und b ist jeweils nur die unterste Subbandkante gezeichnet.) Bei einem parabolischen Quantentopf, entsprechend dem Modell eines harmonischen Oszillators, hängen die Subbandkantenniveaus linear von der Quantenzahl ab, wie in Teilbild c angedeutet. In Teilbild d schließlich ist die Form der Töpfe nicht entscheidend. Es handelt sich aber um mehrere Quantentöpfe, die über sehr dünne Barrieren miteinander verkoppelt sind; das bedeutet, daß die quantenmechanischen Wellenfunktionen in die Nachbartöpfe hineinreichen. Ähnlich wie die entsprechende Wechselwirkung in einem Festkörperkristall zu der Ausbildung von Energiebändern führt, resultiert hier die Kopplung zwischen den Quantentöpfen ebenfalls in einer Ausbildung von Subbandkantenbändern. Solche Strukturen werden Übergitter ("superlattices") genannt. Mit ihnen können dem Wirtsmaterial andere optische und elektronische Eigenschaften aufgezwungen werden.

Sowohl in der Elektronik als auch in der Optoelektronik nehmen quantenmechanische Strukturen und Bauelemente immer breiteren Raum ein. Einige werden weiter hinten in diesem Buch noch ausführlicher behandelt werden.

6.6   Metall-Halbleiter-Übergänge

Metall-Halbleiter-Übergänge spielen in der Optoelektronik eine große Rolle.
Zunächst ist in diesem Zusammenhang natürlich an die Metallkontakte auf
solchen optoelektronischen Bauelementen, die für ihren Betrieb eine externe
Spannung oder einen Stromfluß benötigen, zu denken. Solche Kontakte sollen
die elektrischen Bauelementeigenschaften möglichst nicht verändern. Deshalb sollten sie ohmsch sein, also eine lineare Strom-Spannungs-Kennlinie
aufweisen (möglichst noch mit unendlich großer Steigung, was natürlich
unrealistisch ist). Andererseits existieren auch Metall-Halbleiter-Übergänge,
sogenannte Schottky-Übergänge, die eine gleichrichtende Strom-Spannungs-
Kennlinie aufweisen. Diese kann natürlich auch sinnvoll zum Bau bestimmter
Bauelemente, wie Photodetektoren, ausgenutzt werden.

Ob der eine oder der andere Typ eines Metall-Halbleiter-Übergangs
(M,m=Metall, S,s=Halbleiter - "semiconductor") vorliegt, ist von den bei-
den Materialien abhängig, genauer gesagt, von dem Unterschied ihrer Aus-
trittsarbeiten $q\Phi$ und der Dotierung des Halbleiters ($_n$ für Donatoren, $_p$ für
Akzeptoren). Die Größe q ist wieder die elektronische Elementarladung. Es
entstehen
ohmsche Kontakte für:
– MS$_n$-Übergänge mit $\Phi_m < \Phi_{S_n}$,
– MS$_p$-Übergänge mit $\Phi_m > \Phi_{S_p}$,
Schottky-Kontakte für:
– MS$_n$-Übergänge mit $\Phi_m > \Phi_{S_n}$,
– MS$_p$-Übergänge mit $\Phi_m < \Phi_{S_p}$.

6.6.1   Schottky-Kontakte

Abbildung 6.15 zeigt beispielhaft ein Energiebandschema, mit dem zunächst
die wichtigen Begriffe und Symbole definiert werden sollen. Die Größen $q\Phi_m$
und $q\Phi_s = q\Phi_{S_n}$ sind die Austrittsarbeiten des Metalls und des n-dotierten
Halbleiters. Es hat sich eingebürgert, bei dem Metall das höchste besetzte
Band nur bis zum Fermi-Niveau E_{Fm} zu zeichnen. Die Differenz von diesem
Fermi-Niveau bis zum Vakuum-Niveau ist die Austrittsarbeit des Metalls. In
gleicher Weise wird die Differenz zwischen dem Fermi-Niveau E_{Fs} und dem
Vakuum-Niveau als Austrittsarbeit des Halbleiters bezeichnet. In der Darstellung ist vom Leitungsband nur die untere Kante gezeichnet. Die Energiedifferenz zwischen dieser Bandkante und dem Vakuum-Niveau wird häufig
extra Elektronenaffinität $q\chi$ genannt.

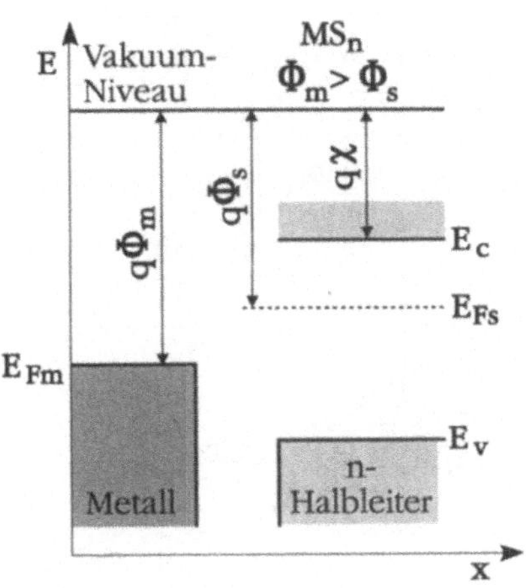

Abb. 6.15: Darstellung eines Energiebandschemas zur Definition von Begriffen und Symbolen im Zusammenhang mit Metall-Halbleiter-Übergängen

Abbildung 6.16 gibt die Verhältnisse nach dem (gedanklichen) Zusammenbringen der beiden Materialien wieder. Bedingt durch den Unterschied in den Austrittsarbeiten (und nicht durch den Konzentrationsunterschied - wie in pn-Übergängen), findet eine Wanderung von Elektronen aus dem n-dotierten Halbleiter in das Metall statt. Dadurch bildet sich in dem Halbleiter eine positiv geladene Raumladungszone aus, die mit einem internen elektrischen Feld verbunden ist. Dieses Feld macht sich im Energiebandschema als ein Anstieg der Bandkanten in Richtung auf das Metall und eine daraus resultierende Energiebarriere $q\Phi_B = q(\Phi_m - \chi)$, die sogenannte Schottky-Barriere, bemerkbar. Das interne elektrische Feld wirkt einer weiteren Bewegung der Elektronen entgegen. Letztlich stellt sich ohne äußere Spannung das thermodynamische Gleichgewicht ein; in diesem Fall sind die Fermi-Niveaus auf beiden Seiten des Übergangs angeglichen, wie in Abb. 6.16 dargestellt. - Wird nun ein externes Feld angelegt, verändert sich die Situation. Liegt der negative Pol der Spannungsquelle an der Halbleiterseite, wird diese energetisch "hochgezogen". Ein Stromfluß ist möglich; der Übergang läßt durch. Bei umgekehrter Polung wirkt die Schottky-Barriere $q\Phi_B$ und sperrt einen Stromfluß. Erst bei hohen externen Feldstärken kann es zu einem Durchbruchverhalten kommen.

Wie bereits gesagt, ergibt sich eine analoge Situation für einen MS$_p$-Kontakt mit $\Phi_m < \Phi_{S_p}$.

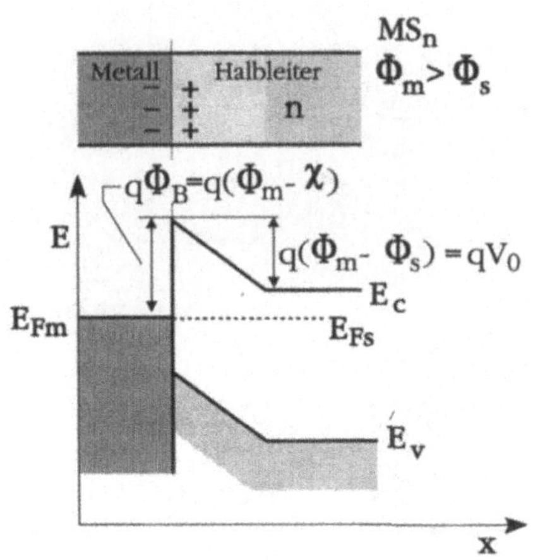

Abb. 6.16: Energiebandschema eines Schottky-Kontakts mit MS$_n$-Struktur bei $\Phi_m > \Phi_s$. V_0 ist das Diffusionspotential

6.6.2 Ohmsche Kontakte

Für einen MS$_n$-Übergang mit $\Phi_m < \Phi_s$ liegt ein ohmscher Kontakt vor. Die Situation ist in Abb. 6.17 wiedergegeben. Hier führt der Unterschied in den Austrittsarbeiten zu einer Ansammlung von Elektronen im Halbleiterbereich nahe des Metalls. Das daraus resultierende interne Feld geht mit einer Anhebung der Bandkantenenergien in Richtung auf die Halbleiterseite im Übergangsbereich einher. Das Anlegen des negativen Pols einer Spannungsquelle erhöht diesen Anstieg, was aber keine Behinderung der Elektronen als Majoritätsladungsträger darstellt, da sie von der Halbleiterseite kommen. Die umgekehrte Polung reduziert den Anstieg, so daß er für die von der Metallseite kommenden Elektronen auch kaum noch ein Hindernis bietet. Für beide Polungen ist daher ein Stromfluß möglich. Es kommt zu der ohmschen (linearen) Strom-Spannungs-Kennlinie.

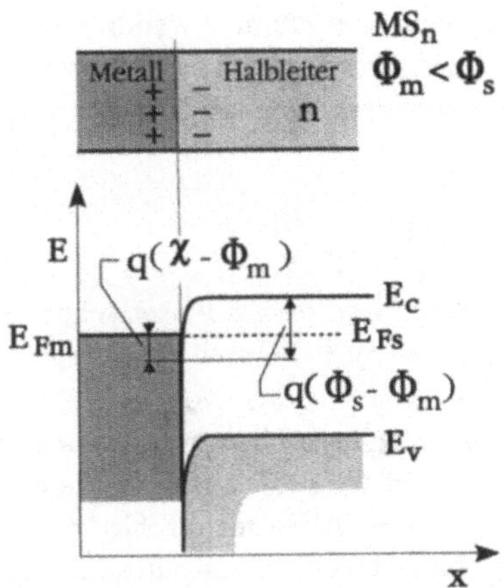

Abb. 6.17: Energiebandschema eines ohmschen Kontakts mit MS$_n$-Struktur bei $\Phi_m < \Phi_s$

7 Herstellung integriert-optischer Bauelemente

Die Herstellung von integriert-optischen Bauelementen, unter dem Begriff Technologie zusammengefaßt, ist eine Wissenschaft für sich, die bisweilen eher an eine Kunst erinnert. So können weder dieses Kapitel noch dieses Buch der Problematik gerecht werden. Es soll nur an einigen ausgewählten Beispielen der Herstellungsverfahren gezeigt werden, worum es geht.

7.1 Materialien

Je nach dem Anwendungsfeld und dessen historischer Entwicklung sind heute eine Vielzahl von Materialien zum Bereich der integrierten Optik zu zählen.

Für integriert-optische Konzepte mit aktiven Bauelementen (zum Beispiel Laserdioden) sind an erster Stelle noch immer die III-V-Halbleiter wie InGaAsP auf InP-Substrat oder AlGaAs auf GaAs zu nennen. Damit werden der für die optische Langstreckennachrichtenübertragung wichtige Spektralbereich zwischen 1.3 und 1.55 μm Wellenlänge beziehungsweise der in der Kurzstreckenübertragung aus technologischen und Kostengründen übliche Bereich um 820 nm abgedeckt. Aber auch IIB-VIA-Halbleiter wie zum Beispiel ZnSe sind sehr wichtig als Materialien für aktive Bauelemente im blauen Spektralbereich, von denen für optische Speichermedien höhere Speicherdichten zu erwarten sind. Auch die IV-VI-Halbleiter und hier speziell die Bleisalze, wie (PbSn)Te oder Pb(SeTe), sind für Anwendungen im Spektralbereich je nach Zusammensetzung von ca. 4 bis 14 μm wichtig. Wegen ihrer starken optischen Nichtlinearität und zum Beispiel der Möglichkeit, durchsichtige Kontakte herzustellen, sind aber auch Polymere in typischen optoelektronischen Anwendungen auf dem Vormarsch - zumal sie sich überwiegend recht gut handhaben und strukturieren lassen. Desweiteren sind organische Molekülkristallhalbleiter wie zum Beispiel Perylentetracarbonsäuredianhydrid (PTCDA) oder Naphthalintetracarbonsäuredianhydrid (NTCDA) zu nennen, die sich durch van-der-Waalsche Bindungskräfte quasi-epitaktisch auf jedes Substrat aufbringen lassen. Sie zeigen für bestimmte Anwendungen wünschenswerte, sehr ausgeprägte optische und Leitfähigkeitsanisotropien.

Wenn bei den Anwendungen in Richtung optischer Nachrichtentechnik geschaut wird, sind wegen der Kompatibilität zu den optischen Fasern als Bauelementmaterialien natürlich auch transparente Medien wie Quarz selbst, bestimmte Kunststoffe und der künstliche Kristall $LiNbO_3$ (Lithiumniobat) ins Auge zu fassen. Zwar lassen sich hiermit nicht direkt gepumpte aktive Bauelemente erstellen, aber für viele andere Bausteine, wie Modulatoren oder räumliche optische Schalter auf der Basis des linearen elektrooptischen Effekts, ist dies auch nicht notwendig.

Wenn an Kompatibilität mit dem Material der Elektronik, Si, gedacht wird, bieten sich Siliziumoxinitride als Wellenleitermaterialien an. Aber auch mit Ge dotiertes Si ist schon erfolgreich als Wellenleitermaterial auf Si-Substrat eingesetzt worden. Auch heteroepitaktische Strukturen, wie InGaAsP auf Si oder GaAs auf Si, werden untersucht und eingesetzt - entweder mit einem dritten Material als Puffer zum Ausgleich der Gitterfehlanpassungen, zum Beispiel GaAs-Ge/Si, oder mit verspannt aufgewachsenen Schichten. Die durch die Verspannung entstehenden Versetzungen müssen klein gehalten werden.

Die obige Nennung der Materialien soll und kann nicht vollständig sein. Daß noch viele andere Stoffe im Bereich der integrierten Optik eingesetzt werden, zeigt die Überlegung, daß es viele weitere Anwendungen gibt. Für holografisch optische Verbindungen zum Beispiel werden möglichst transparente Schichten benötigt, die wünschenswerterweise dynamisch lichtinduziert ihre optische Dicke verändern.

In diesem Buch liegt der Schwerpunkt auf den Halbleitermaterialien und - im Hinblick auf die bisher wichtigsten Anwendungen der integrierten Optik und Optoelektronik im Bereich der optischen Nachrichtentechnik - speziell auf den III-V-Halbleitern. Alle für die integrierte Optik wichtigen Materialien, wie (AlGa)As, (InGa)(AsP), (InGa)As und Ga(NP), kristallisieren in der Zinkblendestruktur.

7.2 Epitaktische Vertikalstrukturierung

Unter Technologie werden im Zusammenhang mit der integrierten Optik alle Methoden zur Herstellung von Bauelementen verstanden. Dabei lassen sich zwei Richtungen unterscheiden: zum einen die Vertikalstrukturierung, mit der die für die speziellen Anwendungen erforderlichen Schichtenfolgen hergestellt werden; zum anderen die Lateralstrukturierung, mit der die Bauelemente in der Richtung parallel zu den Schichtoberflächen ihre Form erhalten. In diesem Unterkapitel wird zunächst die Vertikalstrukturierung behandelt.

Für integriert-optoelektronische Bauelemente ist für jede einzelne Schicht der Schichtenfolge ein einkristallines Wachstum erforderlich. Nur so können die elektrischen und optischen Parameter der Schichten und des gesamten Bauelements gezielt eingestellt werden. Solche einkristallinen Schichten können mit herkömmlichen Beschichtungsverfahren, wie Aufdampfen und Aufsputtern, nicht erzeugt werden. Den Ausweg bietet hier die Klasse der Epitaxieverfahren, bei denen quasi Atomlage für Atomlage auf das Substrat beziehungsweise die letzte aufgebrachte Schicht "aufgewachsen" wird. Dazu ist eine sehr genaue Kontrolle des Stroms der aufzubringenden Teilchen erforderlich. Im wesentlichen werden die Flüssigphasenepitaxie ("LPE - liquid phase epitaxy"), die Gasphasenepitaxie ("VPE - vapor phase epitaxy"), die Molekularstrahlepitaxie ("MBE - molecular beam epitaxy") und die metallorganische Gasphasenepitaxie ("MOCVD - metal organic chemical vapor deposition" oder "MOVPE - metal organic vapor phase epitaxy") unterschieden. Von diesen Verfahren soll hier quasi exemplarisch die MBE behandelt werden.

Die Molekularstrahlepitaxie ist ein spezielles Aufdampfverfahren, das im Ultrahochvakuum durchgeführt wird. Der Teilchenstrom wird so gering eingestellt, daß pro Sekunde nur etwa eine Atomlage gewachsen wird. In Abb. 7.1 ist der prinzipielle Aufbau einer MBE-Anlage skizziert. Mit Ausrichtung auf das Substrat sind in der Wand der Wachstumskammer verschiedene Öfen, sogenannte Effusionszellen, angebracht, in denen Tiegel mit den Quellmaterialien aufgeheizt werden (bei dem Beispiel des AlGaAs-Systems Al, Ga und As sowie Si oder Be für Dotierungen), bis diese verdampfen und sich Teilchenstrahlen in Richtung auf das Substrat bewegen. Der Fluß kann über einen Verschluß ("shutter"), der sich vor dem Ofen befindet, an- oder ausgestellt werden. Die Stärke des Teilchenstroms wird über die Ofentemperatur gesteuert. Das Ultrahochvakuum ist erforderlich, damit die Teilchenstrahlen möglichst ungestreut auf das Substrat einfallen und sich auch möglichst keine Fremdatome auf dem Substrat niederlassen können. Das Wachstum geschieht so langsam, daß als für das Wachstum bestimmende Prozesse nur die Adsorption der Teilchen am Untergrund, Desorption, Migration auf der Oberfläche und die chemische Bindung mit den bereits aufgewachsenen Teil-

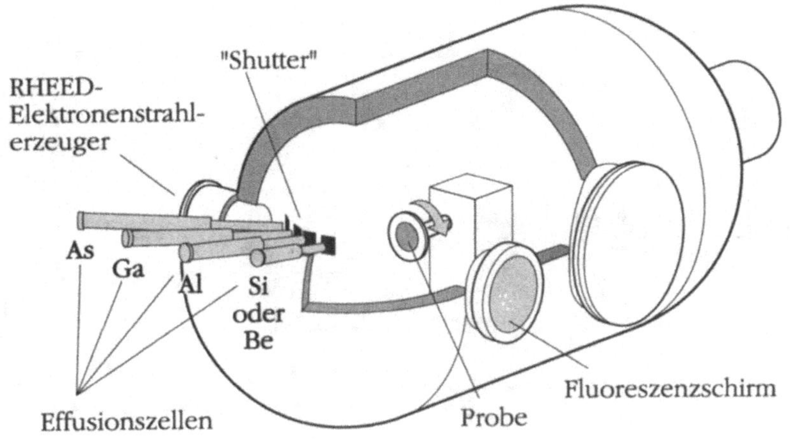

Abb. 7.1: Prinzipieller Aufbau einer Molekularstrahlepitaxie-Anlage. Die Beschreibung erfolgt im Text

chen eine Rolle spielen. Im Extremfall ist es möglich, nach jeder Atomlage eine andere Zusammensetzung zu wählen. In diesem Spezialfall der Molekularstrahlepitaxie ist von Atomlagenepitaxie ("ALE - atomic layer epitaxy") die Rede. Die Anlagen müssen allerdings speziell ausgelegt sein, um ALE zu ermöglichen.

Eine Wachstumskontrolle kann bedingt in-situ mit Hilfe des sogenannten RHEED-Verfahrens erfolgen ("RHEED - reflection high energy electron diffraction"). Dies ist eine Methode, die die Bragg-Reflexion von Elektronen an dem vorhandenen Kristallgitter ausnutzt. Die abgebeugten Elektronen fallen auf einen Fluoreszenzschirm, wo sie als Beugungsordnungen helle Lichtflecke hervorrufen. Der Kontrast des Beugungsmusters hängt von der Homogenität und Glattheit der Schichten, gerade auch der Grenzfläche ab. Sind die oberen Kristallebenen noch nicht vollständig, tritt verstärkt eine Ablenkung der Elektronen auf, die zu einer Verschmierung des Beugungsmusters führt.

In Abb. 7.2 ist der zeitliche Verlauf der Intensität des Fluoreszenzflecks einer Beugungsordnung neben der entsprechenden Vorstellung vom Wachstumszustand nach [HER 89] aufgetragen. An der Darstellung fallen zwei Merkmale besonders auf, die hier angesprochen werden sollen: die Intensität oszilliert über der Zeit, und die Amplitude der Oszillationen nimmt ab. Die Oszillationen treten auf, da vermehrt Streuung an den Oberflächen auftritt, solange

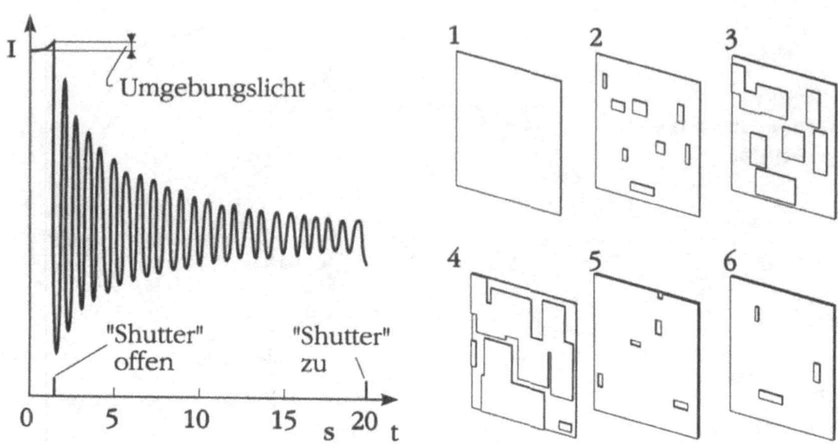

Abb. 7.2: RHEED-Oszillationen und Darstellung des Inselwachstums, das für die Oszillationen mit abfallender Amplitude verantwortlich ist, nach [HER 89]

die gerade aufwachsende Schicht mehr oder weniger unvollständig ist. Die Teilchen sammeln sich bei Beginn des Wachstums einer neuen Schicht in sogenannten Inseln an, die dann zu der gesamten Atomlage zusammenwachsen. Solange die Inseln das Bild der Oberfläche prägen, ist die Ablenkung relativ stark und die Intensität der Beugungsordnung reduziert. Bei maximaler Streuung liegt ein Minimum in den RHEED-Oszillationen vor. - Das Wachstum der Atomlagen vollzieht sich derart, daß bereits weitere Schichten angefangen werden, bevor die darunter liegende vollständig ist. Der Zustand einer (mehr oder weniger) idealen Oberfläche wird also nie wieder erreicht. Dieser Sachverhalt führt dazu, daß die Oszillationen in ihrer Amplitude permanent abnehmen. Nach etwa 20 bis 50 Atomlagen ist die Amplitude derart abgesunken, daß sie nicht mehr ausgewertet werden kann.

Dies weist bereits auf eines der beiden wesentlichen Probleme der Methode hin. Das RHEED-Verfahren kann nur etwa während der ersten 20 s des Wachstums einer Schicht auf einem "idealen" Substrat zur Kalibrierung der Wachstumsgeschwindigkeit genutzt werden. Außerdem muß das Substrat während der RHEED-Messungen still stehen. In MBE-Anlagen sollte das Substrat während des Wachstums aber gedreht werden, um eine gute Homogenität der Schichtenfolgen über dem Querschnitt des Substrats zu erzielen. Die für RHEED-Messungen eingesetzten Proben taugen wegen der fehlenden Drehung und Homogenität nicht mehr als Grundmaterial für Bau-

elemente. Deswegen kann das RHEED-Verfahren nur sehr eingeschränkt als
"In-situ"-Wachstumskontrolle bezeichnet werden. Dennoch können aus den
RHEED-Kalibrierungsproben wichtige Rückschlüsse auf die Einstellung der
Wachstumsparameter der MBE-Anlage geschlossen werden. Hierbei helfen
auch Informationen, die aus Fotolumineszenzmessungen und aus Messungen
der spektralen Reflektivität von eigens dafür gewachsenen Interferenzspiegeln
gezogen werden können. Erstere geben Aufschlüsse über die Materialzusammensetzung, letztere ermöglichen die Bestimmung der Schichtdicken. Auf
beide Verfahren soll in diesem Buch nicht näher eingegangen werden.

7.3 Lateralstrukturierung durch Lithografie

Das epitaktische Schichtenwachstum ist nur der erste Schritt der Herstellung
integriert-optoelektronischer Bauelemente. Neben dieser Vertikalstrukturierung ist die Lateralstrukturierung zur Herstellung von sinnvollen Bauelementen ebenso wichtig. So müssen zum Beispiel zur Herstellung integriert-
optischer Wellenleiter gegebenenfalls Rippen in die Struktur eingeätzt werden, durch die - wie in Kap. 8 erläutert werden wird - eine seitliche Führung
der Lichtwellen ermöglicht wird.

Da durch diese Verfahren eine Struktur in die Schichten eingeschrieben wird,
ist von "Lithografie" die Rede. Verschiedene Klassen werden unterschieden
- je nachdem, wie die Struktur in eine Schicht eingebracht wird, die dann
als Maske für das Ätzen, eine Bedampfung oder ähnliches dient. Wird zum
Einprägen der Struktur in einen UV-empfindlichen Lack, einen sogenannten Fotoresist, Licht verwendet, wird von Fotolithografie gesprochen, deren
Auflösung durch die verwendeten Lichtwellenlängen begrenzt ist. Um größere
Genauigkeiten und schärfere Strukturkanten zu erzielen, werden heute auch
oft Ionen- oder Elektronenstrahlen verwendet, wobei dann von Ionenstrahl-
beziehungsweise Elektronenstrahllithografie die Rede ist. Neben der größeren
Genauigkeit haben diese Verfahren auch den Vorteil, "schreibend" eingesetzt
werden zu können. Das heißt, ein fokussierter Strahl dieser geladenen Teilchen, kann gezielt über die Oberfläche der Probe bewegt werden und direkt
ohne Einsatz zusätzlicher Masken eine Struktur in den Fotoresist "einschrei-
ben". Im Fall geeigneter Ionen kann der Strahl direkt Strukturen in die Halbleiterschichtenfolge einbringen.

In Abb. 7.3 wird, stellvertretend für viele andere Lateralstrukturierungsmaß-
nahmen, die fotolithografische Herstellung einer Rippenwellenleiterstruktur

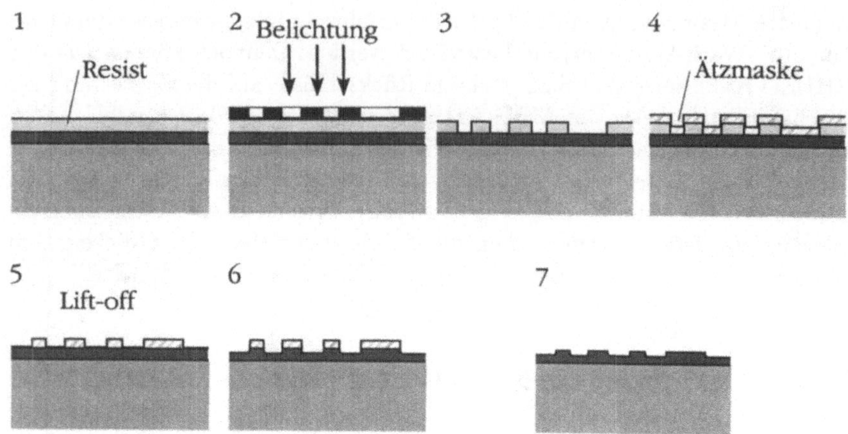

Abb. 7.3: Teilschritte der fotolithografischen Herstellung von Rippenwellen-leitern mit Hilfe des "Lift-off"-Verfahrens

mit Hilfe des sogenannten "Lift-off"-Verfahrens gezeigt. Auf das mit einer Halbleiterschichtenfolge "überwachsene" Substrat wird Fotoresist mittels "spincoating" aufgebracht (1). Dazu wird der Resist auf das Substrat aufgetropft, das dann in schnelle Drehung versetzt wird. Die Zentrifugalkräfte sorgen für eine gleichmäßige Verteilung des Fotoresists (mit Ausnahme des Bereichs der Substratränder, wo sich der Resist aufwölbt). Eine Chromstruktur wird auf die Resistschicht gedrückt und dient während der anschließenden Belichtung mit UV-Licht als Belichtungsmaske (2). Die Chrommaske muß natürlich die gewünschten lateralen Strukturen bereits enthalten. Bei Verwendung von sogenanntem "positiven" Fotoresist werden die belichteten Stellen während des Entwicklungsvorgangs weggeätzt. (Bei "negativem" Resist ist die Situation umgekehrt. Die Strukturen der Chrommaske müssen in diesem Fall komplementär sein.) Die so entwickelte Resiststruktur (3) mit ihren Erhebungen und "Fenstern", die das Halbleitermaterial offenlegen, fungiert im nächsten Herstellungsschritt als Maske für eine Bedampfung zum Beispiel mit einer Ti-Au-Al$_2$O$_3$-Schicht (4). Diese Schicht soll später als Ätzmaske dienen. Zwar könnte auch der Resist selbst (in seiner komplementären Struktur) als Ätzmaske fungieren. Für manche Ätzlösungen und insbesondere für tiefe Ätzungen erweisen sich Fotoresiste aber als nicht widerstandsfähig genug, so daß beispielsweise auf metallische Schichten als Ätzmasken zurückgegriffen wird. Im nächsten Schritt wird der Resist gelöst und damit weggeätzt (5). Weil dabei die darüberliegenden Teile der Ätzmaskenschicht abgehoben werden, hat sich die Bezeichnung "Lift-off"-Prozeß eingebürgert. Übrig bleibt die Ätzmaskenschicht in den Bereichen, wo die Fotoresistschicht ihre Fenster besaß. Danach folgt der eigentliche Ätzvorgang, bei dem die Struktur in die Halbleiterschichtenfolge auf chemischem Wege eingebracht wird (6). Schließlich muß noch die Ätzmaskenschicht mit einer anderen Ätzlösung entfernt werden, so daß als Endergebnis die gewünschte Struktur mehrerer Rippenwellenleiter bestehen bleibt (7).

Beim Normalverfahren wird zunächst die Ätzmaskenschicht aufgebracht, dann der Fotoresist. Nachfolgend wird der Resist belichtet und entwickelt. In den entstehenden Fenstern wird die Ätzmaskenschicht entfernt, worauf der eigentliche Ätzvorgang des Halbleitermaterials folgt.

In den letzten Jahren zeichnet sich die Tendenz zur Verknüpfung von Vertikal- und Lateralstrukturierungsverfahren in einer Ultrahochvakuumanlage ab, was hier am Beispiel der Kombination des "focussed ion beam (FIB)"-Verfahrens und der MBE erläutert werden soll.

Mit fokussierten Ionenstrahlen können entweder Fotoresistschichten belichtet werden oder direkt - ohne Verwendung von Resistschichten - Strukturen in die Halbleiter eingeschrieben werden. Ionenstrahlen können ähnlich wie beim Sputtern direkt Teilchen aus der Halbleiteroberfläche herausschlagen ("ion beam milling") oder zur Dotierung der Halbleiterschichten in bestimmten lateralen Bereichen verwendet werden (Ionenimplantation). Darüber hinaus können bei Anlieferung bestimmter gasförmiger Substanzen, die mit den Ionen chemische Bindungen an der Oberfläche eingehen, auch direkt Schichten auf dem Substrat abgeschieden werden. FIB-Verfahren sind damit sehr vielseitig einsetzbar.

Moderne integriert-optische Bauelemente benötigen häufig mehrere Vertikal- und mehrere Lateralstrukturierungsschritte, wobei beide Prozeßarten zeitlich ineinander verwoben sind. Um das ständige, zeitraubende Abpumpen der Vakuumanlagen, aber auch um die Möglichkeit für Probenverschmutzungen bei den herkömmlichen lithografischen Prozessen an der Luft zu vermeiden, werden FIB-Verfahren und MBE immer häufiger in einer einzigen Anlage kombiniert. Abbildung 7.4 zeigt das prinzipielle Schema einer solchen Kombinationsanlage. Sie besitzt mehrere Ultrahochvakuumkammern: eine für das MBE-Wachstum, eine für die FIB-Verfahren und eventuell eine für Probenanalysen, wie etwa Photolumineszenz. Die Kammern sind über ein gemeinsames Hochvakuum-Probentransfersystem miteinander verbunden, so daß die

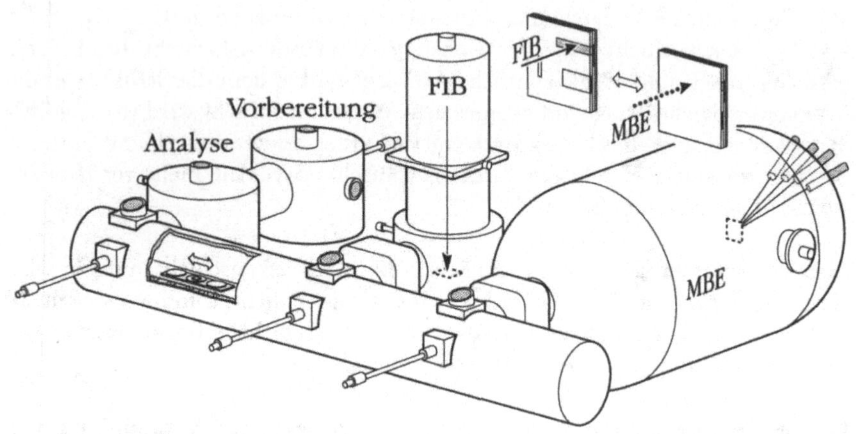

Abb. 7.4: Schema einer FIB-MBE-Kombinationsvakuumanlage

Proben das Vakuum zwischen den verschiedenen Wachstums- und Lateral-
strukturierungsschritten gar nicht mehr verlassen. Solche Kombinationsanla-
gen sind zwar nicht billig, ermöglichen aber deutlich erhöhte Ausbeuten, so
daß sie sich schnell bezahlt machen können.

8 Optische Wellenleitung

8.1 Prinzipien

Unter optischer Wellenleitung wird die Führung von Licht in einer geeigneten Struktur - in diesem Buch speziell in einer integriert-optischen Halbleiterstruktur - verstanden. Am weitaus häufigsten wird dazu das Prinzip der Führung durch Totalreflexion angewendet, wie es in Abb. 8.1 für das Beispiel des AlGaAs-Materialsystems skizziert ist. Wie in Kap. 2 erläutert, tritt Totalreflexion oberhalb eines bestimmten Einfallswinkels α_g, dem Grenzwinkel der Totalreflexion, auf, wenn Licht aus dem optisch dichteren Medium auf ein optisch dünneres Material einfällt. Die Hauptführungsschicht muß demnach eine höhere Brechzahl als die umgebenden Materialien aufweisen. Im $Al_xGa_{1-x}As$-Materialsystem ist die Brechzahl um so höher, je geringer der Aluminium-Gehalt x ist. Deswegen kann nicht direkt auf das GaAs-Substrat eine Wellenleiterschicht aufgewachsen werden; eine Zwischenschicht mit geringerer Brechzahl ist notwendig, auf die dann der eigentliche Aluminium-arme (nicht notwendigerweise Aluminium-lose) Wellenleiterfilm aufgebracht wird.

In der Zeichnung wird der wellenführende Film nach oben durch Luft als optisch dünneres Material begrenzt. Auch hier ist natürlich Totalreflexion möglich. Der Grenzwinkel der Totalreflexion ist auf der Halbleiterseite aber deutlich größer, da der Brechzahlsprung sehr viel geringer als auf der Luftseite ist.

Für Spezialanwendungen beginnt sich in letzter Zeit ein neues Wellenführungsprinzip durchzusetzen, das sogenannte ARROW-Konzept. Das Akronym "ARROW" steht für "antiresonant reflecting optical waveguide". ARROWs basieren auf der Führung von Licht durch Reflexion an hochreflektierenden dielektrischen Schichtenfolgen für sehr schrägen Lichteinfall [DUG 86, KOK 86]. (Für senkrechten Einfall sind solche Bragg-Schichtenfolgen von den Verspiegelungen bestimmter optischer Bauelemente bekannt.) Im Sinne der genauen Theorie, die von den Maxwellschen Gleichungen ausgeht, darf im Zusammenhang mit ARROWs eigentlich gar nicht

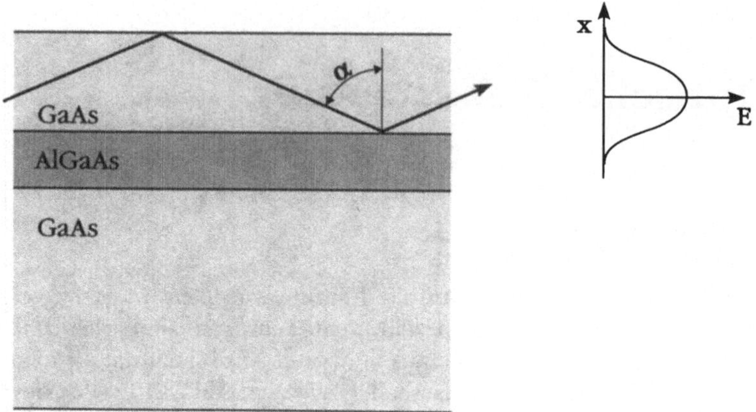

Abb. 8.1: Prinzip der Lichtwellenführung durch Totalreflexion in einer geeigneten Halbleiterstruktur am Beispiel des AlGaAs-Materialsystems mit Darstellung des Feldprofils $E = f(x)$ der Grundmode. Der Winkel α ist der Einfallswinkel auf die Grenzfläche im Wellenleiterfilm

von geführten Wellen die Rede sein. Vielmehr handelt es sich um Leckwellen, die aus der eigentlichen Führungsschicht herauslecken wollen. Die Führung geschieht dadurch, daß die Wellen durch die hochreflektierenden begrenzenden Schichtenfolgen in den Hauptfilm zurückgeworfen werden. Beim Design der Brechzahlen und der Dicken dieser Schichtenfolgen sind zwar Dicke und Brechzahl der Hauptschicht zu berücksichtigen; aber es gibt für deren Werte kaum Beschränkungen. So kann das Licht auch in einer Schicht geführt werden, die optisch dünner als die Umgebung ist.

Abbildung 8.2 zeigt eine prinzipielle Schichtenfolge zur ARROW-Führung. Die Schichten neben der Hauptschicht können als gekoppelte Fabry-Perot-Resonatoren mit schrägem Lichteinfall verstanden werden, die in ihren Dicken und Brechzahlen so eingestellt werden, daß sie stark reflektieren. Da bei Fabry-Perot-Resonatoren bei hoher Transmission von Resonanzen gesprochen wird und hier die starke Reflexion von gekoppelten Fabry-Perot-Resonatoren ausgenutzt wird, wird der Begriff der Antiresonanzen verwendet. In diesem Sinne werden die hochreflektierenden Schichtenfolgen auch als Lateralresonatoren bezeichnet. Das ARROW-Prinzip eignet sich auch für Richtkopplerstrukturen auf der Basis von ARROW-Wellenleitern [MAN 91]. Die Kopplungslänge fällt hierbei nicht monoton mit dem Abstand der beiden

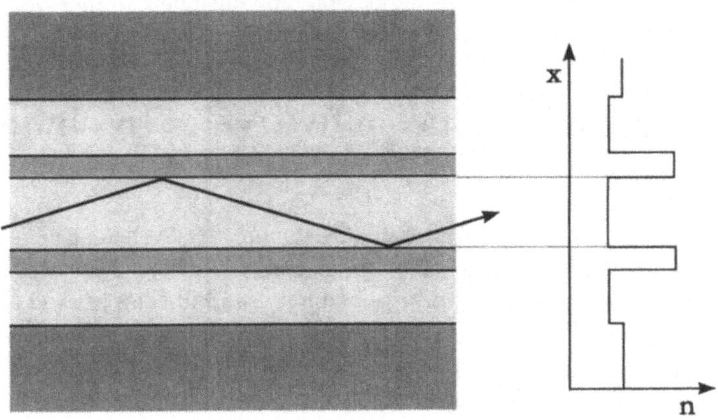

Abb. 8.2: Prinzip der ARROW-Wellenführung mit der qualitativen Angabe eines entsprechenden Brechzahlprofils $n = f(x)$

Wellenleiter, sondern ist periodisch.

Neben der Unabhängigkeit von höherbrechendem Material in der Hauptführungsschicht ist ein Hauptvorteil von ARROWs ihre Quasi-Monomodigkeit bei größeren Hauptfilmdicken. Dadurch kann zum Beispiel eine bessere Anpassung an die Mode von Monomode-Glasfasern erzielt werden. Zwar haben ARROWs mit mehreren Mikrometern Filmdicke sehr viele Moden, doch zeigt bei geeignetem Design nur eine Mode geringe Dämpfung, so daß diese ARROWs quasi-monomodig sind. Diese Quasi-Monomodigkeit wäre an sich noch kein Gewinn, wenn bei der Anregung der Welle im ARROW die höheren (erheblich gedämpften) sehr stark angeregt werden würden; denn ihre Dämpfung würde in diesem Fall auch einem deutlichen Energieverlust entsprechen. Es zeigt sich aber, daß die ARROW-Grundmode hohe Kreuzkorrelationswerte mit der Chip-Mode oberhalb von 95 % aufweisen kann [FRE 94], so daß potentiell kaum Energie verlorengehen muß. Die vollen ARROW-Vorteile, zum Beispiel der gute Wirkungsgrad beim Überkoppeln auf Glasfasern, können erst genutzt werden, wenn in beiden Querschnittsdimensionen eine ARROW-Führung vorliegt. Wegen der geringen Dicken der Lateralresonatoren ist die Lateralstrukturierung solcher zweidimensionaler ARROWs recht schwierig und soll hier deshalb nicht weiter behandelt werden. Interessierte Leser/innen seien auf [FRE 94, DEL 94] verwiesen.

Soweit nicht explizit anders vermerkt, soll im folgenden immer von Wellenführung aufgrund von Totalreflexion die Rede sein.

8.2   Filmwellenleiter, effektiver Brechungsindex

Da im vorhergehenden Unterkapitel zunächst von den Wellenleitungsprinzipien die Rede war, wurde nur eine Dimension betrachtet. Eine wirkliche Wellenführung ohne große Lichtverluste bedingt eine Führung in zwei Querschnittsdimensionen. Doch gibt es auch einige Anwendungen, bei denen eine Wellenführung in nur einer Dimension notwendig oder sogar sinnvoll ist. Wellenleiterstrukturen, i.e. Schichtenfolgen, die das Licht in einer Dimension führen, tragen die Bezeichnung Filmwellenleiter. Bei der Beschreibung der Wellenausbreitung in Filmwellenleitern ist der Begriff des effektiven Brechungsindex sehr hilfreich, der in diesem Unterkapitel definiert werden soll.

Im Zusammenhang mit Wellenleiterstrukturen, die aufgrund von Totalreflexion Lichtwellen führen sollen, sind drei Bereiche zu unterscheiden:
1) Wenn der Einfallswinkel $\alpha = 90° - \Theta$ (auf die Grenzfläche innerhalb des Films) sehr klein ist, wobei Θ den Glanzwinkel darstellt, finden keine Totalreflexion und keine Wellenführung statt; die Wellen werden zu beiden Seiten des Wellenleiterfilms aus dem Film weggebrochen. Sie werden in diesem Fall Strahlungs- oder Raumwellen genannt, da sie in den Raum abgestrahlt werden.
2) Wenn der Einfallswinkel α recht klein ist - und zwar so klein, daß zur Deckschicht hin (eventuell sogar mit $n = 1$ für Luft) Totalreflexion stattfinden kann, wegen des kleineren Brechzahlsprungs nicht aber zur Substratseite hin, ist eine Wellenführung ebenfalls noch nicht möglich. Die Welle wird auf der Substratseite des Films abgestrahlt und deswegen Substratwelle oder Substratstrahlungswelle genannt.
3) Bei ausreichend großem Einfallswinkel α (das heißt genügend kleinem Glanzwinkel Θ) kann die Welle auf beiden Seiten des Films totalreflektiert werden. Geführte Wellen sind möglich, die mit den Ausdrücken Filmwellen oder Wellenleitermoden bezeichnet werden.

Abbildung 8.3 zeigt typische Feldverteilungen für die Wellen, wobei die Grundform innerhalb des Films jeweils nur ein Feldmaximum hätte. Die Filmmoden stellen innerhalb des Films in x-Richtung stehende Wellen dar; in den Nachbarschichten sind sie exponentiell gedämpft (quergedämpft)

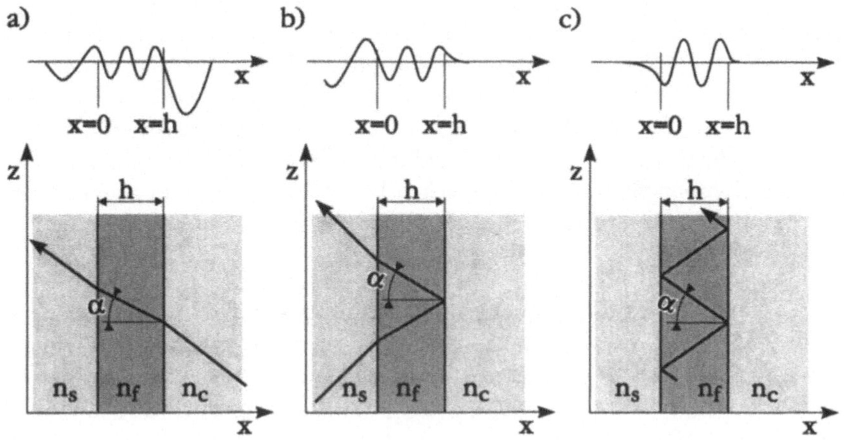

Abb. 8.3: Feldverteilungen verschiedener Wellenformen in totalreflektierenden Filmwellenleiterstrukturen und Darstellungen im Strahlenbild

(Teilbild c). Bei den Substratwellen tritt auf der Substratseite keine Querdämpfung auf; die Wellen werden zum Substrat hin abgestrahlt (Teilbild b). Bei den Raumwellen existiert auf keiner Seite eine Querdämpfung; die Wellen werden zu beiden Seiten hin abgestrahlt (Teilbild a).

Unter Punkt (3) der obigen Auflistung wurde bewußt eine vorsichtige Formulierung gewählt (".. . Geführte Wellen sind möglich ..."), da Totalreflexion auf beiden Seiten des Wellenleiterfilms keine hinreichende Bedingung für geführte Wellen darstellt. Die Wellen müssen zusätzlich noch in den Film hineinpassen. Dazu gehört unter anderem, daß sich die Komponenten der Welle in der Richtung senkrecht zu den Filmgrenzflächen, die üblicherweise als x-Richtung bezeichnet wird, als stehende Wellen ausbilden können. Das heißt, die x-Komponente muß mit den an den Grenzflächen reflektierten Anteilen phasenrichtig übereinstimmen, um keine Auslöschung der Welle zu bewirken. Diese Bedingung ist, wie gezeigt werden wird, nur für diskrete Ausbreitungs-, i.e. Glanzwinkel, erfüllt, so daß es auch nur ganz diskrete ausbreitungsfähige Wellen gibt. Diese Tatsache rechtfertigt letztlich erst die Wahl der Bezeichnung "Mode".

Um eine mathematische Bedingung für die "Ausbreitungsfähigkeit" der Welle, eine charakteristische Gleichung, angeben zu können, müssen die Phasensprünge bei der Reflexion der Welle an den Grenzflächen des Films berücksichtigt werden. Sie ergeben sich aus den Fresnelschen Formeln. Dabei ist zwischen TE-Wellen und TM-Wellen zu unterscheiden. Bei den transversal elektrischen TE-Wellen verschwinden bis auf die E_y-Komponente parallel zum Film und quer zur Ausbreitungsrichtung z alle Komponenten der elektrischen Feldstärke. Bei den transversal magnetischen TM-Wellen verschwinden alle Komponenten der magnetischen Feldstärke bis auf die Komponente H_y. Der Vektor der elektrischen Feldstärke steht dann etwa senkrecht zu den Filmgrenzflächen.

Hier soll beispielhaft die Berechnung des Amplitudenreflexionsfaktors $r_{TM} = r_\parallel$ der TM-Wellen vorgenommen werden. Aus den Fresnelschen Formeln ergibt sich mit n_f als Brechzahl des Films und n_a als Brechzahl des angrenzenden Mediums, wobei der Index $a = c, s$ für die Deckschicht ("cladding") oder das Substrat stehen kann, sowie α als Einfallswinkel und β_a erneut mit $a = c, s$ als Brechungswinkel in den angrenzenden Medien:

$$
\begin{aligned}
r_{TM} &= \frac{n_a \cos\alpha - n_f \cos\beta_a}{n_a \cos\alpha + n_f \cos\beta_a} \\[2ex]
&= \frac{n_a \cos\alpha - n_f \sqrt{1 - \sin^2\beta_a}}{n_a \cos\alpha + n_f \sqrt{1 - \sin^2\beta_a}} \\[2ex]
&= \frac{n_a \cos\alpha - n_f \sqrt{1 - (n_f^2/n_a^2)\sin^2\alpha}}{n_a \cos\alpha + n_f \sqrt{1 - (n_f^2/n_a^2)\sin^2\alpha}} \\[2ex]
&= \frac{n_a^2 \cos\alpha - n_f n_a \sqrt{1 - (n_f^2/n_a^2)\sin^2\alpha}}{n_a^2 \cos\alpha + n_f n_a \sqrt{1 - (n_f^2/n_a^2)\sin^2\alpha}} \\[2ex]
&= \frac{n_a^2 \cos\alpha - n_f \sqrt{n_a^2 - n_f^2 \sin^2\alpha}}{n_a^2 \cos\alpha + n_f \sqrt{n_a^2 - n_f^2 \sin^2\alpha}}.
\end{aligned}
\tag{8.1}
$$

Analog ergibt sich:

$$
\begin{aligned}
r_{TE} &= \frac{n_f \cos\alpha - n_a \cos\beta_a}{n_f \cos\alpha + n_a \cos\beta_a} \\[2ex]
&= \frac{n_f \cos\alpha - \sqrt{n_a^2 - n_f^2 \sin^2\alpha}}{n_f \cos\alpha + \sqrt{n_a^2 - n_f^2 \sin^2\alpha}}.
\end{aligned}
\tag{8.2}
$$

Die Gln. (8.1) und (8.2) gelten nur für einen positiven Ausdruck unter der Wurzel, also reelle Wurzeln. Dies ist der Fall für $\alpha < \alpha_{ga}$ mit α_{ga} als

Grenzwinkel der Totalreflexion beim Übergang zum angrenzenden Medium. Damit sind auch die Amplitudenreflexionsfaktoren reell. Es findet teilweise Reflexion statt. Für $\alpha \geq \alpha_{ga}$ werden die Wurzeln imaginär, und die Amplitudenreflexionskoeffizienten sind komplexe Zahlen. Der Amplitudenreflexionsfaktor schreibt sich - jetzt am Beispiel der TE-Welle:

$$r_{TE} = \frac{n_f \cos\alpha + j\sqrt{n_f^2 \sin^2\alpha - n_a^2}}{n_f \cos\alpha - j\sqrt{n_f^2 \sin^2\alpha - n_a^2}}. \tag{8.3}$$

Hierbei wurde $-j$ aus der Wurzel herausgezogen. Nur so ist gewährleistet, daß die Wellen bei ihrer Ausbreitung gedämpft werden (wie es im Fall ohne Verstärkung sein muß). Mit den Abkürzungen

$$\tilde{a} \ = \ n_f \cos\alpha, \tag{8.4}$$

$$\tilde{b} \ = \ \sqrt{n_f^2 \sin^2\alpha - n_a^2}, \tag{8.5}$$

$$\Phi_{a_{TE}} = \arctan\frac{\tilde{b}}{\tilde{a}} \tag{8.6}$$

wird klar, daß die Amplitudenreflexionsfaktoren den Betrag Eins haben, daß also die Reflexion vollständig ist (Totalreflexion); denn:

$$\begin{aligned}
r_{TE} \ &= \ \frac{\tilde{a} + j\tilde{b}}{\tilde{a} - j\tilde{b}} \\[2mm]
&= \ \frac{\sqrt{\tilde{a}^2 + \tilde{b}^2} \cdot \exp(j\Phi_{a_{TE}})}{\sqrt{\tilde{a}^2 + \tilde{b}^2} \cdot \exp(-j\Phi_{a_{TE}})} \\[2mm]
&= \ \frac{\exp(j\Phi_{a_{TE}}) \cdot \exp(j\Phi_{a_{TE}})}{\exp(-j\Phi_{a_{TE}}) \cdot \exp(j\Phi_{a_{TE}})} \\[2mm]
&= \ \exp(2j\Phi_{a_{TE}}) \tag{8.7} \\[2mm]
&= \ \cos(2\Phi_{a_{TE}}) + j\sin(2\Phi_{a_{TE}}). \tag{8.8}
\end{aligned}$$

$2\Phi_a$ ist der Phasensprung, den die Welle bei der Reflexion erfährt.

$$\tan\Phi_{a_{TE}} = \frac{\tilde{b}}{\tilde{a}} = \frac{\sqrt{n_f^2 \sin^2\alpha - n_a^2}}{n_f \cos\alpha}. \tag{8.9}$$

Entsprechend folgt für den halben Phasensprung $\Phi_{a_{TM}}$ der TM-Wellen:

$$\tan\Phi_{a_{TM}} = \frac{n_f^2}{n_a^2}\frac{\sqrt{n_f^2 \sin^2\alpha - n_a^2}}{n_f \cos\alpha}. \tag{8.10}$$

Der Phasenterm einer im Film geführten (in der y-Richtung homogenen)
Welle lautet

$$\exp(-jkn_f(\pm x \cos \alpha_m + z \sin \alpha_m)), \tag{8.11}$$

wobei wieder $k = 2\pi/\lambda$ die Wellenzahl mit λ als Vakuum-Wellenlänge ist.
Damit folgt als Konsistenzbedingung für die phasenrichtige Überlagerung der
x-Komponenten der Teilwellen nach Hin- und Rücklauf der Welle zwischen
den beiden optischen Grenzflächen:

$$2kn_f h \cos \alpha_m - 2\Phi_c(\alpha_m) - 2\Phi_s(\alpha_m) = m \cdot 2\pi, \qquad m = 0, 1, 2, 3, \dots. \tag{8.12}$$

Dabei sind h die Filmdicke und m ein Laufindex; diese charakteristische
Gleichung ist einmal für TE- und einmal für TM-Wellen zu formulieren.
Daß ein diskreter Laufindex zu wählen ist, liegt daran, daß die Phasen bis
auf Vielfache von 2π definiert sind und die Teilwellen in x-Richtung bis auf
Vielfache von 2π in ihrer Phase übereinstimmen müssen, um konstruktive
Überlagerung zu erhalten. Bereits aus dieser Tatsache folgt die diskrete Natur der Wellenleitermoden, ohne daß allzu viel Wellentheorie nach den Maxwellschen Gleichungen verwendet wurde. Der Ausbreitungswinkel wurde in
den Gln. (8.11) und (8.12) vorab mit dem Laufindex m indiziert, um an die
diskrete Natur der Moden und, daraus folgend, der Ausbreitungswinkel zu
erinnern.

Bevor die Gl. (8.12) weiter untersucht wird, soll der Begriff des effektiven Brechungsindex definiert werden. Der Phasenterm (8.11) verdeutlicht, daß sich
die Welle in z-Richtung ausbreitet, als hätte das Wellenleiterfilmmaterial die
Brechzahl $n_f \sin \alpha_m$; die Phasenkonstante für die Ausbreitung der Welle in
z-Richtung lautet:

$$\beta = kn_f \sin \alpha_m = \frac{2\pi}{\lambda} \cdot \frac{c}{v_{Ph}} \tag{8.13}$$

mit c als Vakuum-Lichtgeschwindigkeit und v_{Ph} als Phasengeschwindigkeit
in z-Richtung. Um diesen Sachverhalt kompakt zu beschreiben, wird der
effektive Brechungsindex n_{eff} eingeführt:

$$n_{eff} = \frac{\beta}{k} = n_f \sin \alpha_m. \tag{8.14}$$

So einfach diese Definition aussieht, so schwierig ist der Begriff des effektiven
Brechungsindex anfänglich zu verstehen. Denn das Wort "Brechungsindex"
suggeriert eine Korrespondenz allein zum Material, obwohl der Begriff sowohl
mit dem Material als auch mit der Mode verknüpft ist, wie die Definition

zeigt. Für jede Mode als ausbreitungsfähige Welle existiert ein anderer effektiver Brechungsindex, obwohl das Material des Wellenleiterfilms jeweils dasselbe ist. Noch komplizierter: aus der Konsistenzbedingung, Gl. (8.12), folgt, daß die Ausbreitungswinkel mit den Phasensprüngen an den Grenzflächen des Wellenleiterfilms verknüpft sind, die aber ihrerseits von den Material-Brechzahlen von Deckschicht und Substrat abhängen, wie die Gln. (8.9) und (8.10) verdeutlichen. Der effektive Brechungsindex ist also eine modenspezifische Größe, die von allen Brechzahlen der Wellenleiterstruktur abhängt. Für den effektiven Brechungsindex und die Materialbrechzahlen gelten folgende Relationen:

$$n_c \leq n_s \leq n_{eff} \leq n_f. \tag{8.15}$$

Der effektive Brechungsindex liegt also unterhalb der Materialbrechzahl des Wellenleiterfilms.

In der Hoffnung, nicht mehr Verwirrung zu verbreiten, erfolgt ein anderer Zugang zum effektiven Brechungsindex: der Ausdruck (8.13) verdeutlicht, daß der effektive Brechungsindex einen Teil der Phasenkonstanten in z-Richtung darstellt. Er gibt das Verhältnis von der Vakuum-Lichtgeschwindigkeit zur Phasengeschwindigkeit im Material in z-Richtung an. Wenn der Glanzwinkel Null wäre, der Einfallswinkel $\alpha = 90°$, so wäre der effektive Brechungsindex gleich der Materialbrechzahl des Films. Aber bei sehr großen Glanzwinkeln könnte der effektive Brechungsindex sogar deutlich unter die Materialbrechzahl des Films absinken. Die Phasengeschwindigkeit in z-Richtung wäre sehr groß, weil sich eine Wellenfront (konstanter Phase) durch den kleinen Einfallswinkel, sehr schnell vom Anfang bis zum Ende des Wellenleiters in z-Richtung fortpflanzen könnte. Bei einer stehenden Welle in x-Richtung wären der effektive Brechungsindex Null und die Phasengeschwindigkeit Unendlich, weil jede Phasenfront zur selben Zeit den gesamten Wellenleiterfilm durchzieht. (Es sei daran erinnert, daß Phasengeschwindigkeiten größer als die Lichtgeschwindigkeit keinen Widerspruch zu den Einsteinschen Theorien darstellen. Nur Gruppengeschwindigkeiten sind durch die Lichtgeschwindigkeit beschränkt.)

Die charakteristische Gleichung des Filmwellenleiters, Gl. (8.12), ist transzendent. Aus Betrachtungen zu ihren Lösungen ergeben sich grundsätzliche Erkenntnisse:

1) für eine symmetrische Wellenleiterstruktur mit $n_c = n_s$:
a) Für $m = 0$ ist die Gleichung für einen Einfallswinkel α_0 immer erfüllt.
b) Mit zunehmender Filmdicke h wird es wahrscheinlicher, daß auch für

$m > 0$ eine Lösung existiert.

2) für asymmetrische Strukturen mit $n_c \neq n_s$ (meist $n_c < n_s$):
a) Für kleine Filmdicken h kann es vorkommen, daß keine Lösungen existieren, das heißt, daß es in diesem Fall keine ausbreitungsfähigen Wellen gibt.
b) Aber umgekehrt: oberhalb eines bestimmten Wertes kh, der einer Grenzfrequenz ω_g entspricht, ist eine Mode ausbreitungsfähig. Das bedeutet, daß entweder die Filmdicke ausreichend groß oder die Wellenlänge genügend klein werden müssen, damit eine Welle ausbreitungsfähig ist, damit also "eine Mode existiert".

Um Aussagen über die Ausbreitungsfähigkeit von Moden machen zu können, ist es informativ, entweder die Ausbreitungskonstante $\beta(\omega)$ in Abhängigkeit der Kreisfrequenz ω der Welle oder, davon abgeleitet, den sogenannten Phasenparameter B als Funktion des Filmparameters V aufzutragen. Phasen- und Filmparameter sind folgendermaßen definiert:

$$B \;=\; \frac{n_{eff}^2 - n_s^2}{n_f^2 - n_s^2}, \tag{8.16}$$

$$V \;=\; kh\sqrt{n_f^2 - n_s^2}. \tag{8.17}$$

Die Größe B kann als eine normierte Version des effektiven Brechungsindex aufgefaßt werden. V kann wegen $V \propto k = 2\pi/\lambda = 2\pi\nu/c$ als normierte Frequenz oder Filmdicke gesehen werden. In obigen Definitionen fehlt zunächst die Brechzahl der Deckschicht. Sie wird in einem weiteren Parameter, dem sogenannten Asymmetrieparameter a_{TE} beziehungsweise a_{TM} für TE- und TM-Wellen berücksichtigt:

$$a_{TE} \;=\; \frac{n_s^2 - n_c^2}{n_f^2 - n_s^2}, \tag{8.18}$$

$$a_{TM} \;=\; \frac{n_f^4}{n_c^4} \cdot \frac{n_s^2 - n_c^2}{n_f^2 - n_s^2}. \tag{8.19}$$

Unter Verwendung dieser Parameter folgt aus der charakteristischen Gleichung, Gl. (8.12), nach einer längeren Umformung, die hier nicht wiedergegeben werden soll:

$$V \cdot \sqrt{1-B} = m\pi + \arctan\sqrt{\frac{B}{1-B}} + \arctan\sqrt{\frac{B + a_{TE\,oder\,TM}}{1-B}} \tag{8.20}$$

für TE- oder TM-Wellen. Die Darstellung B über V ist das sogenannte B-V-Diagramm. Ein Beispiel dafür ist in Abb. 8.4 für TE-Wellen dargestellt.

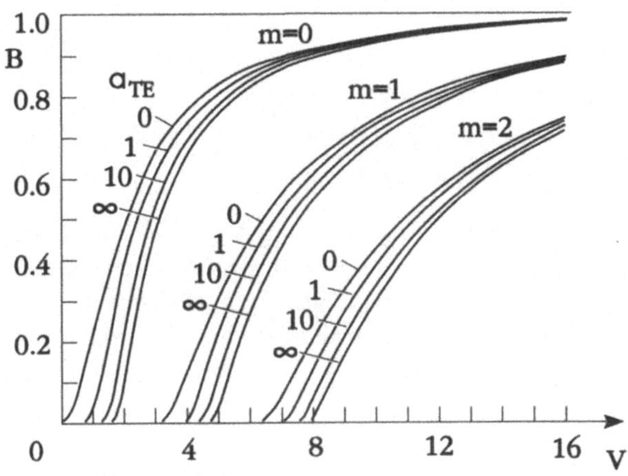

Abb. 8.4: Beispiel eines *B-V*-Diagramms zur Darstellung der Ausbreitungsfähigkeit der Moden einer totalreflektierenden Filmwellenleiterstruktur - nähere Erläuterungen im Text

Die Kurven innerhalb einer Schar entsprechen verschiedenen Asymmetrieparametern. Jede Kurvenschar steht für eine bestimmte Mode, zum Beispiel für die Grundmode mit $m = 0$. Existieren für eine bestimmte Filmdicke h, die auf der Abszisse zu einem bestimmten Wert des Filmparameters führt, mehrere Moden, so haben die Moden mit kleinerem m die größeren effektiven Brechungsindizes. Alle Moden mit $m > 0$ sind erst oberhalb einer bestimmten Grenzfrequenz ausbreitungsfähig.

Bisher war viel von der Ausbreitungsfähigkeit von Wellen die Rede; von Interesse ist häufig auch die Modenform selbst, das heißt, die Verteilung der elektrischen Feldstärke der elektromagnetischen Welle über den Querschnittskoordinaten des Wellenleiters. Zur Bestimmung der Modenverteilung sind die Maxwellschen Gleichungen beziehungsweise die Wellengleichung zurate zu ziehen. Eine Lösung der Wellengleichung zu finden, heißt zunächst, eine Lösung zu raten - wie bei jeder Differentialgleichung. In diesem Fall fällt dies nicht schwer, da einige Dinge über die Mode bereits bekannt sind oder sinnvoll angenommen werden können. So sollten die Wellen in x-Richtung stehende Wellen ergeben, und jenseits des Wellenleiterfilms sollte die Feldstärke quergedämpft sein und damit exponentiell abklingen [TAM 88, HUN 84]. Wenn die Grenze zwischen Substrat und Film als Nullpunkt der x-Koordinate gewählt wird, ergibt sich aus diesen beiden Überlegungen für das Beispiel der

TE-Moden bereits:

$$E_y = E_c \exp(-\alpha_c(x - h)) \exp(-j\beta z) \quad , \qquad x > h, \tag{8.21}$$

$$E_y = E_f \cos(\beta_f x - \Phi_{s_{TE}}) \exp(-j\beta z) \quad , \qquad h \geq x \geq 0, \tag{8.22}$$

$$E_y = E_s \exp(\alpha_s x)) \exp(-j\beta z) \quad , \qquad x < 0. \tag{8.23}$$

Hier taucht wieder der halbe Phasensprung $\Phi_{s_{TE}}$ bei der Reflexion an der Substratseite auf, der im Falle von $x = 0$ als Argument der cos-Funktion erscheint. Der Term $\beta_f = kn_f \cos\alpha_m$ beschreibt die Ausbreitungskonstante der Welle in x-Richtung. Die Ausdrücke α_c und α_s sind keine Einfallswinkel, sondern die Querdämpfungskoeffizienten der Welle in der Deckschicht und im Substrat.

Die Elektrodynamik fordert als Randbedingungen Stetigkeit von E_y und $\partial E_y/\partial x$ an den Grenzflächen für die TE-Wellen (und Stetigkeit von H_y und $\partial H_y/\partial x$ für die TM-Wellen). Um weitere Gleichungen zu erhalten, sollte und muß die Ableitung der wichtigen Feldkomponente nach der x-Koordinate betrachtet werden:

$$\frac{\partial E_y}{\partial x} = -\alpha_c E_c \exp(-\alpha_c(x - h)) \exp(-j\beta z) \quad , \qquad x > h, \tag{8.24}$$

$$\frac{\partial E_y}{\partial x} = -\beta_f E_f \cos(\beta_f x - \Phi_{s_{TE}}) \exp(-j\beta z) \quad , \qquad h \geq x \geq 0, \tag{8.25}$$

$$\frac{\partial E_y}{\partial x} = \alpha_s E_s \exp(\alpha_s x)) \exp(-j\beta z) \quad , \qquad x < 0. \tag{8.26}$$

Aus der erwähnten Stetigkeit bei $x = 0$ und $x = h$ folgt bei Gleichsetzen der Ausdrücke an den Grenzflächen auf beiden Seiten:

$$E_f \cos(-\Phi_{s_{TE}}) = E_s, \tag{8.27}$$

$$-\beta_f E_f \sin(-\Phi_{s_{TE}}) = \alpha_s E_s \tag{8.28}$$

$$\implies \quad \tan(\Phi_{s_{TE}}) = \frac{\alpha_s}{\beta_f}, \tag{8.29}$$

$$E_c = E_f \cos(\beta_f h - \Phi_{s_{TE}}), \tag{8.30}$$

$$-\alpha_c E_c = -\beta_f E_f \sin(\beta_f h - \Phi_{s_{TE}}) \tag{8.31}$$

$$\tan(\beta_f h - \Phi_{s_{TE}}) = \tan(\Phi_{c_{TE}}) = \frac{\alpha_c}{\beta_f}. \tag{8.32}$$

Außerdem folgt aus der Stetigkeit bei $x = 0$:

$$E_s^2 = E_f^2 \cos^2\Phi_{s_{TE}}, \tag{8.33}$$

$$\alpha_s^2 E_s^2 = \beta_f^2 E_f^2 \sin^2\Phi_{s_{TE}} \tag{8.34}$$

Addition der Gln. (8.33) und (8.34) ergibt:

$$E_f^2 \left(\cos^2 \Phi_{s_{TE}} + \sin^2 \Phi_{s_{TE}} \right) = E_s^2 \left(\frac{\alpha_s^2}{\beta_f^2} + 1 \right) \tag{8.35}$$

$$\begin{aligned}
\frac{E_f^2}{E_s^2} &= \tan^2 \Phi_{s_{TE}} + 1 \\[2mm]
&= \frac{n_f^2 \sin^2 \alpha_m - n_s^2}{n_f^2 \cos^2 \alpha_m} + \frac{n_f^2 \cos^2 \alpha_m}{n_f^2 \cos^2 \alpha_m} \\[2mm]
&= \frac{n_f^2 - n_s^2}{n_f^2 \cos^2 \alpha_m} \\[2mm]
&= \frac{n_f^2 - n_s^2}{n_f^2 \cdot (1 - \sin^2 \alpha_m)} \\[2mm]
&= \frac{n_f^2 - n_s^2}{n_f^2 - n_f^2 \sin^2 \alpha_m} \\[2mm]
&= \frac{n_f^2 - n_s^2}{n_f^2 - n_{eff}^2}.
\end{aligned} \tag{8.36}$$

Damit ist:

$$E_s^2 \cdot (n_f^2 - n_s^2) = E_f^2 \cdot (n_f^2 - n_{eff}^2). \tag{8.37}$$

Analog folgt aus der Stetigkeit bei $x = h$:

$$E_c^2 \cdot (n_f^2 - n_c^2) = E_f^2 \cdot (n_f^2 - n_{eff}^2). \tag{8.38}$$

So ist ein eindeutiger Zusammenhang zwischen den Amplituden E_s, E_f und E_c hergestellt. Bis auf die Normierung der Amplituden, die am besten über die Normierung der in einer Mode geführten Leistung erfolgt [EBE 92], sind damit alle Konstanten des Lösungsansatzes bestimmt.

Die Abb. 8.5 und 8.6 geben der Vollständigkeit halber zum Vergleich mit den Abb. 8.3 und 8.4 charakteristische Diagramme zu ARROW-Wellenleitern an. Abbildung 8.5 zeigt eine Film-ARROW-Schichtenfolge und die Profile der ersten drei TE-ARROW-Moden. Die TE$_0$-ARROW-Mode zeigt ein ausgeprägtes Feldstärkemaximum in der Haupt-ARROW-Schicht und kann von Gaußschen Strahlenbündeln sehr gut angeregt werden. Es fällt auf, daß Feldstärke und Energie bei den höheren ARROW-Moden in den Lateralresonatoren deutlich höher sein können als in der Haupt-ARROW-Schicht selbst. Diese höheren Moden, die glücklicherweise durch Gaußsche Strahlenbündel auch sehr schlecht angeregt werden, zeigen aber gegenüber der Grundmode

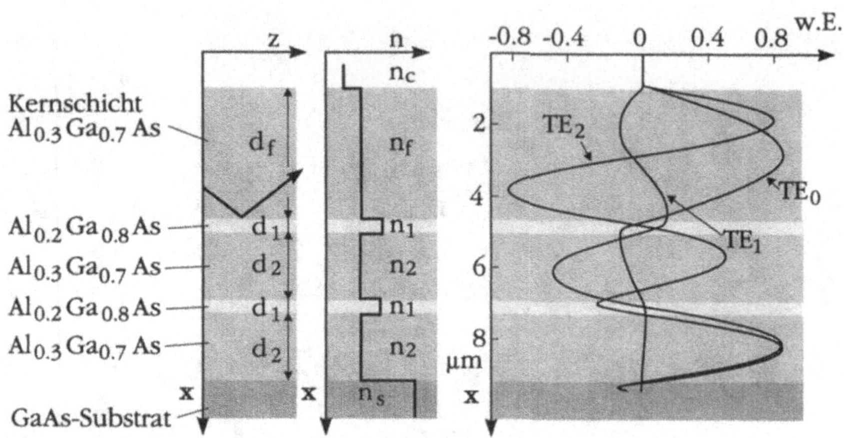

Abb. 8.5: Brechzahlverlauf und Modenformen eines typischen ARROW-Filmwellenleiters

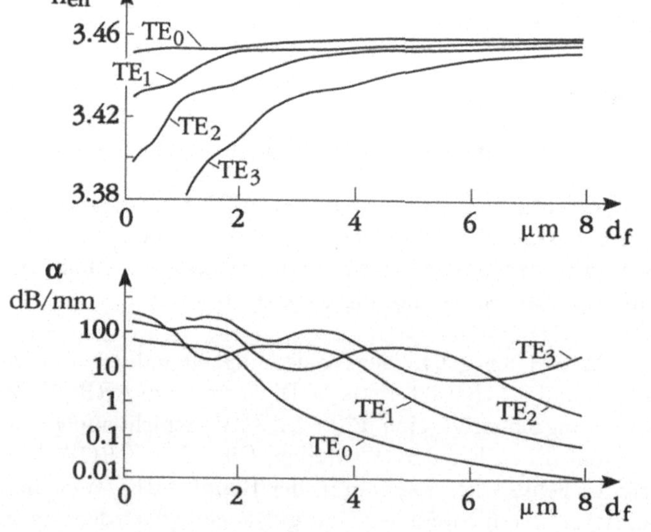

Abb. 8.6: Dispersions- und Dämpfungskurven eines typischen ARROW-Filmwellenleiters (nach Abb. 8.5) als Funktion der Hauptfilmdicke d_f

bereits eine erhebliche Dämpfung, wie der untere Teil von Abb. 8.6 offenbart. In Abb. 8.6 sind die sogenannten Dispersions- und Dämpfungskurven des ARROW als Funktion der Hauptfilmdicke wiedergegeben. Für 4 μm Filmdicke ist die Dämpfung der höheren Moden um mindestens zwei Größenordnungen (für α) höher als die der Grund-ARROW-Mode TE_0. Die Parameter werden so gewählt, daß die höheren Moden eine deutliche größere Dämpfung als die Mode 0 aufweisen, so daß von quasi-monomodigen Wellenleitern gesprochen werden kann. Im oberen Teil des Bildes ist der Verlauf des effektiven Brechungsindex über der Filmdicke - ähnlich wie beim B-V-Diagramm - aufgetragen. Für kleine Indizes der ARROW-Moden ändert sich der effektive Brechungsindex mit der Hauptfilmdicke kaum, da die Antiresonanzen gekoppelter Fabry-Perot-Resonatoren recht breitbandig sind.

Im folgenden soll wieder, wenn nicht anders vermerkt, von Wellenführung aufgrund von Totalreflexion die Rede sein.

Die Existenz eines effektiven Brechungsindex erlaubt die Realisierung von integriert-optischen Bauelementen, die den Lichtweg auch in der seitlichen (horizontalen) Richtung beeinflussen, obwohl eine Wellenführung aufgrund unterschiedlicher Brechzahlen nur in vertikaler Richtung vorliegt. Abbildung 8.7 zeigt drei Ausführungsformen sogenannter Filmlinsen. Nach dem B-V-Diagramm in Abb. 8.4 gibt es verschiedene Möglichkeiten, den effektiven Brechungsindex einer bestimmten Mode einer Filmwellenleiterstruktur zu vergrößern:
- Erhöhung der Filmdicke h,
- Erhöhung der Materialbrechzahl der Deckschicht zur Verringerung der Asymmetrie,
- Erhöhung der Materialbrechzahl des Wellenleiterfilms.
Werden die so veränderten Bereiche in ihrer Form wie die Querschnitte von "normalen" höherbrechenden Sammellinsen ausgelegt, wird ein Strahlenbündel in seitlicher Richtung in gleicher Weise in seinem Verlauf beeinflußt, wie das eine normale Linse zweidimensional für Strahlenbündel im freien Raum bewirken würde. An die Stelle des Brechzahlsprungs tritt hier ein Sprung in den effektiven Brechungsindizes. Lichtstrahlen können so in der seitlichen Richtung kollimiert oder fokussiert werden; natürlich sind auf diese Weise auch richtige Abbildungen in einer Dimension möglich.

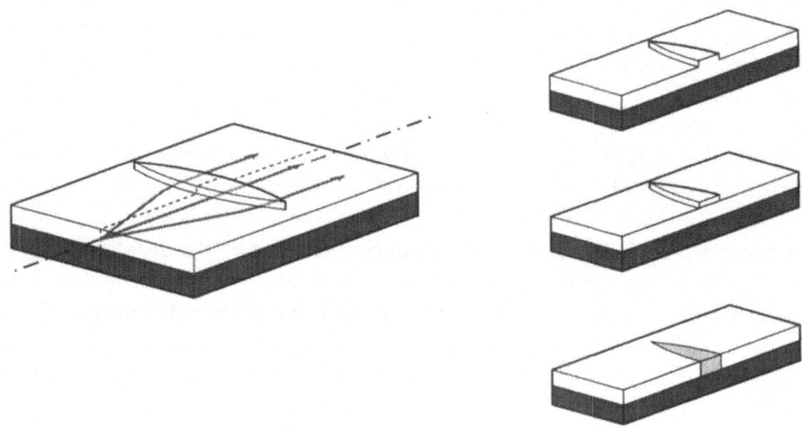

Abb. 8.7: Veranschaulichung der Funktion (links) und des Aufbaus von Filmlinsen (rechts), die auf einer Veränderung des effektiven Brechungsindex in bestimmten Bereichen der Filmwellenleiterstruktur beruhen. Durch Erhöhung der Filmdicke, der Materialbrechzahl der Deckschicht zur Verringerung der Asymmetrie oder der Materialbrechzahl des Wellenleiterfilms zum Beispiel durch entsprechende Dotierung kann der effektive Brechungsindex angehoben werden

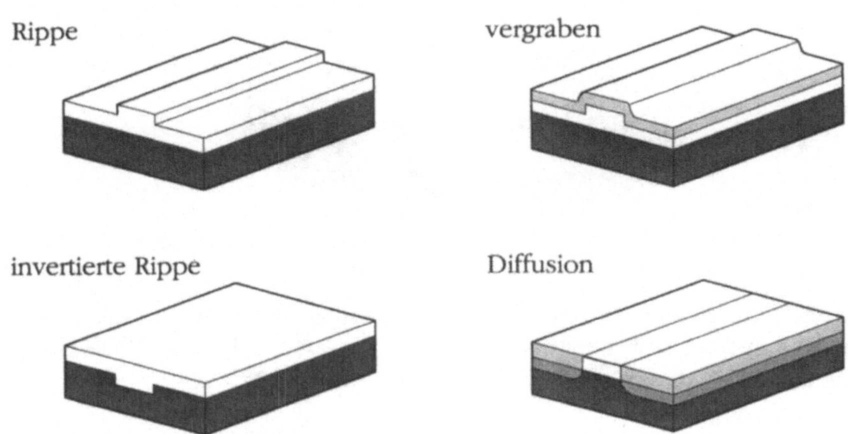

Abb. 8.8: Einige Klassen von Streifenwellenleitern. Die laterale Führung wird in gleicher Weise hervorgerufen wie die laterale Beeinflussung der Wellen bei Filmlinsen nach Abb. 8.7

8.3 Streifenwellenleiter

8.3.1 Prinzip

Von Streifenwellenleitern wird gesprochen, wenn in der Filmebene zusätzlich seitlich eine Wellenführung vorliegt. Dies wird meistens durch eine lateral inhomogene Verteilung des effektiven Brechungsindex erreicht.

An Möglichkeiten zur Veränderung des effektiven Brechungsindex bestehen dieselben, die zur Realisierung von Filmlinsen genutzt werden (vergleiche Abb. 8.7), wobei der wellenleitende Bereich oder seine Umgebung entsprechend verändert werden können. Abbildung 8.8 zeigt einige Klassen von Streifenwellenleitern. Wenn die Dicke der Filmschicht im Streifenwellenleiterbereich erhöht wird, ist von Rippenwellenleitern die Rede, wenn die Verdickung von der Substratseite wegweist. Korrespondiert die Dickenerhöhung zu einer Grube im Substrat, wird von invertierten Rippen gesprochen. Unter rippenbelasteten Wellenleitern, in der Abbildung nicht skizziert, sind solche zu verstehen, bei denen der Hauptfilm selbst nicht verdickt ist, aber die Deckschicht rippenförmig ausgelegt wird; das heißt, die Rippe ist Teil einer Deckschicht. Auch dies erhöht den effektiven Brechungsindex. Wird, wie in Abb. 8.8 zu sehen, eine Rippenwellenleiter noch einmal überwachsen, um geringere Brechzahlsprünge in vertikaler Richtung zu erreichen, wird der Begriff vergrabener

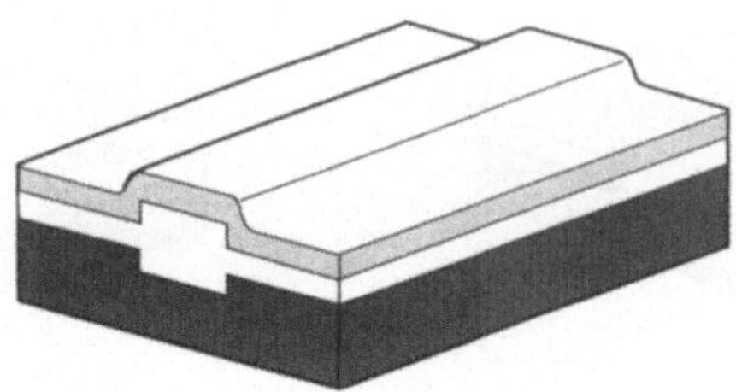

Abb. 8.9: Aufbau eines symmetrischen Wellenleiters zur Erzielung einer möglichst rotationssymmetrischen Modenverteilung, um bei der Ankopplung an Glasfasern geringere Verluste zu erreichen

Wellenleiter gewählt. Durch diese Technik ist es möglich, trotz relativ großer Rippenhöhen und -breiten monomodige Wellenleiter zu erzielen, was für die meisten integriert-optischen Anwendungen erwünscht und erforderlich ist. Ein Streifenwellenleiter kann ebenso verwirklicht werden, wenn durch Eindiffusion oder Ionenimplantation die Materialbrechzahl in lateraler Richtung modifiziert wird.

Eine vergrabene Struktur mit Rippe und invertierter Rippe, wie in Abb. 8.9 skizziert, besitzt den Vorteil einer fast zylindersymmetrischen Feldverteilung. Bei günstiger Wahl der Wellenleiterquerabmessungen und Brechzahlsprünge können so monomodige Wellenleiter realisiert werden, deren Modendurchmesser denen der Mode in Monomodeglasfasern entsprechen. Dadurch können (bei Brechzahl-Anpassung im Zwischenraum zwischen Halbleiterwellenleiter und Glasfaser) sehr hohe Kopplungswirkungsgrade erzielt werden.

In der integrierten Optik sind die Halbleiterwellenleiter in ihrem Querschnitt meist rechteckförmig, so daß der TE- beziehungsweise TM-Charakter der Wellen überwiegend erhalten bleibt. Allerdings gibt es bei der TE-Welle nun auch eine Komponente des elektrischen Felds in der z-Ausbreitungsrichtung; Gleiches gilt für das magnetische Feld bei der TM-Welle. Zur Unterscheidung wird statt von TE- von HE-Wellen gesprochen - und anstelle von TM- von EH-Wellen.

8.3.2   Effektiv-Index-Methode

Die genaue mathematische Beschreibung von Streifenwellenleitern ist sehr aufwendig und oft gar nicht möglich. In vielen Fällen können die Wel-

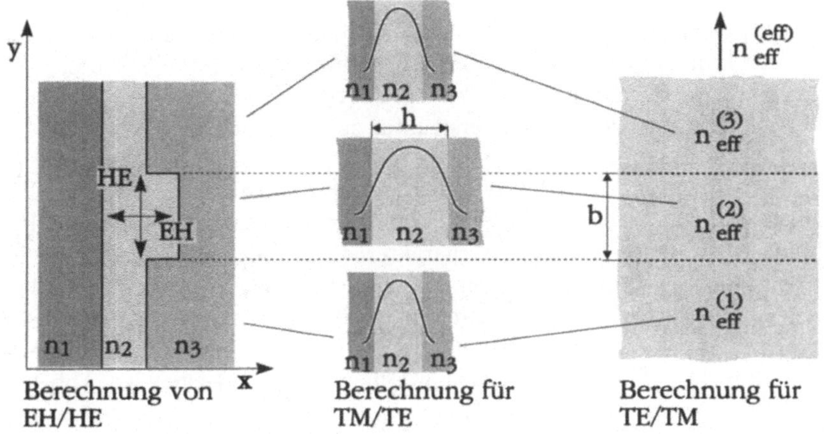

Abb. 8.10: Veranschaulichung des Vorgehens bei der Effektiv-Index-Methode (EIM). Die Darstellung ist um 90° gedreht: "lateral" bedeutet hier im Bild senkrecht

lenführungen für beide transversale Dimensionen aber getrennt betrachtet werden, insbesondere dann, wenn es sich um vergrabene Strukturen mit geringen Sprüngen in den Brechzahlen und den effektiven Brechungsindizes handelt. Die Effektiv-Index-Methode (EIM) zur Beschreibung der Wellenführung in einer Streifenwellenleiterstruktur macht von dieser Näherung Gebrauch und liefert für viele Strukturen aus der Praxis ausreichend genaue Ergebnisse. (Obwohl diese Methode oft recht effektiv ist, sollte nicht der Ausdruck "effektive Index-Methode" verwendet werden, da er den Sachverhalt nicht trifft.)

Abbildung 8.10 veranschaulicht das Prinzip der EIM. Die Streifenwellenleiterstruktur wird in einem ersten Schritt lateral (hier in der Abbildung übereinander dargestellt) in verschiedene Bereiche eingeteilt: in diesem Beispiel in die drei Bereiche [1] diesseits vom Wellenleiterstreifen, [2] dem Wellenleiterstreifen selbst und [3] jenseits vom Wellenleiterstreifen. Jeder dieser Bereiche wird für sich als Filmwellenleiterstruktur mit lateral unendlich ausgedehnten Schichten behandelt; die effektiven Brechungsindizes werden durch Lösen der charakteristischen Gleichung für Filmwellenleitermoden bestimmt. Die so gewonnenen - in diesem Beispiel drei - effektiven Brechungsindizes für jede Mode, $n_{eff}^{(1)}$, $n_{eff}^{(2)}$ und $n_{eff}^{(3)}$, werden in einem zweiten Schritt als Brechzahlen einer Filmwellenleiterstruktur in der Querrichtung aufgefaßt. Durch Lösen der entsprechenden charakteristischen Gleichung wird von dieser Filmwellen-leiterstruktur für jede Mode der effektive Brechungsindex $n_{eff}^{(eff)}$ bestimmt, der dann gewissermaßen als "effektiver effektiver Brechungsindex" der zwei-dimensionalen Streifenwellenleiterstruktur zu sehen ist.

Bei der Anwendung der Effektiv-Index-Methode ist zu überlegen, ob die HE-oder die EH-Moden des Streifenwellenleiters bestimmt werden sollen. Bei HE-Moden ist im ersten Schritt die charakteristische Gleichung für TE-Wellen zu verwenden, weil die HE-Wellen im Hinblick auf die Schichtenfolgen über-wiegend TE-Wellen ähneln. Im zweiten Schritt ist die charakteristische Glei-chung für TM-Wellen zu wählen, da die Vektoren der elektrischen Feldstärke fast senkrecht auf den Grenzflächen zwischen den (im Beispiel der Abb. 8.10 drei) Bereichen stehen und die Wellen somit TM-Wellen in Filmwellenleiter-strukturen ähneln. Für die Berechnung von EH-Wellen verhält es sich genau umgekehrt.

Nicht nur wegen ihrer Ungenauigkeiten muß die Effektiv-Index-Methode mit Vorsicht eingesetzt werden. Zur Erklärung soll hier bei dem Beispiel einer Struktur mit drei lateralen Bereichen geblieben werden. Es sind zweidimen-sionale Strukturen möglich, bei denen der Mittelbereich zwar den höch-sten effektiven Brechungsindex besitzt, die Schichtenfolge aber so ungünstig gewählt wird, daß in lateraler Richtung gar keine Wellenführung möglich sein kann, weil beispielsweise der für Wellenführung eigentlich vorgesehene Streifen im Mittelbereich neben höherbrechenden Materialien in den bei-den Randbereichen liegt. Die Effektiv-Index-Methode täuscht aber eine Wel-lenführung vor, weil im zweiten Berechnungsschritt nur die Folge der ef-fektiven Brechungsindizes der drei Bereiche betrachtet wird. Es wird nicht berücksichtigt, durch welche Schichtenfolgen die effektiven Brechungsindizes zustande kommen. In vielen Fällen ist die Effektiv-Index-Methode aber ein wichtiges und ausreichendes Werkzeug.

8.3.3 "BPM"-Verfahren

Zur Beschreibung integriert-optoelektronischer Strukturen ist nicht nur die Kenntnis der Moden, also der Ausbildung der Welle in den Querdimensio-nen x und y der betrachteten Wellenleiterstruktur, wichtig, sondern auch das Verständnis der Ausbreitung der Welle längs des Wellenleiters - das heißt in z-Richtung. Zur mathematischen Beschreibung der Wellenausbreitung gibt es eine Vielzahl von Verfahren, von denen hier eines herausgegriffen werden soll: das "beam propagation method"-Verfahren, auch im deutschen Sprachgebrauch einfach nur BPM genannt.

Wie bei allen anderen Verfahren wird bei der BPM eine Diskretisierung der Felder in den Quer- und in der Längsdimension vorgenommen und die Ausbreitung schrittweise über kleine Entfernungen Δz längs der Ausbreitungsrichtung vollzogen. Die BPM ist insofern untypisch, als sie - außer zur Rechenzeitverkürzung - kaum eine mathematische Vereinfachung voraussetzt und nicht einmal die Modenprofile am Anfang der Wellenleiterstruktur bekannt sein müssen. Die BPM kann somit als numerisches Experiment - als Simulation - bezeichnet werden. Wird zum Beispiel mit einer nicht idealen (weil nicht dem Modenprofil entsprechenden) Feldverteilung angeregt, nimmt sich der Wellenleiter das passende Profil aus der angebotenen Verteilung heraus und strahlt den Rest ab - genau wie es im Experiment zu beobachten wäre.

Ein Spezialfall der BPM, die sogenannte FFT-BPM, die sich "Fast Fourier Transforms (FFT)" zunutze macht, soll hier behandelt werden. Um der Einfachheit willen, soll nur eine Querschnittsdimension betrachtet werden. Die Reduzierung von zwei (x, y) auf eine Querschnittsdimension (x) kann zum Beispiel mit Hilfe der Effektiv-Index-Methode erfolgen. Das ist keine prinzipielle Einschränkung der BPM. Vielmehr können, wenn es die Rechenzeit zuläßt, zweidimensionale FFTs verwendet werden, um zweidimensionalen Querschnitten direkt gerecht zu werden.

Wie bereits in den Kap. 2 und 3 erläutert, kann eine sich in einer bestimmten Richtung in einer Wellenleiterstruktur ausbreitende Welle entweder als eine ebene Welle mit lateral nicht-konstanter Amplitude (mit einer sogenannten nicht-homogenen Amplitudenverteilung) aufgefaßt oder aus einer Vielzahl homogener ebener Wellen mit unterschiedlicher Ausbreitungsrichtung zusammengesetzt werden. Die zweite Sichtweise wird bei der FFT-BPM verwendet. Insofern kann die FFT mit dem Vorgang der Beugung gleichgesetzt werden, nicht mit einer optischen Abbildung, wie der in Veröffentlichungen häufig zu findende Vergleich mit Linsenwellenleitern suggeriert.

Der Beugung wird Rechnung getragen, indem im Fourier-Raum der N Raumfrequenzen ν_{xl} ($= x_l/(\lambda z) = \frac{1}{\lambda} \tan \beta_l$ mit β_l als Ausbreitungswinkel der l-ten Teilwelle relativ zur optischen Achse) die unterschiedlichen Phasendrehungen der Teilwellen längs des Wegs Δz berücksichtigt werden. Abbildung 8.11 verdeutlicht die Situation. Für die Ausbreitung im Ortsraum wird ein homogener Hintergrundsbrechungsindex n_0 angenommen, etwa der effektive Brechungsindex der Umgebung des Streifenwellenleiters; es gibt aber verschie-

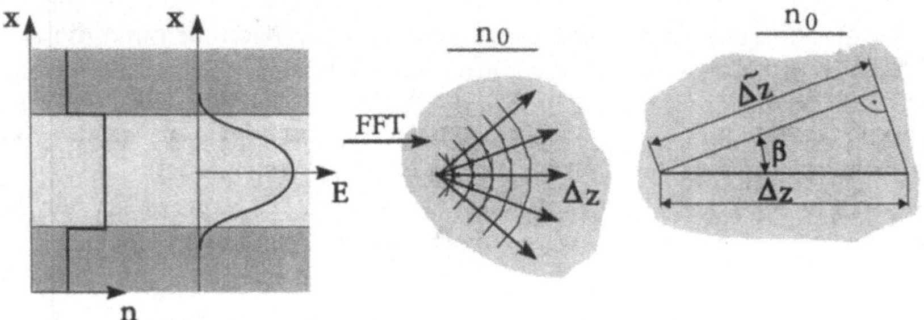

Abb. 8.11: Veranschaulichung der Zerlegung der Feldverteilung in N ebene
Teilwellen mit unterschiedlichen Ausbreitungswinkeln β_l bei der BPM und
der Entstehung der unterschiedlichen Phasendrehungen zwischen ihnen längs
des Weges Δz mit einem homogenen Hintergrundsbrechungsindex n_0

dene Ansätze. Die unterschiedlichen Phasendrehungen der ebenen Teilwellen
längs des Wegs Δz lassen sich folgendermaßen erklären; dabei wird für diese
Darstellung der Einfachheit halber von kleinen Ausbreitungswinkeln β_l ausgegangen, um sin-Ausdrücke durch ihr Argument ersetzen zu können. Für
die l-te Teilwelle mit ihrem Ausbreitungswinkel β_l gilt:

$$
\begin{aligned}
\widetilde{\Delta z_l} &= \Delta z \cdot \cos\beta_l \\
&= \Delta z \cdot \left(1 - 2\sin^2\frac{\beta_l}{2}\right) \\
&\approx \Delta z \cdot \left(1 - 2\frac{\beta_l^2}{4}\right) \\
&= \Delta z - \Delta z \cdot \frac{\beta_l^2}{2}.
\end{aligned}
\tag{8.39}
$$

Daraus folgt für die Phasendrehungsunterschiede relativ zu der Teilwelle mit
dem Ausbreitungswinkel Null:

$$
\Delta\phi_l = \frac{2\pi}{\lambda}n_0 \cdot \left(\widetilde{\Delta z_l} - \Delta z\right) = -\frac{2\pi}{\lambda}n_0\Delta z\frac{\beta_l^2}{2}.
\tag{8.40}
$$

Für N Diskretisierungspunkte in x-Richtung existieren N Raumfrequenzen ν_{xl}. Sie schreiben sich nach der Theorie der FFT [PRE 89, PAP 68]:

$$l < \frac{N}{2}: \qquad n_0 \cdot \nu_{xl} = \frac{l-1}{N \cdot \Delta x}, \tag{8.41}$$

$$l > \frac{N}{2}: \qquad n_0 \cdot \nu_{xl} = -\frac{N+1-l}{N \cdot \Delta x}. \tag{8.42}$$

mit Δx als Abstand der äquidistanten Diskretisierungspunkte in x-Richtung. Der Ausbreitungsterm der in y-Richtung homogen angenommenen Wellen lautet:

$$\exp(j\frac{2\pi}{\lambda}n_0(\sin\beta_l \cdot x + \cos\beta_l \cdot z)) = \exp(j\frac{2\pi}{\lambda}n_0 \sin\beta_l \cdot x) \cdot \exp(j\frac{2\pi}{\lambda}n_0 \cos\beta_l \cdot z). \tag{8.43}$$

Die Raumfrequenz taucht in dem auf die x-Richtung bezogenen Term für $\sin\beta \approx \tan\beta \approx \beta$ auf:

$$\exp(j2\pi n_0 \nu_{xl} x). \tag{8.44}$$

Daraus folgt für kleine Ausbreitungswinkel und $l < N/2$ weiter:

$$n_0 \cdot \nu_{xl} = \frac{l-1}{N \cdot \Delta x}$$

$$\approx \frac{1}{\lambda}n_0 \cdot \beta_l \tag{8.45}$$

$$\beta_l = \frac{\lambda}{n_0} \cdot \frac{l-1}{N \cdot \Delta x} \tag{8.46}$$

Wegen Gl. (8.40) ergibt sich:

$$\Delta\phi_l = -\frac{2\pi}{\lambda}n_0\Delta z \cdot \frac{1}{2}(\frac{\lambda}{n_0} \cdot \frac{1}{N \cdot \Delta x})^2 \cdot (l-1)^2. \tag{8.47}$$

Für $l > N/2$ folgt analog:

$$\beta_l = \frac{\lambda}{n_0} \cdot (\frac{l-1}{N \cdot \Delta x} - \frac{1}{\Delta x}). \tag{8.48}$$

Nach einer Fourier-Synthese - also wieder im Ortsraum - werden die Phasendrehungen $\exp(j(2\pi/\lambda)n(x) \cdot \Delta z)$ längs des Weges Δz für jede Diskretisierungsstelle x als Folge der Brechungsindexverteilung $n(x)$ berechnet. Hierbei können nichtlineare, das heißt intensitätsabhängige Anteile des Brechungsindex berücksichtigt werden. Der Vorgang wiederholt sich für das nächste Ausbreitungsstückchen Δz, bis die Welle in der Simulation am Ende der

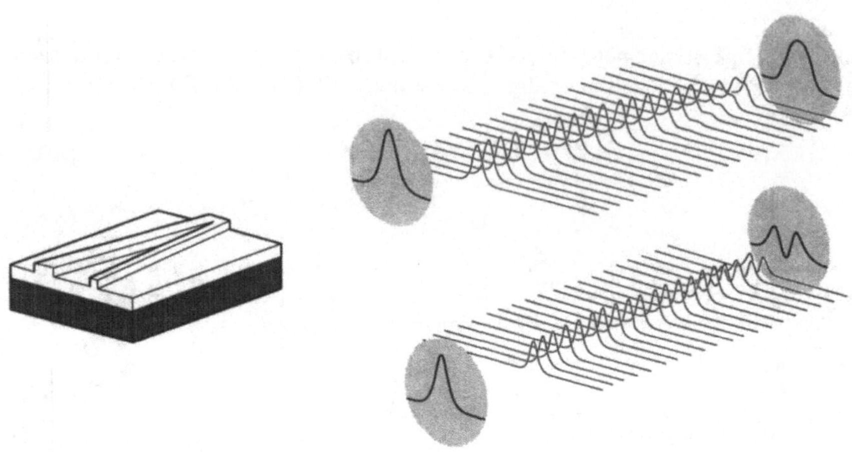

Abb. 8.12: Ausbreitung einer Welle in einer asymmetrischen konvergierenden
Y-Kreuzung, berechnet mit der "beam propagation method" (BPM). Links
ist die Y-Kreuzung skizziert. Im oberen Teilbild rechts ist die Transformation
der Intensitätsverteilungen dargestellt, wenn in den breiteren Wellenleiter
eingekoppelt wird, unten bei Einkopplung in den schmaleren

Struktur angelangt ist.

Abbildung 8.12 zeigt die durch eine BPM-Simulation berechneten Intensitätsverteilungen von Wellen, die sich in einer asymmetrischen, konvergierenden
Y-Kreuzung in typischem Glasmaterial ausbreiten. Der Winkel zwischen den
beiden Eingangsports ist nicht maßstäblich gezeichnet, sondern liegt im Bereich von 1.5 mrad, um der Welle die Möglichkeit zu geben, sich in jedem
Teilabschnitt der Struktur dem neuen Modenprofil anzupassen. Links ist der
weitere Wellenleiter zu sehen. Es wird mit der idealen Feldverteilung angeregt, das heißt mit dem Grundmodenprofil der Brechungsindexverteilung.
Deren beider Form ist aber für diese qualitative Betrachtung unerheblich.
Wird die Welle in den weiteren Wellenleiter eingekoppelt, transformiert sie
sich entlang der Y-Kreuzung in die symmetrische Grundmode des Kreuzungspunkts. Wird sie in den engeren Wellenleiter eingekoppelt, transformiert sie
sich in die antisymmetrische zweite Mode des Kreuzungspunkts, die hier auch
symmetrisch erscheint, da die Intensitäten und nicht die Feldstärken aufgetragen sind. Mit der BPM können viele Experimente vorab simuliert und so
ungünstige Designs von Wellenleiterstrukturen ausgeschlossen werden, bevor
unnötig erheblicher Aufwand in Herstellung und Vermessung der Strukturen

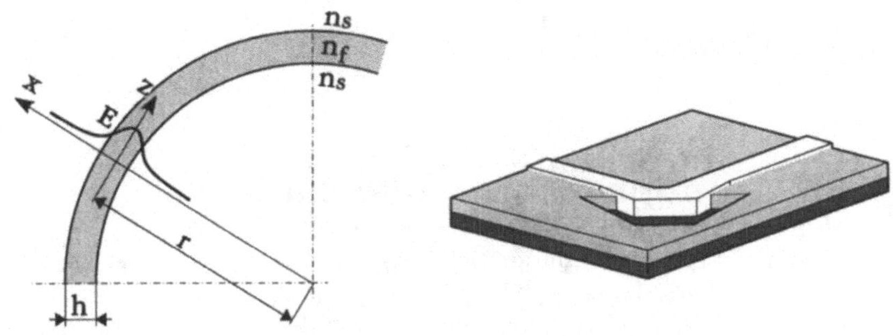

Abb. 8.13: Wellenleiterkrümmung und -knick

gesteckt wird.

8.4 Wellenleiterkrümmungen und -knicke

Wellenleiterkrümmungen und -knicke sind wichtige Elemente im Zusammenhang mit Streifenwellenleitern. Beide sind in Abb. 8.13 angedeutet. - Abstrahlungsverluste sind bei Wellenleiterkrümmungen unausweichlich, denn ab einer bestimmten Entfernung vom Krümmungsmittelpunkt gleicht oder übersteigt die Phasengeschwindigkeit, die linear von der Entfernung vom Wellenleiter nach außen abhängig ist, der Phasengeschwindigkeit der Welle in dem umgebenden Medium der Brechzahl n_s. Ab dieser Entfernung wird die Welle abgestrahlt. Durch geringere Krümmungen, das heißt größere Krümmungsradien, kann diese Entfernung zwar hinausgeschoben werden; aber Verluste sind unvermeidlich. Denn beliebig große Krümmungen sind nicht sinnvoll, da ein wichtiges Merkmal integriert-optoelektronischer Schaltungen ihre Kompaktheit sein sollte. - Eine kompaktere Bauweise erlauben Wellenleiterknicke, bei denen die Struktur im Bereich des Knicks auf der Außenseite des Wellenleiterstreifens zum Beispiel mit reaktiven Ionenstrahlätzverfahren mit geraden Flanken tiefgeätzt wird. Dadurch entsteht ein optischer Übergang von Halbleitermaterial auf Luft, der zur Umlenkung der Welle mittels Totalreflexion (Grenzwinkel $\alpha_g \approx 17°$) ausgenutzt wird. Bei Vernachlässigung von Verlusten aufgrund der Rauhigkeit der Ätzflanken kann die Umlenkung einer Welle mit Hilfe eines Wellenleiterknicks verlustlos erfolgen.

9 Halbleiterlaser

9.1 Grundprinzipien aller Laser

Das Akronym "LASER" steht für "light amplification by stimulated emission
of radiation". Jeder Laser besteht prinzipiell aus drei Baugruppen - wie in
Abb. 9.1a abstrakt skizziert. Es handelt sich um die Pumpe, die für eine Anregung der Teilchen des aktiven Materials sorgt, das aktive Material selbst,
in dem beim Übergang der Teilchen aus dem angeregten in einen tieferener-
getischen Zustand mittels stimulierter Emission Lichtverstärkung stattfinden
kann, und den Resonator, der für eine Rückkopplung der Photonen sorgt, so
daß deren Aufenthaltsdauer im aktiven Material erhöht wird und jedes Photon mehr stimulierte Emissionsprozesse triggert.

In Abb. 9.1b sind die prinzipiellen für die Lasertätigkeit wichtigen Energieniveaus der Elektronen dargestellt. Die Pumpe sorgt für eine Anregung aus
dem Grundniveau auf ein sogenanntes Pumpniveau, das oft als Energieband
existiert. Von diesem Pumpniveau finden bei den meisten aktiven Materialien
strahlungslose Übergänge auf das tiefer gelegene obere Laserniveau statt. Von
dort erfolgt der gewünschte Laserübergang auf das untere Laserniveau unter
Emission von elektromagnetischer Strahlung. Der Übergang in das Grundniveau vollzieht sich in den meisten Fällen strahlungslos.

Die Pumpe kann auf ganz verschiedenen Prinzipien beruhen. Es kann sich um
eine optische Pumpe handeln, bei der Elektronen durch Absorption auf das
Pumpniveau gebracht werden. Es kann sich um Anregung durch Stöße mit
freien Elektronen aus einer Gasentladung handeln. Oder der Injektionsstrom
an einem pn-Übergang kann die Pumpe darstellen, wie es bei Halbleiterlaserdioden der Fall ist. Viele weitere Pumpmechanismen sind je nach aktivem
Material denkbar und sinnvoll.

Oft ist das untere Laserniveau mit dem Grundniveau identisch; dann wird
von einem 3-Niveau-Laser gesprochen. Liegt das untere Laserniveau oberhalb
des Grundniveaus, ist von einem 4-Niveau-Laser die Rede. Die 4-Niveau-
Laser sind günstiger als 3-Niveau-Laser, da bei letzteren jedes auf das untere

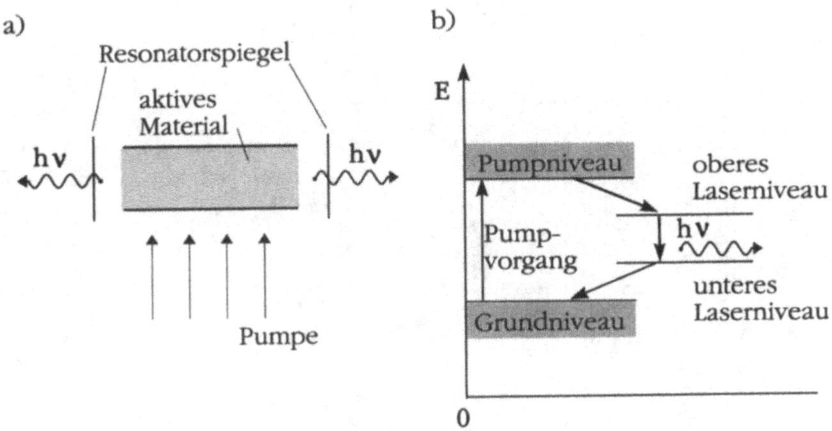

Abb. 9.1: Laserprinzip: a) die drei prinzipiellen Baugruppen (abstrakt) und b) die für Lasertätigkeit wichtigen prinzipiellen Energieniveaus

Laserniveau springende Elektron zwar die gewünschte Strahlung abgibt, aber nicht nur dem Reservoir an angeregten Zuständen verlorengeht, sondern auch für weitere potentiell herabspringende Elektronen einen Zustand in dem langlebigen Grundniveau blockiert.

Obwohl der Ausdruck Laser nur auf stimulierte Emission hindeutet, ist die spontane Emission für das Anschwingen eines Lasers genauso wichtig. Denn zur Triggerung stimulierter Emission müssen genügend geeignete Photonen verfügbar sein, das heißt Photonen, die in ihrer Energie genau dem Laserübergang entsprechen. Die spontane Emission bei einem Elektronenübergang vom oberen zum unteren Laserniveau ist der Prozeß, der diese geeigneten Photonen erzeugt. Liegt - wie oben angedeutet - die Pumpe in Form einer optischen Quelle vor, ist neben der stimulierten und der spontanen Emission auch die dritte Grundform der linearen Wechselwirkungen zwischen Licht und Materie notwendig: die Absorption.

Eine genaue Theorie zum Laser findet sich in [LAU 93] und [SAR 74]. Insbesondere ist die Herleitung der Laserratengleichungen sehr aufschlußreich, die hier nicht wiedergegeben werden kann. Die Laserratengleichungen für einen 3-Niveau-Laser lauten:

$$\frac{dQ}{dt} = -Q + NQ, \tag{9.1}$$

$$\frac{dN}{dt} = p - bN - 2NQ, \tag{9.2}$$

wobei Q der Photonenzahl in einer Mode des Resonators proportional ist; N ist der Besetzungsinversion, also der Differenz der Besetzungszahldichten von oberem und unterem Laserniveau, proportional; p ist ein Maß für die Pumpleistung, b ein Maß für die Verluste. Im Sinne der Lasertheorie ist die aus dem Laserresonator wünschenswerterweise austretende Lichtleistung für den Resonator als Verlust zu werten. Die Gln. (9.1) und (9.2) beschreiben ein nichtlineares Gleichungssystem ($N \cdot Q$ ist das nichtlineare Produkt), das ein sehr komplexes Verhalten zeigen kann - unter anderem deterministisches Chaos. Aber bereits die stationären Lösungen, die die Lösungen des Gleichungssystems

$$\frac{dQ}{dt} = 0 = -Q + NQ, \tag{9.3}$$

$$\frac{dN}{dt} = 0 = p - bN - 2NQ, \tag{9.4}$$

darstellen, geben zusammen mit den physikalisch sinnvollen Randbedingungen und Forderungen

$$Q \geq 0, \tag{9.5}$$
$$b > 0, \tag{9.6}$$
$$p \geq 0 \tag{9.7}$$
$$\tag{9.8}$$

wertvolle Aufschlüsse über Lasertätigkeit. Die beiden stationären Lösungen, hier mit den Superskripten $^{(1)}$ und $^{(2)}$ gekennzeichnet, lauten:

$$Q^{(1)} = 0 \implies N^{(1)} = \frac{p}{b} \tag{9.9}$$

$$Q^{(2)} = \frac{1}{2}(p - b) \impliedby N^{(2)} = 1. \tag{9.10}$$

Die erste Lösung ist trivial: der Laser ist aus. Die zweite Lösung führt wegen $Q \geq 0$ zu der Bedingung:

$$p \geq b, \tag{9.11}$$

der sogenannten Schawlow-Townesschen Anschwingbedingung, die 1958 veröffentlicht und für deren Ableitung der Nobel-Preis zuerkannt wurde. Diese Bedingung war deswegen so revolutionär, weil sie einfach besagt, daß nur genügend stark gepumpt werden muß, um Lasertätigkeit zu erreichen.

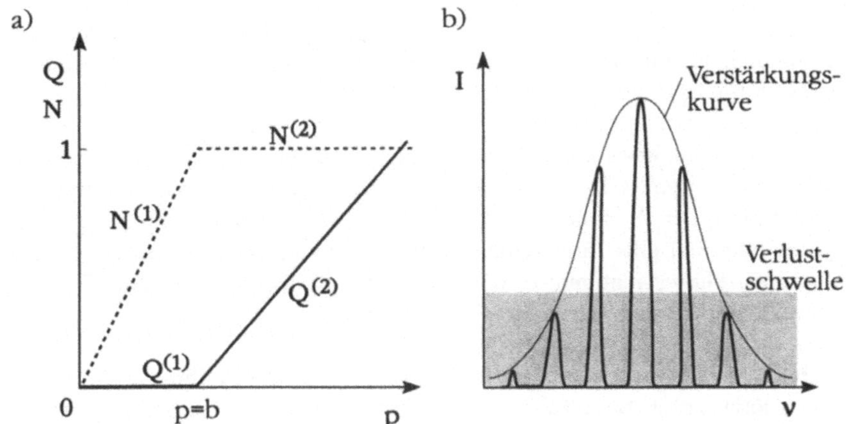

Abb. 9.2: Zum Anschwingen des Lasers: a) Diagramm zur Veranschaulichung der stationären Lösungen der Laserratengleichungen - normierte Photonenzahl Q und normierte Inversion N in Abhängigkeit von der normierten Pumpleistung p; b) Darstellung zum Anschwingen bestimmter Longitudinalmoden des Laserresonators mit der Intensität I als Funktion der Lichtfrequenz ν

Bis dahin war die gängige Meinung, daß eine effiziente Lasertätigkeit nicht möglich sein dürfte. Denn das Verhältnis der Wahrscheinlichkeiten von stimulierter zu spontaner Emission sinkt nach der Einsteinschen Theorie mit der dritten Potenz der Frequenz der elektromagnetischen Strahlung; stimulierte Emission sollte also bei den hohen Frequenzen des Lichts schon recht unwahrscheinlich sein. Die Schawlow-Townessche Theorie widersprach zwar nicht der Einsteinschen, aber besagte, daß nur "ordentlich" gepumpt werden müßte.

Allerdings muß erwähnt werden, daß die Schawlow-Townessche Theorie andere Effekte, wie etwa die Aufheizung des aktiven Materials und etwaige Zerstörung, unberücksichtigt läßt.

In Abb. 9.2a sind die stationären Lösungen der Laserratengleichungen schematisch dargestellt. Bis zu einem bestimmten Pumpleistungswert, der der Verlustleistung entspricht, findet keine Laseremission statt ($Q = 0$). Eine Grundvoraussetzung für Lasertätigkeit besteht darin, daß das obere Laserniveau stärker als das untere besetzt ist, daß also Besetzungsinversion vorliegt - sogar mit einem gewissen Überschuß, um Verluste zu kompensieren. Oberhalb

der Laserschwelle $p = b$ bleibt - in dieser einfachen Theorie - die Besetzungsinversion konstant, und die Photonenzahl steigt linear mit der Pumpleistung.
Typisch für Laser ist diese nach oben abknickende Kennlinie.

Es wurde schon erwähnt, daß für das Anschwingen des Lasers die spontane
Emission notwendig ist. In dieser einfachen Theorie wird sie allerdings bei
der Zählung der Photonen außer Acht gelassen, so daß unterhalb der Laser-
schwelle $Q = 0$ gilt. Eine genauere Theorie müßte die spontan emittierten
Photonen berücksichtigen. In dem Fall hätte die Kurve $Q(p)$ unterhalb der
Schwelle eine leichte von Null verschiedene positive Steigung.

Abbildung 9.2b verdeutlicht noch einmal die Bedingungen für das Anschwingen - jetzt unter Berücksichtigung verschiedener Longitudinalmoden. Die
einfache Theorie zu den Laserratengleichungen geht davon aus, daß sich in
dem Laserresonator, einem Fabry-Perot-Resonator, in Längsrichtung nur eine
einzige stehende Welle ausbilden kann, eine sogenannte Longitudinalmode.
Üblicherweise fallen bei Lasern aber mehrere Longitudinalmoden in den
Verstärkungsbereich des aktiven Materials. Denn er besitzt, wie in Abb. 9.2b
angedeutet, immer eine gewisse Breite; das heißt, es können mehrere stehende Wellen existieren. Von diesen stehenden Wellen haben aber nur einige
so geringe Verluste, daß sie im Sinne des Überwindens der Laserschwelle
anschwingen können - im gezeichneten Beispiel drei. Diese anschwingen-
den Lasermoden konkurrieren innerhalb eines kurzen Einschwingvorgangs
um die Verstärkung miteinander. Die Longitudinalmode mit der größten
Verstärkung wird in einer Kaskade von stimulierten Emissionsprozessen die
Inversion zu ihren Gunsten abräumen und die anderen anschwingfähigen
Longitudinalmoden unterdrücken. Allerdings zeigt sich, daß die Sekundärmodenunterdrückung wegen der immer auch für die Nebenmoden vorhandenen
spontanen Emission nie Unendlich wird. Für viele Anwendungen sind Werte
für die Sekundärmodenunterdrückung von $-30\,\mathrm{dB}$ zufriedenstellend.

Die Longitudinalmoden des Lasers sind also ein (mehr oder weniger)
unerwünschter Nebeneffekt des Laserresonators. In den meisten Fällen
erwünscht ist hingegen die bei vielen Lasern übliche starke Ausrichtung der
Strahlung längs einer bestimmten Achse. Sie ist eine Folge der Ausrichtung des Laserresonators. Denn die verstärkte stimulierte Emission ist in
der Längsrichtung des Resonators besonders ausgeprägt.

9.2 Aufbau von Halbleiterlasern

Bei Halbleiterlasern ist das aktive Material ein Halbleiter mit direkter Bandlücke. Oft gebräuchlich sind die Materialsysteme InGaAsP/InP und AlGaAs/GaAs. Als Resonator dienen die beiden planparallelen Facetten des Halbleiterkristalls, die üblicherweise nicht verspiegelt sind; im Zusammenspiel mit der für Halbleiter typischen großen Verstärkung reicht die normale Reflektivität der Endflächen von ca. 30 % für eine ausreichende Rückkopplung aus. Die Pumpe wird bei Halbleiterlasern, die spezielle pn-Dioden sind, durch Ladungsträgerinjektion in den pn-Übergang unter Vorwärtsspannung dargestellt. Die Elektronen und Löcher rekombinieren mit der gewünschten Lichtemission. Dies ist zwar auch bei normalen Halbleiterleuchtdioden der Fall. Laserdioden werden zusätzlich aber so strukturiert, daß eine effiziente Rückkopplung und Verstärkung bei geringen Pumpströmen stattfinden und somit Lasertätigkeit einsetzen kann. Auf diesen speziellen Aufbau wird in diesem Unterkapitel eingegangen.

Um Besetzungsinversion zu erhalten, müssen die Halbleiter so viele quasi-freie Ladungsträger besitzen (infolge von Dotierung und Injektion), daß die Quasi-Fermi-Niveaus der Elektronen und der Löcher innerhalb der entsprechenden Bänder liegen. Diese von Bernard und Duraffourg 1961 angegebene Bedingung für stimulierte Emission bei Halbleiterlasern soll im folgenden unter der Annahme eines Zwei-Niveau-Systems hergeleitet werden [CAS 78].

Stimulierte Emission, die über das Maß der Absorption hinausgeht, tritt ein, wenn ein Photon mit größerer Wahrscheinlichkeit einen Elektronenübergang auf den Zustand mit kleinerer Energie bewirkt als umgekehrt, das heißt wenn das Photon eher am Prozeß der stimulierten Emission als an dem der Absorption teilnimmt. Demnach muß für die Übergangsraten durch induzierte Emission und durch Absorption für Lasertätigkeit folgende Relation gelten:

$$\frac{dN_{21}^{I}}{dt} > \frac{dN_{12}^{A}}{dt} \tag{9.12}$$

mit N_{21}^{I} und N_{12}^{A} als Anzahldichten der entsprechenden Übergänge. Bei der in Kap. 5 angesprochenen Einsteinschen Ableitung der Planckschen Strahlungsformel wurde mit n_1 und n_2 als Ladungsträgerdichten der Energieniveaus E_1 und E_2 geschrieben:

$$\frac{dN_{21}^{I}}{dt} = I_{21} \cdot n_2 \cdot u(\nu), \tag{9.13}$$

$$\frac{dN_{12}^A}{dt} \;=\; A_{12} \cdot n_1 \cdot u(\nu) \tag{9.14}$$

Die Größen I_{21} und A_{12} sind die schon früher definierten Einstein-Koeffizienten, die ein Maß für die entsprechenden Übergangswahrscheinlich-keiten bilden. Bei dieser Schreibweise wurde vorausgesetzt, daß die Besetzung des angesprungenen Zustands keine Rolle spielte (sonst hätte zum Beispiel in Gl. (9.14) der Faktor $(1 - f(E_2))$ vorkommen müssen). Mit den effektiven Zustandsdichten D_1 und D_2 und der Fermi-Verteilung $f(E)$ über der Energie E galt:

$$n_2 \;=\; f(E_2) \cdot D_2, \tag{9.15}$$
$$n_1 \;=\; f(E_1) \cdot D_1. \tag{9.16}$$

Natürlich konnte für unsere Zwecke das Energieniveau E_2 mit der Leitungs-und das Niveau E_1 mit der Valenzbandkante identifiziert werden.

Für die folgende Herleitung werde angenommen:
- $D_2 = D_1$,
- Die Besetzungswahrscheinlichkeiten des angesprungenen Zustands sollen eine Rolle spielen.
Daraus folgt mit den Gln. (9.13) bis (9.16):

$$\frac{dN_{21}^I}{dt} \;=\; I_{21} \cdot f(E_2) \cdot D_2 \cdot (1 - f(E_1)) \cdot u(\nu), \tag{9.17}$$
$$\frac{dN_{12}^A}{dt} \;=\; A_{12} \cdot f(E_1) \cdot D_1 \cdot (1 - f(E_2)) \cdot u(\nu). \tag{9.18}$$

Nach Gl. (9.12) und $I_{21} = A_{12}$ muß damit gelten:

$$f(E_2) \cdot (1 - f(E_1)) \;>\; f(E_1) \cdot (1 - f(E_2)), \tag{9.19}$$
$$f(E_2) - f(E_2) \cdot f(E_1) \;>\; f(E_1) - f(E_1) \cdot f(E_2). \tag{9.20}$$

Die gleichen Produkte auf beiden Seiten können gestrichen werden; damit ergibt sich:

$$f(E_2) > f(E_1). \tag{9.21}$$

Das heißt mit F_1 und F_2 als Quasi-Fermi-Niveaus von Löchern und Elektro-nen, die bemüht werden müssen, da es sich nicht um das thermodynamische Gleichgewicht handelt:

$$\frac{1}{1 + \exp(E_2 - F_2/(kT))} > \frac{1}{1 + \exp(E_1 - F_1/(kT))}. \tag{9.22}$$

Es folgt aus dieser Relation bei Umkehrung der Relation für den Kehrwert
weiter:

$$1 + \exp(\frac{E_2 - F_2}{kT}) \quad < \quad 1 + \exp(\frac{E_1 - F_1}{kT}), \tag{9.23}$$

$$\exp(\frac{E_2 - F_2}{kT}) \quad < \quad \exp(\frac{E_1 - F_1}{kT}), \tag{9.24}$$

$$\exp(\frac{E_2}{kT}) / \exp(\frac{F_2}{kT}) \quad < \quad \exp(\frac{E_1}{kT}) / \exp(\frac{F_1}{kT}), \tag{9.25}$$

$$\exp(\frac{E_2}{kT}) / \exp(\frac{E_1}{kT}) \quad < \quad \exp(\frac{F_2}{kT}) / \exp(\frac{F_1}{kT}), \tag{9.26}$$

$$\exp(\frac{E_2 - E_1}{kT}) \quad < \quad \exp(\frac{F_2 - F_1}{kT}), \tag{9.27}$$

$$(E_2 - E_1) \quad < \quad (F_2 - F_1), \tag{9.28}$$

was zu beweisen war. Werden die Energieniveaus E_1 und E_2 mit der Valenz-
und der Leitungsbandkante identifiziert, bedeutet dies: die Energiedifferenz
der Quasi-Fermi-Niveaus muß größer als die Bandlückenenergie sein.

Die folgende Beschreibung der historischen Entwicklung zum Halbleiterlaser geht auf [CAS 78] zurück. Schon in der Zeit von 1958 bis 1961, also
schon zu Beginn der Laserforschung und -entwicklung, wurde vorgeschlagen,
direkte Halbleiter als aktives Lasermaterial zu verwenden. Ein quantitati-
ves Verständnis entwickelte sich mit den Arbeiten von Bernard und Duraffourg. Sie und vorher Welker schlugen GaAs und GaSb als für Lasertätigkeit
wahrscheinlich günstig vor. Auch damals wurde schon an Pumpen durch Ladungsträgerinjektion in einen pn-Übergang gedacht. Effiziente Elektrolumi-
neszenz wurde 1962 nachgewiesen. Zu dieser Zeit wurden externe Resonatoren für die notwendige Rückkopplung vorgesehen. Und bei einer Stromdichte
von $1.5 \cdot 10^3$ A/cm^2 wurde eine Einengung des Elektrolumineszenzspektrums
einer GaAs-Diode bei einer Temperatur von 77 K beobachtet.

Von Hall erfolgte der Vorschlag, polierte Endflächen der Dioden als Resonatorspiegel zu verwenden. Kurz danach, das heißt Ende 1962, wurde die erste
kohärente Lichtemission und eine deutliche spektrale Einengung bei einer
auf 77 K gekühlten Diode festgestellt. Es handelte sich um Laserdioden mit
Schichten eines einzigen Material, aber unterschiedlicher Dotierung. Dann
erfolgte ein Wechsel von geschnittenen und polierten Endflächen auf gespal-
tene (englisches Stichwort: "cleaving").

In der Zeit von 1963/64 bis 1966 wurde bereits an den Materialien

$Ga_x In_{1-x} As$, InP und $InP_x As_{1-x}$ Lasertätigkeit nachgewiesen. Dennoch ebbte das Interesse an Halbleiterlasern ab, weil die Schwellstromdichtewerte nicht drastisch gesenkt werden konnten und sich noch oberhalb von $50 \cdot 10^3$ A/cm^2 bewegten. Deswegen war auch noch 1967 kein Halbleiterlaserbetrieb bei Raumtemperatur ohne aufwendige Wärmeableitung möglich.

Ein Ausweg aus diesem Dilemma boten die Heterostrukturen. Damit sind Strukturen mit Schichtenfolgen gemeint, bei denen für die verschiedenen Schichten zwar dasselbe Materialsystem (zum Beispiel $Al_x Ga_{1-x} As$), aber unterschiedliche Zusammensetzungen (im Beispiel mit unterschiedlichem Aluminium-Gehalt x) verwendet werden. Schließt die aktive Zone an einen Bereich aus Material mit größerer Energielücke an, so können die Ladungsträgerrekombination auf einen schmaleren Bereich eingeengt und damit die zum Einsetzen der Lasertätigkeit notwendige Pumpstromdichte deutlich reduziert werden. Zwar waren Heterolaserdioden schon 1963 von Kroemer sowie unabhängig davon von Alferov und Kazarinov vorgeschlagen worden, fanden aber zunächst kaum Beachtung. Kroemer selbst hatte noch an Heterostrukturen mit gänzlich unterschiedlichen Materialien - etwa an GaAs-Ge - gedacht. 1967 wählten Hayashi und Panish GaAs-AlGaAs-Heteroübergänge. Da zunächst nur zu einer Seite des vorgesehenen Rekombinationsbereichs ein Heteroübergang vorlag, wird heute in diesem Zusammenhang von SH ("single heterostructure") - Lasern gesprochen. 1968 erfolgte von Hayashi und Panish und - unabhängig kurz davor - von Alferov et al. der Schritt zu einer Doppelheterostruktur. Jetzt war zu beiden Seiten ein Heteroübergang vorhanden; die Ladungsträgerrekombination wurde auf die aktive Zone beschränkt. Dies führte 1970 in beiden genannten Forschungsgruppen - unabhängig voneinander - zu Laserdioden mit Schwellstromdichten von etwa $1.6 \cdot 10^3$ A/cm^2 bei Raumtemperatur und im kontinuierlichen Betrieb (im sogenannten Dauerstrichbetrieb; englisch: "cw - continuous wave"). Trotz dieses Durchbruchs nahmen selbst 1973 noch Leute an, daß der Halbleiterlaser wegen seiner geringen Ausgangsleistungen niemals sinnvolle Anwendungen finden würde. Wie wir heute wissen, trifft dies ganz und gar nicht zu. Der Halbleiterlaser ist - gerade auch wegen seiner Kompaktheit und der Möglichkeit zur direkten Modulation via Pumpstrom - aus der Praxis nicht mehr wegzudenken.

Am Beispiel einer AlGaAs/GaAs-Laserdiode wird in Abb. 9.3 die typische Schichtenfolge zur Erzielung einer Doppelheterostruktur und deren Energiebandschema wiedergegeben. Statt der Bereiche GaAs, also AlGaAs mit 0 % Aluminium-Gehalt, könnten Bereiche mit nicht-verschwindendem, aber ge-

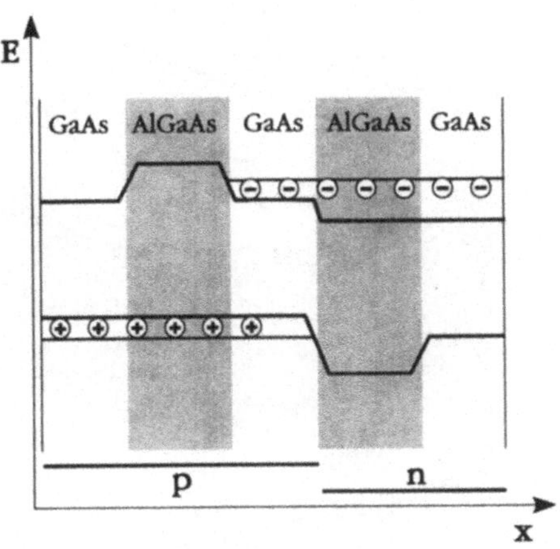

Abb. 9.3: Doppelheterostruktur einer AlGaAs-Halbleiterlaserdiode: Schichtenfolge und vereinfachtes Energiebandschema

ringerem Aluminium-Gehalt als in den anderen Schichten gewählt werden. Das Energiebandschema in Abb. 9.3 ist insofern vereinfachend, als der Sprung in den Bandkanten an den Heteroübergängen nicht nur an einer der beiden Bandkanten (von Valenz- oder Leitungsband) auftritt, sondern in geringerem Maße auch an der jeweils anderen. Entscheidend ist, daß der Sprung für jeweils eine Sorte der Ladungsträger eine Barriere darstellt, die nicht überwunden werden kann. Der erneute Heteroübergang zu den Randbereichen hin (zu den äußeren der fünf in Abb. 9.3 gezeigten Bereiche) ist für die Lasertätigkeit nicht wichtig. GaAs dient als Substrat auf der einen Seite und als hochdotierte Kontaktschicht auf der anderen, so daß eine Struktur mit fünf Schichten resultiert.

Die Doppelheterostruktur der Halbleiterlaserdioden hat, wie schon erwähnt, zu allererst die Aufgabe, die Ladungsträgerrekombination auf einen schmalen Film zu beschränken, so daß der sogenannte Schwellstrom zum Überschreiten der Laserschwelle gering gehalten werden kann. Gleichzeitig sorgt diese Schichtenfolge für eine Führung des Lichts in der Richtung senkrecht zu den Oberflächen der Schichten; denn die aktiven Filme sind (nicht nur im Materialsystem AlGaAs) Schichten kleinerer Bandlücke, aber auch höherer Brechzahl, so daß Wellenführung aufgrund von Totalreflexion ausgenutzt werden kann. Auch diese Tatsache führt zu einer sehr effizienten Verstärkung des Lichts durch stimulierte Emission.

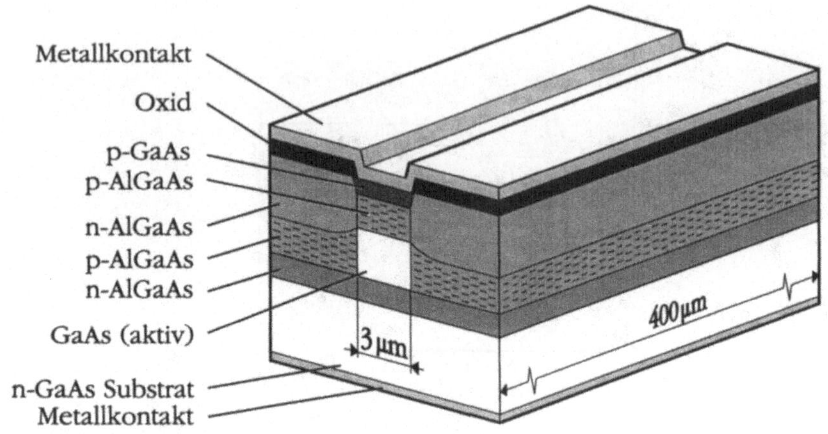

Abb. 9.4: Laserdiode vom Typ "buried heterostructure (BH)" am Beispiel
des Materialsystems AlGaAs - nicht maßstäblich gezeichnet

Die Beschränkung des Ladungsträgerflusses und der Photonen auf einen kleinen Bereich ist nicht nur in der vertikalen Richtung (senkrecht zu den Schichtenoberflächen) wichtig, sondern auch horizontal. Eine typische Halbleiter-
laserstruktur, die diese Bedingungen gewährleistet und von der viele andere
ähnliche Typen abgeleitet sind, ist die in Abb. 9.4 dargestellte BH ("buried
heterostructure" - vergrabene Heterostruktur) - Laserdiode, in diesem Beispiel für das Materialsystem AlGaAs wiedergegeben. Die Führung der Wellen in einem schmalen Bereich, der aktiven Zone, wird durch einen höheren
Aluminium-Anteil in den horizontal an die aktive Zone anschließenden Bereichen erzielt. Laserdioden, bei denen auch in der horizontalen Richtung
eine Wellenführung aufgrund einer für Totalreflexion geeigneten Brechungsindexverteilung ermöglicht wird, werden indexgeführte Laserdioden genannt.
Im Gegensatz dazu stehen die heute kaum noch üblichen gewinngeführten
Dioden, bei denen die unter der Streifenelektrode besonders ausgeprägte
Verstärkung effektiv zu der Ausbildung einer aktiven Zone führt.

Auch in der horizontalen Richtung ist es sinnvoll und notwendig, den Fluß
der Ladungsträger, die rekombinieren sollen, auf einen schmalen Bereich zu
begrenzen. Dieses Ziel wird bei indexgeführten Laserdioden dadurch erreicht,
daß in den Bereichen neben der aktiven Zone Schichtenfolgen gewählt werden, die einen weiteren entgegengerichteten pn-Übergang enthalten. Wird
der pn-Übergang im Bereich der aktiven Zone mit einer Vorwärtsspannung

beaufschlagt, ist der zusätzliche pn-Übergang in den Nachbarbereichen in Sperrichtung vorgespannt. Ein Ladungsfluß seitlich an der aktiven Zone vorbei ist damit - wie gewünscht - kaum möglich.

Die Effektivität dieser und ähnlicher Laserdiodenstrukturen wird mit einer aufwendigen Herstellung erkauft. Die unterschiedlichen vertikalen Schichtenfolgen im Bereich der aktiven Zone einerseits und in den lateral benachbarten Gebieten andererseits erfordern zwei epitaktische Schritte. Denn zunächst ist die Schichtenfolge des mittleren Bereichs der aktiven Zone aufzuwachsen. Danach müssen die Randbereiche weggeätzt werden. Dann werden die Schichtenfolgen der Nachbargebiete mit der einebnend wirkenden Flüssigphasenepitaxie aufgewachsen, bevor schließlich das Oxid und die Metallelektrode aufgedampft werden.

Die vorgestellte BH-Laserdiode fällt in die Klasse der sogenannten Kantenemitter, bei denen das Licht aus zwei Seiten der Schichtenfolgen austritt - und nicht etwa senkrecht zu den Schichtenoberflächen wie bei oberflächenemittierenden Laserdioden, die in Unterkapitel 9.5 angesprochen werden werden. Neben der BH-Laserstruktur ist eine Fülle von verschiedenen Aufbauarten von Laserdioden vorhanden, die in dieser Einführung nicht behandelt werden können. Ein guter Überblick über die verschiedenen Strukturen ist in [UNG 92, EBE 92] zu finden.

9.3 Eigenschaften von Halbleiterlasern

Unter dem Begriff Eigenschaften könnten eine Vielzahl von charakteristischen Verhaltensweisen von Laserdioden in den verschiedensten Betriebsarten und Anwendungsbereichen angesprochen werden. Hier sollen vier Themen behandelt werden: die Verstärkung in einer allgemeinen Formulierung (die auch für andere Laser zutrifft), das Modulationsverhalten, die Durchstimmung mit externem Gitterresonator und das Temperaturverhalten.

Für die Berechnung der Feldstärke, die von der als aktiver Fabry-Perot-Resonator verstandenen Laserdiode emittiert wird, müssen Absorption und Verstärkung durch Anwendung der komplexen Brechzahl berücksichtigt werden:

$$\eta = n - j\kappa, \tag{9.29}$$

wobei der Extinktionskoeffizient κ durch die Beziehung

$$\kappa = \frac{\alpha\lambda}{4\pi} = \frac{(\alpha_i - g)\lambda}{4\pi} \tag{9.30}$$

mit dem Intensitätsabsorptionskoeffizienten α verknüpft ist. Die Größen α_i und g stellen in dieser Reihenfolge die intrinsischen Verluste und die Verstärkung dar. Unter Verstärkung ist an dieser Stelle eine Brutto-verstärkung zu verstehen, von der die Verluste durch Absorption etc. noch abzuziehen sind ($-\alpha = g - \alpha_i$). Erst wenn diese Differenz positiv wird (α also negativ), liegt eine wirkliche Verstärkung (eine Nettoverstärkung) im Sinne des Wortes LASER vor. Die komplexe Brechzahl führt auf eine komplexe Ausbreitungskonstante:

$$\gamma = \frac{2\pi}{\lambda}\eta \tag{9.31}$$

$$= \frac{2\pi}{\lambda}n - j\frac{\alpha_i - g}{2} \tag{9.32}$$

$$= \beta - j\frac{\alpha_i - g}{2} \tag{9.33}$$

mit β als reelle Ausbreitungskonstante. Damit ergibt sich für den Ausbreitungsterm einer Welle längs einer Resonatorlänge d:

$$\exp(-j\gamma d) = \exp(-j\frac{2\pi}{\lambda}nd) \cdot \exp(-\frac{\alpha_i - g}{2}d) \tag{9.34}$$

und für die von einem aktiven Fabry-Perot-Resonator transmittierte Feldstärke (Kap. 2):

$$E_t = E_0 \frac{t_1 t_2 \exp(-j\gamma d)}{1 - r_1 r_2 \exp(-2j\gamma d)} \tag{9.35}$$

mit E_0 als einfallende Feldstärke und t_1, t_2, r_1 und r_2 als Amplitudentrans-missions- beziehungsweise -reflexionskoeffizienten der vorderen (Index $_1$) und der hinteren Facette (Index $_2$). Auch wenn es sich bei Gl. (9.35) um eine statische Gleichung handelt, die direkt zur Dynamik des Anschwingens einer Laserdiode nichts aussagen kann, gibt sie indirekte Aufschlüsse über das dynamische Verhalten eines Lasers. Die Gleichung hat Polstellen dort, wo der Nenner Null wird. Genau an diesen Stellen gilt die Gleichung natürlich nicht mehr. In diesen Fällen würde eine Welle mit endlicher Amplitude im Fabry-Perot eine transmittierte Welle mit unendlich hoher Amplitude er-geben. Diese Polstellen sind die Stellen, bei denen es überhaupt zu einer nennenswerten Nettoverstärkung im Sinne der Lichtverstärkung durch stimulierte Emission kommen kann. Selbst wenn es noch an anderen Stellen möglich wäre, würden sich letztlich diese Stellen als Stellen maximaler Verstärkung herausbilden, da sie in einem Einschwingvorgang mit allen anderen um die aufgebaute Inversion konkurrieren und die geringsten Verluste zeigen. Der Nenner wird Null für:

$$r_1 r_2 \exp(-2j\gamma_{th}d) = 1. \tag{9.36}$$

Hier wird der Index $_{th}$ für die Ausbreitungskonstante γ und gleich auch für die Verstärkung g gewählt, weil es sich um die Bedingung für die potentielle Schwelle (englisch: "threshold") zum Anschwingen von Lasermoden, die sogenannte Schwellbedingung, handelt. Es gilt weiter:

$$r_1 r_2 \cdot \exp(-2jd(\frac{2\pi}{\lambda}n - j\frac{\alpha_i - g_{th}}{2})) = 1, \tag{9.37}$$

$$r_1 r_2 \cdot \exp((g_{th} - \alpha_i)d) \cdot \exp(-j\frac{2\pi}{\lambda}n(2d)) = 1. \tag{9.38}$$

Der Ausdruck kann nur reell sein, wenn für die Phase folgendes gilt:

$$\frac{2\pi}{\lambda}n(2d) = m \cdot 2\pi, \qquad m = 0, 1, 2, \ldots . \tag{9.39}$$

Dann ist der zweite Exponentialfaktor Null, und die stehende Welle paßt in den Resonator mit der Umlauflänge $2d$. Der Faktor m ist die Kennzahl der einzelnen longitudinalen Lasermoden. Für die Amplitude gilt unter der Phasenbedingung nach Gl. (9.39):

$$r_1 r_2 \exp((g_{th} - \alpha_i)d) = 1. \tag{9.40}$$

Die intrinsischen Verluste beinhalten Materialabsorption und Streuverluste. Für realistische Schwellstromdichten zwischen 1 und $10\,\mathrm{kA/cm^2}$ sind in Halbleiterlasern durchaus Bruttoverstärkungen mit $g \approx 100\,\mathrm{cm^{-1}}$ üblich - gegenüber intrinsischen Verlusten im Kristall von $\alpha_i \approx 10\,\mathrm{cm^{-1}}$. Damit haben Halbleiterlaser gegenüber anderen Lasern sehr große Nettoverstärkungen $(g - \alpha_i)$.

Aus der Bedingung für die Amplitude in Gl. (9.40) ergibt sich für die Schwellverstärkung:

$$(g_{th} - \alpha_i)d = \ln\frac{1}{r_1 r_2} = -\ln(r_1 r_2), \tag{9.41}$$

$$g_{th} = \alpha_i - \frac{1}{d}\ln(r_1 r_2), \tag{9.42}$$

$$g_{th} = \alpha_i - \frac{1}{d}\ln\mathcal{R} \tag{9.43}$$

mit

$$r_1 = r_2, \tag{9.44}$$

$$\mathcal{R} = |\, r_1\, |^2, \tag{9.45}$$

wobei $\mathcal{R}$ die Reflektivität des Resonators angibt. Der Ausdruck $\ln \mathcal{R}$ ist immer negativ, da $\mathcal{R}$ immer kleiner als Eins ist. Das bedeutet, daß die Bruttoverstärkung (g) zum Anschwingen des Lasers die intrinsischen Verluste sowie die Verluste durch die Auskopplung des gewünschten Lichts kompensieren muß. Je größer die Reflektivität $\mathcal{R}$, desto weniger wird in Gl. (9.43) zu der intrinsischen Absorption hinzuaddiert, desto weniger Verluste muß die Bruttoverstärkung (g) kompensieren.

Die hohe Verstärkung von Halbleiterlasern ist umso erstaunlicher, wenn bedacht wird, daß zwar in horizontaler Richtung durch die Lateralstruktur des Bauelements und eine Breite der aktiven Zone um $2\,\mu$m eine gute Führung der Welle gegeben ist, demgegenüber aber in der vertikalen Richtung das Feld wegen der geringen Dicke der aktiven Zone von 0.1 bis $0.2\,\mu$m (wegen der Notwendigkeit zur Reduktion der Schwellstromdichte) nur zu einem geringen Maß auf die aktive Schicht beschränkt ist. Dieser Situation trägt die Gl. (9.43) keine Rechnung, für die von einer homogenen Absorption und Bruttoverstärkung für die gesamte Welle ausgegangen wird. In Wirklichkeit sind nur etwa 10 bis 20 % der Energie der Welle in der Wellenleiterschicht konzentriert; der weitaus größere Teil steckt in den evaneszenten (quergedämpften) Feldanteilen. Das Maß für die Einschränkung der Energie auf den Hauptführungsbereich (das heißt auf die aktive Zone) ist der sogenannte Füllfaktor Γ (englisch: "confinement factor"):

$$\Gamma = \frac{\displaystyle\int_{-h_y/2}^{h_y/2} \int_{-h_x/2}^{h_x/2} |\, E_y(x,y)\, |^2 \, dx\, dy}{\displaystyle\int_{-\infty}^{\infty} \int_{-\infty}^{\infty} |\, E_y(x,y)\, |^2 \, dx\, dy}, \tag{9.46}$$

hier mit h_x und h_y als Höhe und Breite der aktiven Zone, als Beispiel für die HE-Welle eines Streifenwellenleiters formuliert.

Trotz des geringen Füllfaktors führen die hohen Verstärkungen der aktiven Halbleitermaterialien zu hohen Lichtausbeuten. Bei intrinsischen Wirkungsgraden η_i (die die Mechanismen der Lichterzeugung gegenüber den nichtstrahlenden Rekombinationsprozessen und den Anteil der stimulierten Emission berücksichtigen) von etwa 65 bis 90 % ergeben sich Wirkungsgrade der

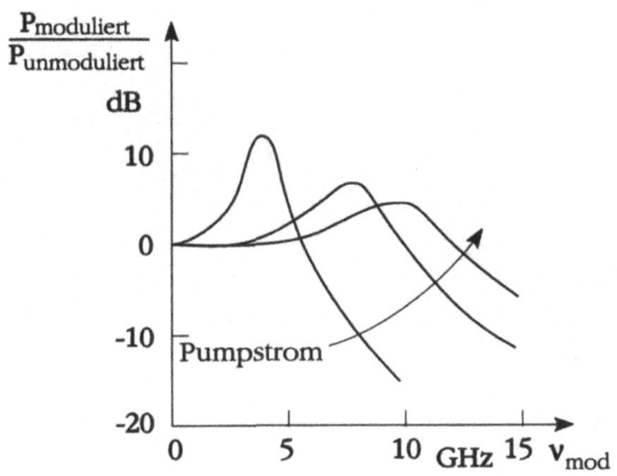

Abb. 9.5: Pumpstrom-Modulationsverhalten einer typischen Laserdiode

Lichtausbeute η von 50 bis 80 %, bei denen die Verluste durch Absorption im Resonator und durch Auskopplung von Licht einbezogen sind:

$$\eta = \eta_i \frac{g_{th} - \alpha_i}{g_{th}} = \eta_i \frac{1}{1 - \alpha_i d / \ln \mathcal{R}}. \tag{9.47}$$

Eine weitere wichtige Größe ist der Konversionswirkungsgrad $\tilde{\eta}$, der die optische Ausgangsleistung P auf die elektrische Pumpleistung $I \cdot V$ bezieht:

$$\tilde{\eta} = \frac{P}{IV}. \tag{9.48}$$

Konversionswirkungsgrade über 50 % werden erreicht.

Für Anwendungen besonders in der optischen Nachrichtentechnik (Übertragung via Glasfasern) ist besonders das dynamische Verhalten der Laseremission bei Hochfrequenzmodulation des Pumpstroms von Interesse. Denn häufig werden Informationen in Bitfolgen dargestellt (Stichwort Pulscodemodulation). Der Laser wird bis an seine Schwelle mit einer Durchlaßspannung vorgespannt. Ein kleines Modulationssignal bringt ihn über die Schwelle, wodurch gleichzeitig die Lichtausgangsleistung moduliert wird. Abbildung 9.5 zeigt das dynamische Verhalten einer typischen Laserdiode. Aufgetragen ist die auf die Lichtleistung ohne Pumpstrommodulation normierte Lichtausgangsleistung in logarithmischer Darstellung über der Modulationsfrequenz ν_{Mod}. Der Pfeil an der Kurvenschar gibt aufsteigenden Gleichvorstrom an

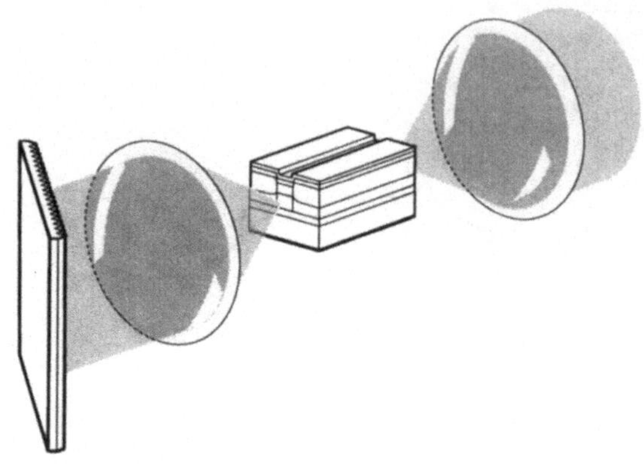

Abb. 9.6: Halbleiterlaserdiode mit externem Gitterresonator. Die Linsen dienen zur Kollimation des Lichts. Das externe Beugungsgitter befindet sich in
Littrow-Anordnung. Über dieses Gitter wird eine bestimmte Wellenlänge in
die aktive Zone des Lasers zurückgekoppelt und dort bevorzugt verstärkt.
Mittels Drehung des Gitters kann die Laserdiode in ihrer Emissionswellenlänge durchgestimmt werden

- in allen Fällen oberhalb des Schwellstroms. Es zeigt sich ein deutliches Resonanzverhalten. Je höher der Pumpvorstrom, desto höher liegt die Reso-
nanzfrequenz für die Modulation. Modulationsfrequenzen von einigen 10 GHz
werden für kapazitätsarme Diodentypen standardmäßig erreicht. Bei der Verwendung von Modulationsfrequenzen im Gigahertz-Bereich ist zu bedenken,
daß das spektrale Verhalten der Laserdiodenemission verändert wird. Se-
kundärmodenunterdrückungen von $-30\,\mathrm{dB}$ sind dann kaum noch zu erreichen. Denn letztlich befindet sich der Laser ständig im Einschwingvorgang,
bei dem - wie gehabt - die Photonen der verschiedenen Longitudinalmoden
um die vorhandene Inversion miteinander konkurrieren.

Direkte Halbleiter ermöglichen Laser mit einer großen spektralen Bandbreite
der Verstärkung von etwa 30 nm. In vielen Anwendungen (mit oder ohne
Pumpstrommodulation) muß die Wellenlänge maximaler Emission durch-
stimmbar sein. Hierzu kann ein dispersiver externer Resonator dienen, in dem
ein Reflexionsbeugungsgitter verwendet wird. Die prinzipielle Anordnung ist
in Abb. 9.6 wiedergegeben. Um eine Durchstimmung mit hoher Sekundärmodenunterdrückung und über einen großen Spektralbereich zu erzielen, sollte

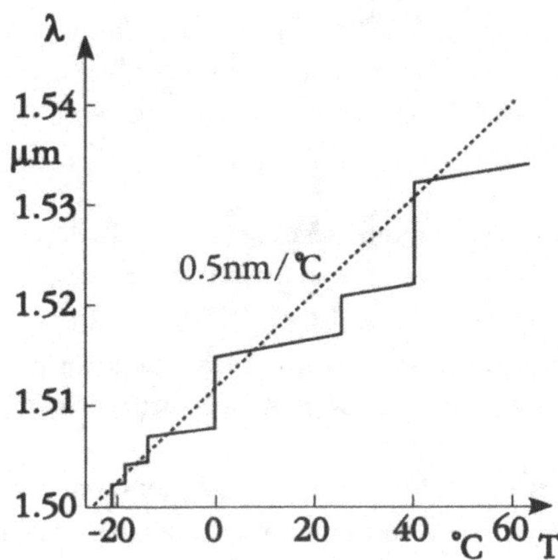

Abb. 9.7: Temperaturverhalten einer kantenemittierenden Laserdiode: Emissionswellenlänge λ einer InGaAsP/InP-Laserdiode in Abhängigkeit von der Temperatur T. Die Sprünge resultieren aus Modensprüngen infolge spektraler Verschiebungen des Verstärkungsprofils, die allmählichen Veränderungen zwischen den Modensprüngen aus der Temperaturabhängigkeit der Brechzahl

die Endfacette der Laserdiode, die dem Gitter zugewandt ist, entspiegelt werden. Der Laserresonator wird von der anderen Laserfacette und dem reflektierenden Gitter gebildet, wobei natürlich nur die Teillänge der Laserdiode mit aktivem Material "angefüllt" ist. Es handelt sich um eine Littrow-Anordnung des Gitters. Teile der 1. Ordnung werden genau entgegengesetzt zur einfallenden Strahlung zurückgebeugt und in die aktive Zone zurückgekoppelt. Die angebotenen Photonen werden bevorzugt verstärkt, so daß sich in einem Einschwingvorgang die Hauptmode herausbildet. Bei leichter Drehung des Gitters kann eine andere Wellenlänge aus der 1. Ordnung zurückgekoppelt werden; der Laser wird so zur Emission auf einer anderen Mode gezwungen, die dann Hauptmode wird.

Zur spektralen Durchstimmung einer Laserdiode kann in gewissen Grenzen die Temperaturabhängigkeit des effektiven Brechungsindex und des Verstärkungsprofils genutzt werden. Abbildung 9.7 gibt das typische Verhalten eines Kantenemitters wieder. Die Steigung der Bereiche zwischen den Sprüngen ist auf die Abhängigkeit des effektiven Brechungsindex von der Temperatur zurückzuführen. Die Sprünge resultieren aus Modensprüngen als Folge der spektralen Verschiebung des gesamten Verstärkungsprofils

$g = f(\lambda)$. Denn durch diese Verschiebung kann es dazu kommen, daß plötzlich eine andere Mode die höchste Verstärkung besitzt, weil sie näher an dem "verrutschten" Maximum der Verstärkungskurve liegt als die bisherige Hauptmode.

Obwohl die Temperaturabhängigkeit beschränkt zur Durchstimmung genutzt werden kann, tritt sie in den meisten Anwendungen als Störung auf. Denn häufig kommt es ohne Abschirmung durch Temperaturschwankungen in der Umgebung zu Temperaturänderungen in der Laserdiode und speziell in der aktiven Zone, so daß ungewollte Modensprünge auftreten können.

Es bleibt noch anzumerken, daß die geringen Querschnittsabmessungen der aktiven Zone von etwa $2\,\mu\mathrm{m} \cdot 0.1\,\mu\mathrm{m}$ beugungsbedingt zu den im Vergleich zu anderen Lasern relativ breiten Strahlkeulen für Kantenemitter von etwa $\pm 5°$ in der einen und $\pm 12°$ in der anderen Richtung führen. Typische Lichtausgangsleistungen betragen $10\,\mathrm{mW}/\mathrm{Facette}$ bei Schwellströmen um einige $10\,\mathrm{mA}$.

9.4 Halbleiterlaser mit quantenmechanischen Strukturen

Noch höhere Verstärkungen als bei normalen Halbleiterlaserdioden sind bei Lasern mit quantenmechanischen Strukturen zu erwarten, also bei Strukturen mit charakteristischen Abmessungen im Bereich von einigen $10\,\mathrm{nm}$, bei denen die Ladungsträgerbeweglichkeit eingeschränkt ist. Dies ist auf die erhöhten Zustandsdichten D an den Bandkanten zurückzuführen, die stärkere Inversionen zulassen ($\int D(E)\,dE$ ist dabei nicht erhöht). Durch die hohe Verstärkung sind mit geeigneten Quantenstruktur-Lasern Schwellströme deutlich unter $1\,\mathrm{mA}$ erreichbar.

Im einfachsten Fall handelt es sich um eine Einengung in einer Dimension und einen einzelnen Quantenfilm. Dann ist der Füllfaktor so gering, daß die hohe Verstärkung im Quantenfilm kaum ausgenutzt werden kann. Um die Welle auf einen kleineren Bereich um den Quantenfilm zu beschränken und dadurch den Füllfaktor zu erhöhen, muß eine Überstruktur in der Brechzahlverteilung vorgesehen werden. Abbildung 9.8 zeigt das Prinzip eines solchen GRINSCH-Lasers. Die Abkürzung steht für "graded index separate confinement heterostructure". Wichtig ist die Einschränkung der Welle auf einen kleineren Bereich durch eine Brechzahlverteilung mit allmählichen Übergängen. Diese

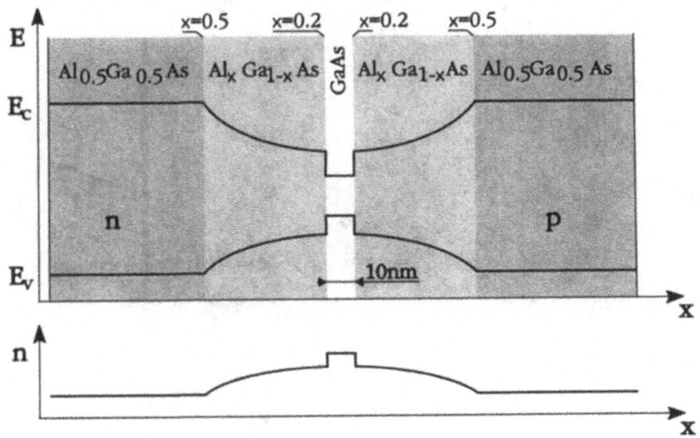

Abb. 9.8: Prinzip einer GRINSCH-Laserdiode mit Einschränkung der Welle auf einen kleineren Bereich durch eine Brechzahlverteilung mit allmählichen Übergängen: Energiebandschema $E = f(x)$ des pn-Übergangs (oben) mit Durchlaßspannung, die in dieser Zeichnung gerade das Diffusionspotential ausgleicht, sowie Brechzahlprofil

Struktur erhöht den Füllfaktor der Welle im Hinblick auf die Quantenfilmschicht. Dadurch kann die hohe Verstärkung im Quantenfilm besser genutzt werden. Schwellströme von wenigen Milliampere werden mit dieser Struktur durchaus erreicht.

Die Herstellung von GRINSCH-Lasern ist relativ kompliziert. Denn der erste Epitaxieschritt beinhaltet zum Beispiel ein MBE-Wachstum mit kontinuierlicher Veränderung der Materialzusammensetzung und damit der Brechzahl.

Zur Erhöhung des auf die Quantenfilme bezogenen Füllfaktors können statt des GRINSCH-Aufbaus aber auch Strukturen mit Mehrfachquantenfilmen (englisch: "multiple quantum wells - MQW") gewählt werden, deren Gesamtbreite im Bereich von 1 bis 2 μm liegt, so daß die Welle zu einem großen Teil im Mehrfachquantenfilmbereich geführt werden kann.

Findet die Einschränkung der Ladungsträger in zwei Dimensionen statt, wird von Quantendrahtlasern gesprochen (englisch: "quantum wire lasers") [WAL 92]. Abbildung 9.9 zeigt den prinzipiellen Aufbau eines solchen Elements. Die Herstellung basiert darauf, daß das Wachstum auf einem Sub-

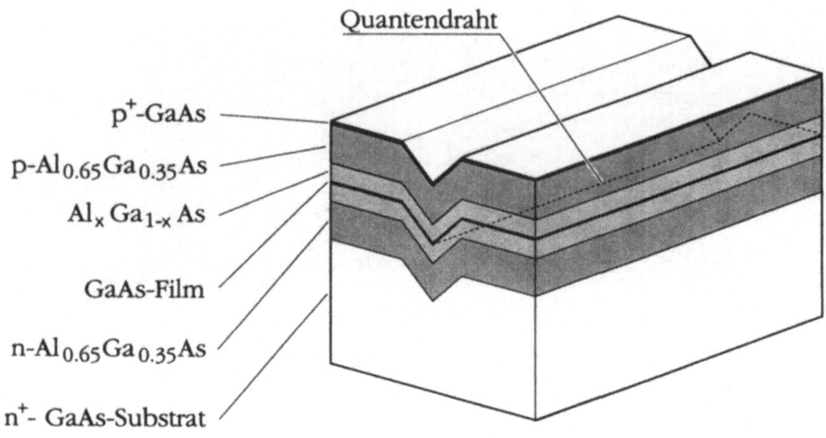

Abb. 9.9: Aufbauprinzip eines Quantendrahtlasers mit V-Gruben-Substrat am Beispiel des AlGaAs/GaAs-Materialsystems

strat durchgeführt wird, das bereits eine V-Grube enthält. Bei richtiger Wahl der Parameter sorgt der untere Knick in der V-Grube für die gewünschte Einengung der Ladungsträger in zwei Dimensionen. Zur Erhöhung der Verstärkung kann auf Mehrfachquantenfilm-Schichtenfolgen zurückgegriffen werden, die durch das Wachstum auf dem vorstrukturierten Substrat zu übereinanderliegenden, parallelen Mehrfachquantendrähten werden.

9.5   Oberflächenemittierende Halbleiterlaserdioden

Bisher wurden nur Kantenemitter behandelt; bei ihnen wird das Licht in einer Zone parallel zu den Schichten der Struktur und damit parallel zu der Fläche des pn-Übergangs erzeugt und emittiert. Zwar gibt es auch Ansätze, mit Kantenemittern unter Zuhilfenahme von in die Struktur eingebrachten Spiegelflächen Bauelemente zu erzeugen, bei denen das Licht normal zu den Schichtoberflächen austritt. Aber es existiert noch eine andere Klasse von Strukturen, bei denen die Lichtemission senkrecht zu den Oberflächen inhärenter Bestandteil der Eigenschaften ist: sogenannte oberflächenemittierende Laserdioden.

Abbildung 9.10 zeigt den prinzipiellen Aufbau einer oberflächenemittieren-

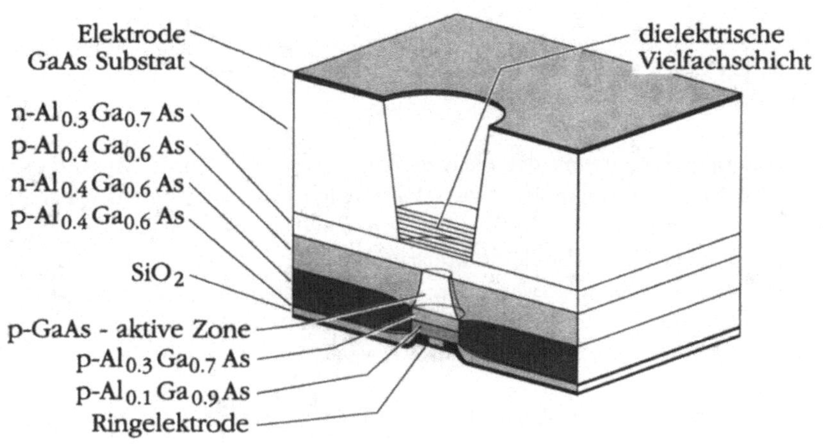

Abb. 9.10: Aufbau einer typischen oberflächenemittierenden Laserdiode nach [EBE 92]

den Laserdiode nach [EBE 92]. Auch hierbei handelt es sich um einen pn-Übergang. Ähnlich wie bei Kantenemittern sind zwei getrennte Epitaxie-schritte erforderlich, und im Nachbarbereich werden beispielsweise sperrende pn-Übergänge zur Einengung des Ladungsträgerflusses auf den Bereich der aktiven Zone verwendet. Für die Rückkopplung wird der etwa 3 μm dicke Be-reich zwischen den Spiegeln verwendet, von denen der eine eine dielektrische Vielschichtenstruktur ist und der andere in diesem Beispiel von der metalli-schen Ringelektrode gebildet wird. Die Kürze dieser aktiven Zone erfordert hochreflektierende Spiegel mit Intensitätsreflektivitäten im Bereich von 99 %, denn nach Gl. (9.43) ist es in diesem Fall extrem wichtig, die notwendige Schwellverstärkung durch hochreflektierende Resonatorspiegel zu minimie-ren. Durch den kurzen Resonator existiert ein großer Anteil an spontaner Emission und verstärkter spontaner Emission.

Zur weiteren Erhöhung der Verstärkung können in den Resonator der oberflächenemittierenden Laserdioden Mehrfachquantenfilm-Schichtenfolgen eingebracht werden, womit standardmäßig Schwellströme deutlich unter 1 mA erreicht werden.

So ungünstig der kurze Resonator für die Verstärkung ist, so positiv wirkt er sich auf das spektrale Verhalten der Lichtemission, das heißt auf die Anzahl der Longitudinalmoden, aus. Meist fallen nur wenige potentielle Moden in den Verstärkungsbereich des Halbleitermaterials, so daß die oberflächenemittierenden Laser sehr gutes Monomodeverhalten mit hoher Sekundärmodenunterdrückung aufweisen.

Die laterale Begrenzung der aktiven Zone kann auch durch Mesaätzungen oder durch Ionenimplantation zur elektrischen Isolierung und Brechzahlabsenkung gegenüber den umgebenden Bereichen erreicht werden. Die Begrenzungen können ohne Probleme kreisrund mit typischen Durchmessern zwischen 6 und 8 μm erzeugt werden, so daß oberflächenemittierende Halbleiterlaser kreisrunde Nahfelder mit geringer Strahldivergenz aufweisen, was sich für viele Anwendungen als vorteilhaft erweist.

Durch die Bauweise der oberflächenemittierenden Laserdioden ist es möglich, große zweidimensionale Felder dieser Elemente auf einem Chip anzuordnen, von denen jedes einen Kanal im Sinne der optischen Datenverarbeitung darstellt. Zweidimensionale Verarbeitung von Signalen und Daten wird auf diese Weise möglich. An ein zweidimensionales Feld oberflächenemittierender Laserdioden würde sich etwa ein zweidimensionales Feld von gleichartigen Intensitätsmodulatoren anschließen, mit denen den Kanälen Informationen aufgeprägt werden. Dann könnte ein entsprechendes Feld von Fotodioden folgen und so weiter. Auf diese Weise könnte ein optischer Prozessor aus einer Anzahl verschiedener zweidimensionaler Felder mit jeweils gleichartigen Bauelementen bestehen. Nur so ist mit optischen Methoden für spezielle Anwendungen wirklich ein Vorteil gegenüber elektronischen Prozessoren zu erzielen. Denn die einzelnen Schaltvorgänge sind nach wie vor in den meisten Fällen durch die Ladungsträgereffekte begrenzt, und nur durch die Einführung von Licht wird ein Halbleiterprozessor nicht schneller. Erst die gleichzeitige Verarbeitung vieler Kanäle ermöglicht im Endeffekt einen Schnelligkeitsgewinn. Da elektrische Kanäle nur sehr bedingt auf einem Chip miteinander überkreuzt werden können, kann hier die Optoelektronik wirklich einen Vorteil bieten. Andererseits ist zu bedenken, daß die meist elektrisch angesteuerten optoelektronischen Bauelemente Zuleitungen benötigen, so daß der Größe der zweidimensionalen Felder auch gewisse Grenzen gesetzt sind und sich Größenangaben wie $10000 \cdot 10000$ mit getrennt ansteuerbaren Elementen noch sehr futuristisch anhören.

Das Konzept mit zweidimensionalen Feldern ermöglicht, wie in Abb. 9.11 angedeutet, eine sehr kompakte Bauweise. Dabei bietet sich sogar an, die Lichtübertragung von einem Feld auf das nächste statt mit einer einzelnen Optik (hier durch eine einzelne Linse dargestellt) durch ein entsprechend

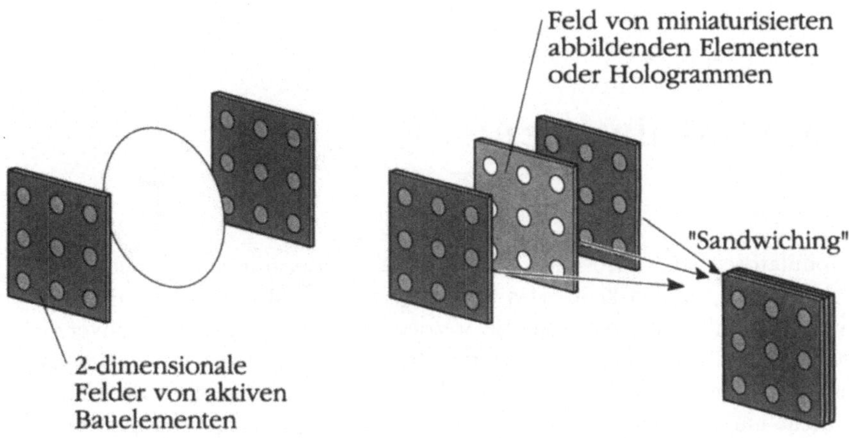

Abb. 9.11: Abstraktes Konzept zur zweidimensionalen Signal- und Datenverarbeitung mit Hilfe optoelektronischer Elemente. Zweidimensionale Felder gleichartiger Bauelemente werden eingesetzt. Zwischen den Feldern werden optische Elemente verwendet. Statt eines einzelnen Objektivs sind zweidimensionale Felder miniaturisierter (eventuell holografischer) optischer Elemente sinnvoll. Eine "sandwich"-Bauweise optischer Prozessoren ist dadurch möglich

großes zweidimensionales Feld von Mikrooptiken durchzuführen. Fresnelsche Zonenplatten sind hierfür ausgezeichnet geeignet, da sie planar aufgebaut werden können und Licht auf sehr kleine Entfernungen bündeln können, wie es schon in Abb. 4.5 angedeutet worden war. Solche Konzepte ermöglichen ein "sandwiching" der zweidimensionalen Felder, wobei jedes zweite Feld abbildende optische Bauelemente enthalten würde. Durch geeignete Verbindungstechniken könnten die Felder vibrationsfrei miteinander verbunden werden, so daß extrem kleine leistungsfähige optoelektronische Prozessoren erzielbar sein sollten. Dies ist ein wichtiger Bereich aktiver Forschung.

10 Modulatoren

Modulatoren sind optoelektronische Bauelemente, mit denen Licht zeitlich "geschaltet" werden kann. Das bedeutet, daß mit Modulatoren einer Lichtwelle eine Information aufgeprägt werden kann. Insofern sind sie unverzichtbare Elemente der optischen Nachrichtentechnik und der optischen Datenverarbeitung. In den meisten Fällen sind dies wellenleitergestützte Bauelemente - nicht nur aus Gründen der Kompatibilität mit den anderen aktiven und passiven Bauelementen der Optoelektronik, sondern auch wegen der guten Wechselwirkung zwischen geführten Wellen und dem Wellenleitermaterial. Probleme der Bündelung des Lichts treten dabei kaum auf.

10.1 Klassifizierungen

Da Licht mindestens vier wesentliche Charakteristika aufweist, das sind Wellenlänge, Polarisation, Phase und Amplitude beziehungsweise Intensität, können Modulatoren auf mindestens ebenso vielen Prinzipien beruhen. Zwar können Informationen in der Verschiebung der Wellenlänge einer Laserdiode codiert werden; doch findet diese Methode kaum Anwendung. Vielmehr werden Wellenlängenänderungen ausgenutzt, um die Informationen verschiedener Kanäle ineinander zu verschachteln und gleichzeitig zu übertragen; jeder Kanal besitzt dabei eine charakteristische Wellenlänge. Diese Verfahren werden mit dem Oberbegriff Wellenlängenmultiplex umschrieben. Auch Modulationsverfahren, die auf der Änderung der Polarisationsrichtung von linear polarisiertem Licht beruhen, sind gebräuchlich, in der Praxis aber nicht einfach in den Griff zu bekommen. Die Polarisationszustände müssen sehr genau kontrolliert werden, und die verschiedenen Zustände sind bei der Detektion ohne Aufwand bei den Bauelementen nicht deutlich voneinander zu trennen. Außerdem müssen polarisationserhaltende Fasern für die Übertragung verwendet werden. Daher basieren die gebräuchlichsten Modulatoren entweder auf einer Änderung der Phase oder der Amplitude/Intensität der Lichtwelle. Um Phasen- und Intensitätsmodulatoren soll sich dieses Kapitel im wesentlichen drehen.

Um Phasenmodulatoren zu realisieren, werden üblicherweise Brechzahländerungen in dem Bauelement initiiert. Intensitätsmodulatoren basieren häufig auf einer Veränderung des Absorptionskoeffizienten. Da Änderungen der Brechzahl und des Absorptionskoeffizienten in erster Näherung über die Kramers-Kronig-Relationen miteinander verknüpft sind, die in Kap. 5 vorgestellt wurden, können bestimmte Effekte zur Realisierung sowohl von Phasen- als auch von Amplituden-/Intensitätsmodulatoren eingesetzt werden. So werden zum Beispiel durch Veränderung der Zahl der (quasi-) freien Ladungsträger Brechzahl und Absorptionskoeffizient verändert. Auch externe elektrische Felder machen sich beispielsweise direkt sowohl in einer Verschiebung der Absorptionskante (Elektroabsorption) als auch in einer Veränderung der Brechzahl (Elektrorefraktion) bemerkbar.

Bei den Phasenmodulatoren ist ein weiterer wichtiger ausgenutzter Effekt der Pockels-Effekt, bei den Intensitätsmodulatoren die dynamische Bandfüllung [KOW 88].

Auf die Phasenmodulatoren soll am Beispiel derjenigen Typen, die den Pockels-Effekt ausnutzen, kurz eingegangen werden. Bei diesen Modulatoren wird ein Wellenleiter bei der Herstellung lokal in einen pn-Übergang eingebettet, der im Betrieb mit einer Sperrspannung vorgespannt wird. Diese Spannung stellt sich über der Wellenleiterdicke als elektrisches Feld dar, daß bei Materialien ohne Inversionssymmetrie den linearen elektrooptischen Effekt, den Pockels-Effekt, hervorruft. Dieser bewirkt eine Brechzahländerung und damit eine zusätzliche positive oder negative Phasendrehung der geführten Lichtwelle. Durch Variation der angelegten Spannung kann die Stärke der Phasendrehung gesteuert werden. Die besten wellenleitergestützten Phasenmodulatoren zum Beispiel im Materialsystem InGaAsP/InP, das für die Langstreckennachrichtenübertragung große Bedeutung hat, operieren mit Sperrspannungen im Bereich von einigen $10\,\mathrm{V}$, um die Phase um $2\pi/\mathrm{mm}$ Bauelementlänge zu drehen [MAE 88].

Im folgenden Unterkapitel sollen einige der verwendeten Effekte zur Änderung der Amplitude/Intensität der Lichtwelle erläutert werden.

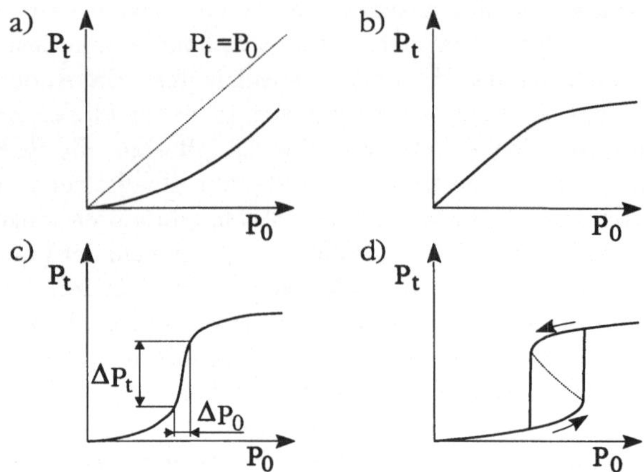

Abb. 10.1: Verschiedene Typen nichtlinearer Kennlinien (Ausgangsleistung P_t über der Eingangsleistung P_0) von Amplituden-/Intensitätsmodulatoren: a) ausbleichbare beziehungsweise sättigbare Absorption; b) ansteigende Absorption; c) differentielle Verstärkung; d) Bistabilität

10.2 Amplituden-/Intensitätsmodulatoren

10.2.1 Nichtlineare Kennlinien

Amplituden- beziehungsweise Intensitätsmodulatoren werden häufig in Untergruppen eingeteilt - je nach dem Verlauf ihrer nichtlinearen Kennlinien, die in Abb. 10.1 schematisch dargestellt sind. Unter optischer Kennlinie ist der Verlauf der transmittierten beziehungsweise reflektierten Lichtleistung als Funktion der eingestrahlten Lichtleistung zu verstehen. Alle Kennlinien verlaufen bei passiven Bauelementen unterhalb der Geraden $P_t = P_0$ (die nur im ersten Teilbild eingezeichnet ist), da immer Dämpfung der Welle in dem Bauelement auftritt. Für einen Modulator sind nichtlineare Kennlinien nicht zwingend notwendig. Nur sind nichtlineare Kennlinien für eine Modulation meist sehr effizient.

Die Kennlinien heißen deswegen nichtlinear, weil sie keine Gerade beschreiben. Obwohl die nichtlinearen Kennlinien in einzelnen Fällen - und das ist das Verwirrende - auch eine Konsequenz optischer Nichtlinearitäten, wie des optischen Kerr-Effekts, sein können, dürfen die beiden Begriffe nichtlineare Kennlinie und optische Nichtlinearität nicht miteinander vermischt werden.

Nichtlineare Kennlinien bedeuten ungerade Kennlinien, optische Nichtlinearitäten sind mit feldstärke- und intensitätsabhängigen Brechzahlen und Absorptionskoeffizienten verbunden.

Bei der sättigbaren oder ausbleichbaren Absorption (Teilbild a in Abb. 10.1) nimmt die Absorption mit zunehmender eingestrahlter Leistung ab, so daß die Ausgangsleistung des Modulators gegenüber der Eingangsleistung überlinear steigt. Die Transmission oder Reflexion nimmt mit der Eingangsleistung zu. Bei der ansteigenden Absorption oder optischen Begrenzung verhält es sich umgekehrt; die Ausgangsleistung steigt mit zunehmender Eingangsleistung immer schwächer (b). Besonders effiziente Modulatoren können mit differentiellen Verstärkungen erzielt werden, also Kennlinien mit steil ansteigenden Bereichen, bei denen eine geringe Änderung in der Eingangsleistung eine relativ große Änderung in der Ausgangsleistung nach sich zieht (c). Auch hierbei darf nicht vergessen werden, daß die gesamte Kennlinie unterhalb der Kurve $P_t = P_0$ verläuft. Die differentielle Verstärkung ist oft Vorstufe zum bistabilen Verhalten [GIB 85], bei dem ein Bereich von Eingangsleistungen mit zwei möglichen Ausgangsleistungen existiert (d). Welcher Kurvenast beschritten wird, hängt von der Vorgeschichte und dem genauen Verlauf der bistabilen Kennlinie ab. Sie eignet sich nicht nur zum Bau von Modulatoren, sondern auch von Speicherelementen. Allerdings zeigt sich in der Praxis, daß Bistabilitäten von sehr vielen Einflußgrößen, wie zum Beispiel auch der Temperatur, abhängen und nur schwer für einen praktischen Einsatz in den Griff zu bekommen sind.

10.2.2 Fotodioden

Fotodioden sind keine Modulatoren. So muß es verwundern, daß in dem Unterkapitel über Modulatoren ein Abschnitt über Fotodioden auftaucht. Gerade Amplituden-/Intensitätsmodulatoren basieren aber häufig auf einer durch externe Spannungen hervorgerufenen Verschiebung der Absorptionskante für Betriebswellenlängen in der Nähe dieser Kante. Die Spannungen werden oft über pn-Übergänge in das Bauelement "gebracht", so daß so aufgebaute Modulatoren auch immer als Fotodioden mit pn-Übergang fungieren. Wie zum Beispiel im Abschnitt 10.2.5 im Zusammenhang mit den SEED-Elementen zu sehen sein wird, sind dann die Modulator- und die Fotodiodenfunktion eng miteinander verknüpft.

Da Fotodioden in anderen Lehrbüchern (unter anderem in [UNG 92]) sehr ausführlich behandelt werden, soll in diesem Abschnitt nur kurz an ihre

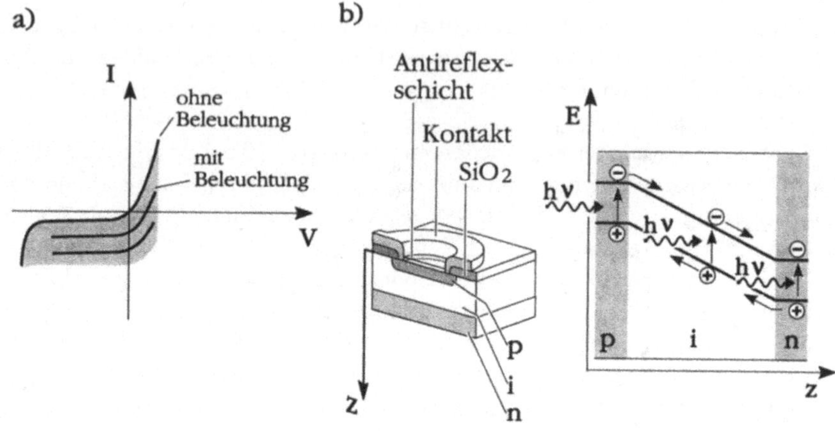

Abb. 10.2: Fotodiode: a) Strom-Spannungs-Kennlinie $I = f(V)$; b) Aufbau und Energiebandschema $E = f(z)$ einer typischen Fotodiode mit p(i)n-Übergang

Funktionsweise erinnert werden. In Abb. 10.2a ist die Strom-Spannungs-Charakteristik einer Fotodiode wiedergegeben. Der Betrieb eines pn-Übergangs kann in drei Quadranten des I-V-Diagramms erfolgen. Der erste Quadrant macht allerdings für eine Fotodiode keinen Sinn, da es sich um die Durchlaßrichtung des Stroms handelt und die Anzahl der über den externen Kreis injizierten Ladungsträger im allgemeinen weitaus größer ist als die der fotogenerierten. Der vierte Quadrant bezeichnet den fotovoltaischen Betrieb der Solarzellen, bei dem an den externen Kreis Energie abgegeben wird. Der dritte Quadrant stellt den üblichen Betriebsbereich von Fotodioden im eigentlichen Sinne des Wortes dar. Es handelt sich um den Sperrbereich des pn-Übergangs. Wenn einmal von dem Dunkelstrom abgesehen wird, werden alle Ladungsträger durch die einfallende Lichtleistung und die damit verbundene Absorption erzeugt. Die ganze Strom-Spannungs-Kennlinie verschiebt sich mit steigender einfallender Lichtleistung linear nach unten entlang der Strom-Achse. In der Zeichnung ist für große Sperrspannungen der Durchbruch angedeutet - infolge einer Lawinenvervielfachung oder eines Tunnelns. Im Fotodiodenbetrieb muß Energie aus dem äußeren Kreis an das Bauelement geliefert werden. Gemessen wird entweder der Fotostrom der fotogenerierten Ladungsträger oder die Fotospannung. Sie ist in ihrer Polung der internen Spannung am pn-Übergang, der Diffusionsspannung, entgegengerichtet und kompensiert diese teilweise oder sogar vollständig. Durch Veränderung der auf einen pn-Übergang eingestrahlten Lichtleistung kann also die elektrische Feldstärke über dem pn-Übergang geregelt werden. Wird in den pn-Übergang ein Wellenleiter eingebettet, können durch Variation der absorbierten Lichtleistung die Feldstärke und damit die optischen Eigenschaften des Wellenleitermaterials verändert werden, so daß die Stärke der Wechselwirkung zwischen dem Licht und der Materie gesteuert werden kann.

Der mittlere Teil der Abb. 10.2 (10.2b links) gibt den typischen Aufbau einer Fotodiode wieder. Um Verwirrung zu vermeiden, sei betont, daß es sich bei der gezeichneten Struktur um eine reine Fotodiode ohne eingebetteten Wellenleiter und ohne Modulatorfunktion handelt. Das rechte Teilbild von Abb. 10.2b zeigt das dazugehörige Energiebandschema mit Markierung von Valenz- und Leitungsbandkante. Bei den meisten Fotodioden wird zwischen p- und n-Bereich eine intrinsische ("i") Schicht eingeführt, um die Zone der Ladungsträgergeneration innerhalb des Driftbereichs zu vergrößern und damit die Empfindlichkeit der Diode zu erhöhen. Die eine der beiden Elektroden wird meist als Ringelektrode ausgelegt, damit das Licht ungehindert in die Schichtenfolge eindringen kann. Zur Vermeidung von Lichtverlusten durch Reflexion an dem Übergang von Luft in den Halbleiter werden häufig auch Antireflexschichten, also geeignete dielektrische Schichten zur Entspiegelung, eingesetzt.

10.2.3 Franz-Keldysh-Effekt

Der Franz-Keldysh-Effekt ist eines der wichtigsten physikalischen Phänomene [FRA 58, KEL 58, KEL 65], die zur Amplitudenmodulation in optoelektronischen Bauelementen genutzt werden. Synonyme zu diesem Begriff sind die Bezeichnungen "Elektroabsorption", "durch Tunneln unterstützte Photonabsorption" oder "absorptionsunterstütztes Tunneln" [PAN 71].

Beim Franz-Keldysh-Effekt handelt es sich im wesentlichen um eine anscheinende Verschiebung der Absorptionskante infolge eines externen elektrischen Felds. Die Erklärung hierfür ist in Abb. 10.3a schematisch dargestellt. Licht mit einer Photonenenergie $h\nu$, die kleiner als die Bandlückenenergie E_g ist, falle auf die Halbleiterprobe ein. Ohne externes elektrisches Feld, das heißt ohne Verkippung der Bänder, reicht diese Photonenenergie nicht aus, um eine Absorption und eine Anregung von Elektronen aus dem Valenz- in das Leitungsband zu bewirken. Wird ein externes elektrisches Feld $\mathcal{E}$ an die Probe angelegt, resultiert eine Verkippung der Bänder inklusive der Bandkanten, wie in der linken Hälfte der Abb. 10.3a skizziert. Im Prinzip könnten nun

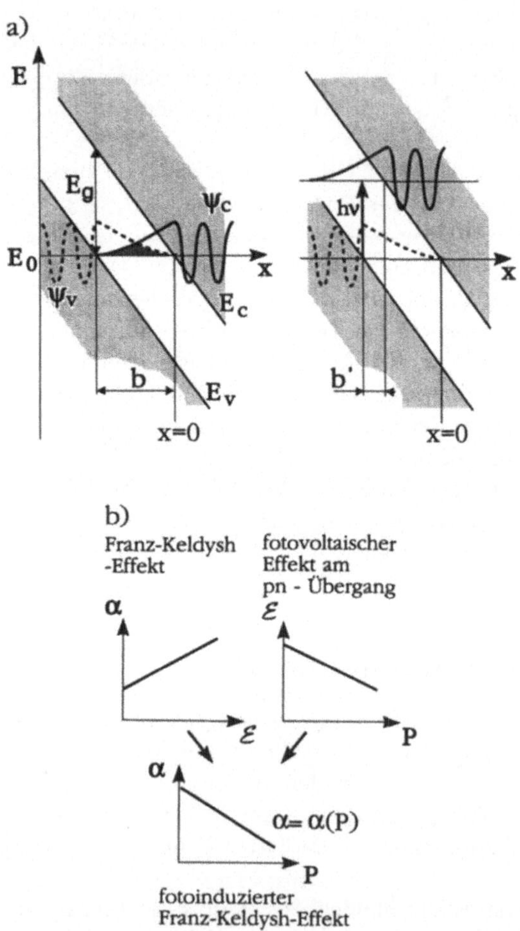

Abb. 10.3: Skizzen zur Erklärung des Franz-Keldysh-Effekts a) in seiner prinzipiellen Form anhand des Energiebandschemas $E = f(x)$ und b) (mnemonisch) in der Variation als fotoinduzierte Elektroabsorption bei Einbettung des Wellenleiters in einen pn-Übergang - $\mathcal{E}$ und $\alpha(P)$ sind das interne elektrische Feld am pn-Übergang und der Intensitätsabsorptionskoeffizient in Abhängigkeit von der Lichtleistung

Elektronen durch seitliches (räumliches) Tunneln über die Bandlücke (als Potentialwall interpretiert) vom Valenz- in das Leitungsband gelangen. Die Tunnelwahrscheinlichkeit ist aber sehr gering, da die Überlappung der quantenmechanischen Wellenfunktionen ψ_v und ψ_c der Elektronen im Valenz- und im Leitungsband (englisch: "valence band" - Index $_v$, "conduction band" - Index $_c$), wie in der linken Hälfte des Teilbilds a gezeigt, sehr gering ist. Die zu durchtunnelnde Distanz b ist relativ groß. Ausschlaggebend für die Stärke der Absorption ist letztlich das Überlappungsintegral der Wellenfunktionen (in zwei Dimensionen geschrieben):

$$\eta = \frac{\int\int \psi_v(x,y)\psi_c^*(x,y)\,dx\,dy}{\sqrt{\int\int \psi_v(x,y)\psi_v^*(x,y)\,dx\,dy \cdot \int\int \psi_c(x,y)\psi_c^*(x,y)\,dx\,dy}}. \tag{10.1}$$

Kommen beide Effekte zusammen, Einfall von Photonen (allerdings mit zu geringer Energie) und Tunneln, kann es leichter zu dem Übergang der Elektronen kommen, da die zu durchtunnelnde Distanz auf den Wert b' reduziert ist. Die Situation ist im rechten Teil der Abb. 10.3a wiedergegeben. Durch die Anhebung der Energie der Elektronen bei Absorption der Photonen kommt es zu einer wesentlich stärkeren räumlichen Überlappung der Wellenfunktionen. Es besteht eine deutliche Absorption.

Es sei angemerkt, daß bei höheren Photonenenergien - eventuell oberhalb der Bandlückenenergie - je nach der Überlagerung der Wellenfunktionen infolge von deren oszillierenden Teilen innerhalb der Bänder ein oszillierendes Verhalten der Tunnelwahrscheinlichkeit und der Absorptionsänderung mit ansteigender Photonenenergie beobachtet wird [PAN 71].

Die erhöhte Tunnelwahrscheinlichkeit selbst bei Photonenenergien unterhalb der Bandlückenenergie bedeutet letzlich, daß bei Anlegen eines elektrischen Felds an die Probe Absorption bei Wellenlängen stattfinden kann, wo ohne Feld keine Absorption möglich ist. Effektiv scheint sich die Absorptionskante zu verschieben.

In Abb. 10.3b ist mnemonisch eine Sonderform des Effekts, der sogenannte fotoinduzierte Franz-Keldysh-Effekt, in ihrer Funktionsweise dargestellt. Grundlage ist eine Halbleiterprobe, bei der ein lichtführender Wellenleiter in einen pn-Übergang eingebettet worden ist. In diesem Fall ist das Bauelement als Fotodiode zu verstehen. Die Fotospannung ist in ihrer Richtung der Diffusionsspannung am pn-Übergang entgegengerichtet und kompensiert sie - je nach Stärke der einfallenden, das heißt hier der geführten Lichtleistung - teilweise oder sogar ganz. Über die einfallende Lichtleistung kann

also das elektrische Feld innerhalb des pn-Übergangs gesteuert werden. Mit
der einfallenden Lichtleistung P sinkt die Feldstärke $\mathcal{E}$ am Übergang. Da
keine externe Spannung an dem Bauelement anliegt, handelt es sich um den
fotovoltaischen Betrieb des pn-Übergangs. Eine Verringerung der Feldstärke
$\mathcal{E}$ führt nach dem "normalen" Franz-Keldysh-Effekt zu einer Verringerung
des Absorptionskoeffizienten α. Beides zusammen äußert sich so, daß eine
Vergrößerung der geführten Lichtleistung eine Verringerung des Absorptionskoeffizienten zur Folge hat. Dies ist ein Beispiel für eine ausbleichbare
Absorption. Die Kurvenformen in Abb. 10.3b sollten nicht zu ernst genom-
men werden; es handelt sich - wie gesagt - um mnemonische Diagramme.

Sowohl beim Franz-Keldysh-Effekt als auch beim fotoinduzierten Franz-
Keldysh-Effekt wird die Absorption des Halbleiterbauelements verändert,
so daß klar ist, daß beide Effekte zur Amplituden- beziehungsweise Intensitätsmodulation verwendet werden können. Im ersten Fall wird die Absorptionsänderung über ein externes elektrisches Feld hervorgerufen. Im zweiten Fall liegt keine externe Spannung an der Probe an; vielmehr regelt das
Licht selbst die interne Spannung am pn-Übergang, so daß in diesem Zusammenhang auch von dem selbstinduzierten Franz-Keldysh-Effekt die Rede ist.
Da die Effekte mit der Generation und Rekombination von Ladungsträgern
einhergehen, wird ihre Dynamik von Ladungsträgergenerationszeiten und -le-
bensdauern beherrscht (solange nicht die RC-Zeitkonstante des Bauelements
durch ungünstige Bauweise noch weiter beschränkend wirkt). Anstiegszeiten
um 1 ns und Relaxationszeiten im Bereich von einigen Nanosekunden sind
üblich, solange die Ladungsträger nicht irgendwie aus dem Wellenleiterbe-
reich abgesaugt werden. Damit liegen übliche Modulationsfrequenzen im Bereich von wenigen Gigahertz.

10.2.4   Dynamische Bandfüllung

Auch der Begriff dynamische Bandfüllung hat ein Synonym: Burstein-Moss-
Effekt [KOW 88]. Er könnte ebenso Sättigung der Fundamentalabsorption
genannt werden. Die Erklärung wird in Abb. 10.4a im Diagramm der Zustandsdichte D über der Energie E angedeutet. Absorption von Photonen
führt zu einer Anregung von Elektronen aus dem Valenz- in das Leitungsband. Dort besetzen sie verfügbare elektronische Zustände, die von durch
weitere Absorption nachkommenden Elektronen nicht mehr besetzt werden
können. Weitere Elektronen müssen von tiefer im Valenzband stammen und
höher in das Valenzband springen. Wird die verwendete Photonenenergie
(beziehungsweise die Betriebswellenlänge) nicht verändert, so äußert sich

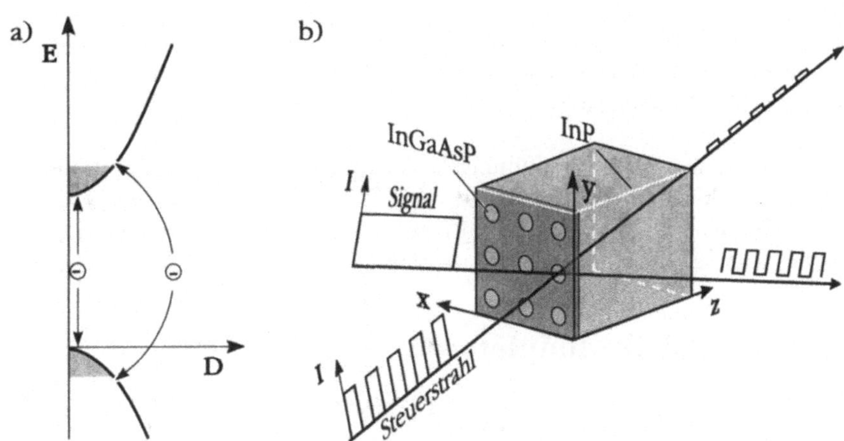

Abb. 10.4: Skizzen zur Funktionsweise der dynamischen Bandfüllung: a) Zustandsdichte D über der Energie E; b) Prinzip des Zweistrahlverhaltens, bei dem ein Steuerstrahl die Transmission eines Bauelements verändert, so daß der Signalstrahl moduliert wird - auch dieses Modulatorprinzip läßt sich für eine zweidimensionale optische Signalverarbeitung nutzen

der Sachverhalt in einer Verringerung der Absorption. Auch hier handelt es sich wieder um einen Fall sättigbarer oder ausbleichbarer Absorption. (Ähnlich können übrigens exzitonische Zustände abgesättigt werden; es wird dann von sättigbarer Exzitonenabsorption gesprochen.)

Diese Absorptionsänderung kann natürlich für Amplituden-/Intensitätsmodulation genutzt werden [KOW 88], wie in Abb. 10.4b prinzipiell skizziert. In dem Bild wird eine Situation aus der zweidimensionalen Datenverarbeitung herausgegriffen, wo ein zweidimensionales Feld von Modulatoren mit dynamischer Bandfüllung verwendet werden könnte. Darüber hinaus wird eine spezielle Betriebsart, das sogenannte Zweistrahlschaltverhalten, angedeutet. Ein hochintensiver Steuer- oder Kontrollstrahl moduliert die Absorption eines der Modulatorelemente. Ein schwacher Signalstrahl wird dadurch moduliert; ihm wird eine Information aufgeprägt. Die Transmission des Signalstrahls ist immer dann besonders groß, wenn der Kontrollstrahl hochintensiv ("an") ist.

In der Zeichnung werden die beiden Strahlen aus Gründen der Übersichtlichkeit mit unterschiedlichen Einfallswinkeln wiedergegeben. In der Anwen-

dung ist ein kollinearer und senkrechter Einfall der Strahlen auf das Element
sinnvoller. Die beiden Strahlen müßten beispielsweise durch die Wahl unterschiedlicher Wellenlängen voneinander getrennt werden.

Auch die dynamische Bandfüllung basiert auf Ladungsträgergeneration, ist
also ein "nicht zu schneller" Effekt. Wie gesagt, kann ein Gesamtgeschwin-
digkeitsgewinn des Systems durch eine zweidimensionale Verarbeitung von
vielen Kanälen gleichzeitig erzielt werden.

10.2.5 SEED-Modulatoren

Ein Modulatortyp, der sehr viel Aufmerksamkeit erlangt hat, ist der SEED-
Modulator. Die Abkürzung steht für "self electro-optic effect device". Er
beruht auf zwei in diesem Fall nicht mehr voneinander zu trennenden Effekten: dem quantenunterstützten Stark-Effekt (englisch: "quantum confined
Stark effect (QCSE)") und dem quantenunterstützten Franz-Keldysh-Effekt
(englisch: "quantum confined Franz-Keldysh effect (QCFE)"). Dies sind zwei
Phänomene, bei denen durch Änderung eines elektrischen Felds eine Verschiebung von Energieniveaus und eine Änderung ihrer Besetzung erfolgen
[MI1$_2$ 85].

Der Aufbau eines SEED-Modulators ist in Abb. 10.5 gezeichnet. Wieder handelt es sich um einen p(i)n-Übergang, der allerdings in den üblichen Baufor-
men quer durchstrahlt wird. In den Übergang beziehungsweise in die i-Zone
ist eine Vielfachquantenfilm (MQW) - Zone eingebettet, die eine quantenmechanische Verstärkung der Effekte ermöglicht ($\rightarrow$ QCSE und QCFE). Der
pn-Übergang wird über einen externen Kreis mit einer Sperrspannung vorgespannt, die über dem SEED und einem externen Lastwiderstand R abfällt.

Je größer die einfallende Lichtleistung, desto stärker ist der Fotostrom. Damit
verringert sich der interne Widerstand des SEED, so daß die externe Spannung zu einem größeren Teil über dem externen Lastwiderstand und zu einem
geringeren Teil über dem SEED abfällt. Damit verringert sich die Feldstärke
am pn-Übergang. In Abb. 10.6a ist der Absorptionskoeffizient α als Funktion
der Photonenenergie $h\nu$ für verschiedene Feldstärken $\mathcal{E}$ aufgetragen. Durch
die Feldstärkeänderung kommt es für (fast) jede Photonenenergie zu einer
Absorptionsänderung, die zur Modulation genutzt werden kann.

An den Kurven fällt die Abflachung der Exzitonenpeaks mit steigender
Feldstärke $\mathcal{E}$ auf, die mit Abb. 10.6b erklärt werden soll. Durch die Feldstärke

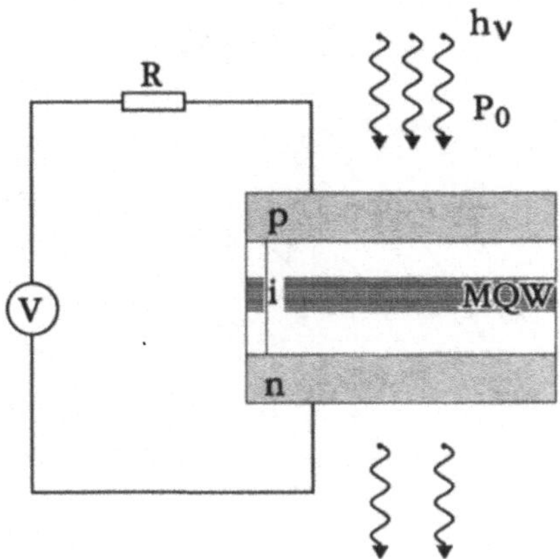

Abb. 10.5: Aufbau und Anordnung eines SEED-Modulators: der MQW-Bereich ist in einen pn-Übergang eingebettet, der in Sperrichtung extern vorgespannt ist

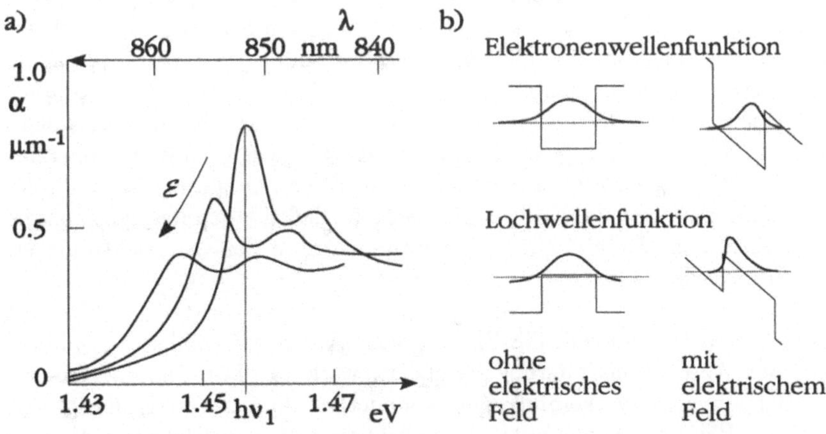

Abb. 10.6: SEED-Modulator: a) Absorptionskoeffizient α als Funktion der Photonenenergie $h\nu$ für verschiedene externe elektrische Feldstärken $\mathcal{E}$ nach [MI1₁ 85]; b) Energieniveauschemaskizzen zur Erklärung der Verringerung der Exzitonenbindungsenergie bei Vergrößerung der Feldstärke

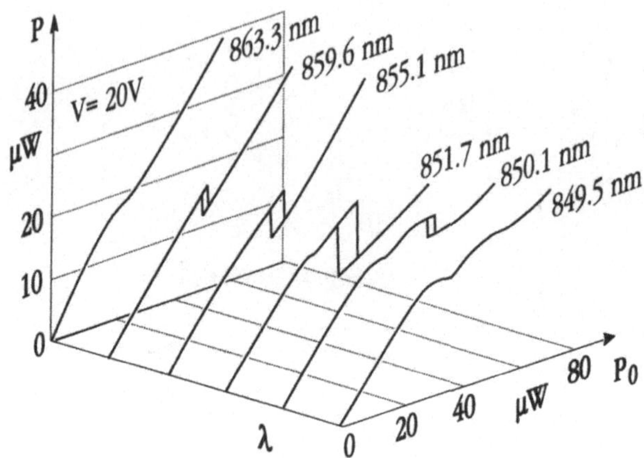

Abb. 10.7: Bistabile Kennlinien $P = f(P_0)$ des SEED-Modulators nach [MI1 84, MI1$_1$ 85, MI1$_2$ 85] bei einer festen Sperrspannung V mit der Vakuum-Wellenlänge λ als Parameter

werden die Bänder und Subbänder verkippt. Die Schwerpunkte der Wellen-funktionen des Elektrons und des Lochs, die zusammen das Exziton bilden, wandern räumlich auseinander, so daß die Bindung gelockert wird und die Resonanz nicht mehr so ausgeprägt ist. Die Verwendung von Quantenfil-men erscheint, oberflächlich betrachtet, für die Funktion des SEED unwichtig zu sein. Aber die ausgeprägten Exzitonenresonanzen verstärken den Effekt deutlich. Die Absorptionsänderungen sind wesentlich ausgeprägter - selbst bei Lichtleistungen im Milliwatt-Bereich, so daß die quantenmechanischen Zutaten diesen Modulator für eine Anwendung in der Optoelektronik erst geeignet werden lassen.

Es ist natürlich sinnvoll, die Photonenenergien so zu wählen, daß der Ef-fekt der Absorptionsänderung besonders stark ist. Für Photonenenergien im Bereich von $h\nu_1$ kommt eine Besonderheit hinzu. Durch die Absorp-tion von Photonen verringert sich die Feldstärke am pn-Übergang. Dadurch steigt, wie in Abb. 10.6a zu sehen, die Absorption. Dadurch veringert sich die Feldstärke noch mehr und so weiter und so fort ... Es handelt sich um eine positive Rückkopplung, bei der es für bestimmte Wellenlängenbereiche (und für bestimmte Vorspannungsbereiche) zu Bistabilitäten kommen kann. In Abb. 10.7 ist das Ergebnis einer Messung dargestellt [MI1 84, MI1$_1$ 85, MI1$_2$ 85]. Bistabile Kennlinien lassen sich, wie eingangs dieses Kapitels über

Amplitudenmodulatoren gesagt, natürlich für die Modulation und für Speicherelemente nutzen.

Eine interessante Variante des SEED ist die Ersetzung des externen Lastwiderstands durch einen entgegengeschalteten zweiten SEED-Modulator, der beleuchtet wird. Sicherlich sind dann beide Elemente Lastwiderstände für das jeweils andere. Es wird in diesem Zusammenhang vom symmetrischen SEED (englisch: "symmetric SEED (S-SEED)") gesprochen, von dem sich die Fachwelt für Anwendungen in der optischen Signal- und Datenverarbeitung - zum Beispiel als optische Flip-Flops [LEN 92] - sehr viel verspricht.

10.2.6   Weitere Intensitätsmodulatoren

Sicherlich gibt es noch eine Vielzahl anderer Amplituden-/Intensitätsmodulatoren, die auch auf anderen physikalischen Effekten beruhen können. Hier soll keine Aufzählung gebracht werden. Dieser Abschnitt dient dazu, darauf hinzuweisen, daß auch Interferometerstrukturen, bei denen Phasenänderungen der Welle auftreten, für eine Intensitätsmodulation eingesetzt werden können. Es sei in diesem Zusammenhang an ein Mach-Zehnder-Interferometer erinnert, das wellenleitergestützt aufgebaut sein soll. Eine Veränderung der Phase der Welle in dem einen Interferometerarm relativ zu dem anderen führt zu einer Modulation der Interferenzintensität am Ausgang des Mach-Zehnder-Interferometers. Also können auch alle Effekte, die in erster Linie als Phaseneffekte zu verstehen sind und mit relativ kleinen Absorptionsänderungen einhergehen (zum Beispiel der Pockels-Effekt bei Photonenenergien weit unterhalb der Bandlückenenergie) verwendet werden. Das birgt den Vorteil, daß die Schaltgeschwindigkeiten relativ zu den ladungsträgergestützten Effekten sehr groß sein können. Allerdings sind die sogenannten Transit-Zeiten bei rein-optischen Bauelementen (bei denen die Änderung mit Hilfe eines hochintensiven Kontrollstrahls bewirkt wird - Stichwort: Zweistrahlschaltverhalten) zu beachten. So muß ein zum Beispiel von der Rückseite des Bauelements ("user controlled") durchlaufender Kontrollstrahlpuls erst vollständig aus dem Interferometer herausgelaufen sein, bevor ein anderer Puls einen anderen Schaltzustand hervorrufen kann. Bei Bauelementlängen von etwa einem Millimeter stellt das eine Beschränkung auf Umschaltzeiten im Bereich von 10 ps minimal dar. Aber Kompromisse sind meistens zu machen. Die Natur schenkt der Anwendung selten etwas (und wenn es so scheint, ist Skepsis angebracht).

11 Räumliche optische Schalter

Räumliche optische Schalter sind Bauelemente, mit denen das Licht auf einen von verschiedenen möglichen Wegen gebracht wird. In dieser allgemeinen Definition sind auch optische Beugungsgitter als räumliche optische Schalter zu verstehen, da das Licht je nach der Wellenlänge in eine bestimmte Richtung abgelenkt wird. In einem spezielleren Sinne sind räumliche optische Schalter Bauelemente, die das Licht zwischen verschiedenen Wellenleitern als möglichen "Kanälen" umschalten. In diesem Sinne sind räumliche optische Schalter wichtige Bestandteile jeder Form von Vermittlungstechnik und der Konzepte der optischen Datenverarbeitung, die auf Umschaltnetzwerken aufbauen.

Räumliche optische Schalter sind in gewisser Hinsicht ein Gegenstück zu Modulatoren, die zeitliche optische Schalter darstellen. In der Literatur wird oft zur Unterscheidung nur von Modulatoren (englisch auch: "time division switches") auf der einen Seite und Schaltern (englisch: "space division switches") auf der anderen gesprochen.

11.1 Grundformen

Als Grundformen der Schalter im oben angesprochenen engeren Sinne des Wortes sind drei Typen zu nennen, die in Abb. 11.1 dargestellt sind. Die vielleicht wichtigste Form ist der Richtkoppler (oben), dessen Grundstruktur aus zwei sehr nahe benachbarten Wellenleitern besteht, zum Beispiel aus Rippenwellenleitern. Durch die Nähe der Wellenleiter kommt es infolge der Überlappung der evaneszenten Wellen des einen Wellenleiters mit den Modenverteilungen des anderen zu einer Kopplung, das heißt zu einem Austausch von Energie zwischen den Wellenleitern. Ganz analog zum Fall symmetrischer gekoppelter Pendel ist die Energie nach einer gewissen Länge in Ausbreitungsrichtung, der sogenannten Kopplungslänge L_c, vollständig auf den anderen Wellenleiter übergekoppelt. Wie diese Kopplung beeinflußt werden kann, um einen wirklichen Schalteffekt zu erzielen, wird noch behandelt werden. Sinnvollerweise werden beim Richtkoppler einmodige Wellenleiter verwendet, so daß die Gesamtstruktur zweimodig ist und es nur zu einer

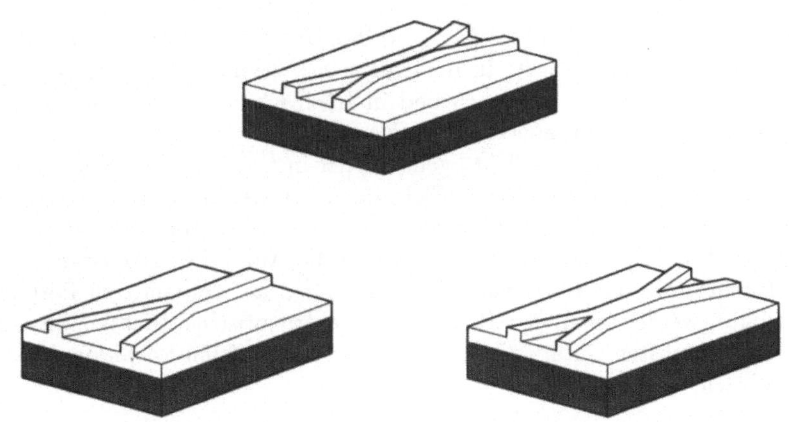

Abb. 11.1: Grundformen wellenleitergestützter räumlicher optischer Schalter: Richtkoppler (oben), Y-Kreuzung (links unten), X-Kreuzung (rechts unten)

kohärenten Wechselwirkung dieser beiden Moden kommen kann. In der integrierten Optik werden fast ausschließlich monomodige Wellenleiter eingesetzt, so daß dies keine Beschränkung darstellt.

Ein weiterer Schaltergrundtyp ist die Y-Kreuzung, die ihren Namen von ihrer Form hat. Bei monomodigen Einzelwellenleitern muß der Kopplungsbereich zwei Moden führen. Wäre er einmodig, würde beim Zusammenlaufen der Wellenleiter sehr viel Energie in Form von Strahlungswellen abgestrahlt werden. In der Abb. 11.1 der Grundtypen ist die Y-Kreuzung symmetrisch gezeichnet. In Abb. 8.12 eines Ergebnisses einer BPM-Simulation wurde eine asymmetrische Y-Kreuzung mit einmodigen Eingangsarmen zugrundegelegt. Auch dort war der Kreuzungsbereich zweimodig und ließ die symmetrische Grundmode und die antisymmetrische Mode zu.

Die letzte der drei Grundformen ist die X-Kreuzung, die aus einer konvergierenden Eingangs-Y-Kreuzung und einer divergierenden Ausgangs-Y-Kreuzung zusammengesetzt wird. Für den Kreuzungsbereich gilt wieder, daß er zweimodig sein muß, wenn die Eingangs- und Ausgangsports aus monomodigen Wellenleitern bestehen.

In den bisherigen Erklärungen wurde noch nicht darauf eingegangen, wie das eigentliche Schalten initiiert wird, also das Umschalten von dem einen auf den anderen Ausgangsport. In denjenigen Schaltern, meist Richtkopplern, die heute kommerziell erhältlich und in Nachrichtenübertragungssystemen und speziell Umschaltnetzwerken im Einsatz sind, wird der lineare elektro-optische Effekt (Pockels-Effekt) genutzt, der in Unterkapitel 5.3 ausführlich besprochen wurde. Dazu werden Elektroden auf die Strukturen aufgebracht und Spannungen angelegt. Über den Pockels-Effekt verändert sich so die Brechzahl in Teilen der Struktur, wodurch die Ausbreitungskonstanten der Wellenleiter beeinflußt werden, so daß das Licht auf den anderen Port um-geschaltet werden kann. Am Beispiel des elektrooptischen Richtkopplers am Ende des nächsten Unterkapitels werden diese abstrakten Bemerkungen kla-rer werden.

11.2 Modenkopplung beim elektrooptischen Richtkoppler

Es gibt sehr viele Situationen und Bauelemente, in denen mehrere Moden ungewollt oder erwünschtermaßen miteinander koppeln. Die Kopplung kann zwischen Wellen, die in derselben Richtung (kodirektional) laufen, oder zwi-schen entgegengesetzt laufenden (kontradirektionalen) Wellen erfolgen. Sie kann durch Streuung (im weitesten, nicht nur im physikalischen Sinne) an Störungen hervorgerufen werden. Sie kann aber auch eine Folge von bewußt in die Struktur eingebrachten Störungen, wie etwa Beugungsgittern, sein. Oder sie resultiert aus der Überlappung der Modenverteilungen von vornherein, wie etwa beim Richtkoppler. Der Richtkoppler ist eins von sehr vielen Beispielen der Modenkopplung, für Erklärungsversuche wegen seiner Anschaulichkeit aber sehr gut geeignet. Daher soll der Richtkoppler als Grundlage für die weiteren Erläuterungen dienen, auch wenn viele Bemerkungen allgemeiner Natur sind.

Die Superposition zweier ausbreitungsfähiger, mit den Indizes $_1$ und $_2$ ge-kennzeichneter Wellen gleicher Lichtfrequenz läßt sich bei Ausbreitung ent-lang der z-Achse und längshomogenem (das heißt in z-Richtung konstantem) Brechzahlprofil folgendermaßen schreiben [EBE 92]:

$$\vec{E}(x,y,z) = E_1 \exp(\mp j\beta_1 z)\vec{\hat{E}}_1(x,y) + E_2 \exp(\mp j\beta_2 z)\vec{\hat{E}}_2(x,y) \qquad (11.1)$$

mit E_1 und E_2 sowie β_1 und β_2 als komplexe Amplituden und Ausbreitungs-konstanten der Moden sowie $\vec{\hat{E}}_1(x,y)$ und $\vec{\hat{E}}_2(x,y)$ als Einheitsvektoren; in dieser Darstellung wird die zeitliche Abhängigkeit der Welle nicht berücksichtigt.

Für die kodirektionale Kopplung beim Richtkoppler ergibt sich zur Beschreibung folgendes Differentialgleichungssystem:

$$\frac{dE_1}{dz} = \kappa_{12}E_2\exp(-2j\delta z) = E_{Dummy}, \tag{11.2}$$

$$\frac{dE_2}{dz} = \kappa_{21}E_1\exp(2j\delta z), \tag{11.3}$$

wobei κ_{lm} den sogenannten Koppelfaktor der Mode m in die Mode l ($l, m = 1, 2$) und

$$2\delta = \mid \beta_1 - \beta_2 \mid \tag{11.4}$$

die Phasenabweichung oder Verstimmung (der reellen Ausbreitungskonstanten β_1 und β_2) der beiden Moden bezeichnen. E_{Dummy} ist eine Größe, die später noch gebraucht werden wird. Die Koppelfaktoren lassen sich aus der speziellen Situation der Modenkopplung mit Hilfe der Störungsrechnung bestimmen; dies soll hier nicht vorgeführt werden. $\mid E_1 \mid^2$ und $\mid E_2 \mid^2$ sind proportional zu den in den beiden Moden transportierten Energien. Die Leistungserhaltung im Fall ohne Absorption, von dem hier um der einfacheren Darstellung des Wesentlichen willen ausgegangen werden soll, bedeutet:

$$\begin{aligned}
\frac{d}{dz}(\mid E_1 \mid^2 + \mid E_2 \mid^2) &= \frac{d}{dz}(E_1E_1^* + E_2E_2^*) \\
&= \frac{dE_1}{dz}E_1^* + E_1\frac{dE_1^*}{dz} + \frac{dE_2}{dz}E_2^* + E_2\frac{dE_2^*}{dz} \\
&= 0.
\end{aligned} \tag{11.5}$$

Die vier Ableitungen lauten nach Gln. (11.2) und (11.3):

$$\frac{dE_1}{dz} = \kappa_{12}E_2\exp(-2j\delta z), \tag{11.6}$$

$$\frac{dE_1^*}{dz} = \kappa_{12}^*E_2^*\exp(2j\delta z), \tag{11.7}$$

$$\frac{dE_2}{dz} = \kappa_{21}E_1\exp(2j\delta z), \tag{11.8}$$

$$\frac{dE_2^*}{dz} = \kappa_{21}^*E_1^*\exp(-2j\delta z). \tag{11.9}$$

Damit sieht Gl. (11.5) folgendermaßen aus:

$$\begin{aligned}
\kappa_{12} \; & E_2\exp(-2j\delta z)\cdot E_1^* + E_1\cdot\kappa_{12}^*E_2^*\exp(2j\delta z) \\
+ \; & \kappa_{21}E_1\exp(2j\delta z)\cdot E_2^* + E_2\cdot\kappa_{21}^*E_1^*\exp(-2j\delta z) = 0.
\end{aligned} \tag{11.10}$$

Ein Koeffizientenvergleich innerhalb von Gl. (11.10) ergibt die Bedingungen:

$$\kappa_{12} = -\kappa_{21}^{*}, \tag{11.11}$$

$$\kappa_{21} = -\kappa_{12}^{*}. \tag{11.12}$$

Somit ist eine weitere Vereinfachung erlaubt und sinnvoll:

$$\mid \kappa_{12} \mid = \mid \kappa_{21} \mid = \quad \kappa. \tag{11.13}$$

Aus Gl. (11.2) folgt mit der Produktregel, Gl. (11.3) und der Definition (11.13):

$$\frac{dE_{Dummy}}{dz} = \kappa_{12}\frac{dE_2}{dz}\exp(-2j\delta z) - 2j\delta\kappa_{12}E_2\exp(-2j\delta z)$$
$$= -\kappa^2 E_1 - 2j\delta E_{Dummy}. \tag{11.14}$$

So ist es möglich, aus dem System zweier Differentialgleichungen erster Ordnung eine Differentialgleichung zweiter Ordnung zu bilden:

$$\frac{dE_1}{dz} = E_{Dummy}, \tag{11.15}$$

$$\frac{dE_{Dummy}}{dz} = -\kappa^2 E_1 - 2j\delta E_{Dummy} \tag{11.16}$$

Daraus folgt:

$$\frac{d^2 E_1}{dz^2} + 2j\delta\frac{dE_1}{dz} + \kappa^2 E_1 = 0. \tag{11.17}$$

Dies ist die komplexe Schwingungsdifferentialgleichung. Mit dem Ansatz

$$E_1 = \tilde{E}_1 \exp(j\Gamma z) \tag{11.18}$$

mit Γ als Ausbreitungskonstante folgt auf dem üblichen Weg:

$$\Gamma^{(1),(2)} = -\delta \pm \sqrt{\delta^2 + \kappa^2}. \tag{11.19}$$

Die Superskripte $^{(1)}$ und $^{(2)}$ bezeichnen die beiden speziellen Lösungen für das Feld in Wellenleiter $_1$. Damit ist die allgemeine Lösung der Schwingungsdifferentialgleichung, Gl. (11.17):

$$E_1 = \exp(-j\delta z)\cdot[\tilde{E}_1^{(1)}\exp(+j\sqrt{\delta^2+\kappa^2}z)+\tilde{E}_1^{(2)}\exp(-j\sqrt{\delta^2+\kappa^2}z)]. \tag{11.20}$$

Mit der speziellen Randbedingung der alleinigen Einkopplung in den Wellenleiter $_2$ mit der Amplitude $E_2(0) = E_{2,0}$ folgt:

$$E_1(0) = 0 \tag{11.21}$$

$$\Longrightarrow \quad \tilde{E}_1^{(2)} = -\tilde{E}_1^{(1)} \tag{11.22}$$

und mit der Sinus-Definition

$$\sin \rho = \frac{\exp(j\rho) - \exp(-j\rho)}{2j} : \qquad (11.23)$$

$$E_1 = \tilde{E}_1^{(1)} \exp(-j\delta z) 2j \sin(\sqrt{\delta^2 + \kappa^2}\, z). \qquad (11.24)$$

Daraus ergibt sich für die Ableitung:

$$\begin{aligned}
\frac{dE_1}{dz} &= \tilde{E}_1^{(1)} 2j[-j\delta \exp(-j\delta z) \sin(\sqrt{\delta^2 + \kappa^2}\, z) \\
&+ \exp(-j\delta z) \cos(\sqrt{\delta^2 + \kappa^2}\, z)\sqrt{\delta^2 + \kappa^2}] \\
&= E_{Dummy}(z) = \kappa_{12} E_2 \exp(-2j\delta z).
\end{aligned} \qquad (11.25)$$

An der Stelle $z = 0$ gilt somit:

$$\begin{aligned}
\frac{dE_1}{dz}(0) &= \tilde{E}_1^{(1)} 2j\sqrt{\delta^2 + \kappa^2} \\
&= E_{Dummy}(0) = \kappa_{12} E_{2,0}
\end{aligned} \qquad (11.26)$$

Damit folgt für den Koeffizienten $\tilde{E}_1^{(1)}$:

$$\tilde{E}_1^{(1)} = \frac{\kappa_{12} E_{2,0}}{2j\sqrt{\delta^2 + \kappa^2}}. \qquad (11.27)$$

Für die Lösungen des Differentialgleichungssystems ergibt sich somit nach den Gln. (11.24), (11.25) und (11.27) weiter:

$$\begin{aligned}
E_1 &= \frac{\kappa_{12} E_{2,0}}{\sqrt{\delta^2 + \kappa^2}} \exp(-j\delta z) \sin(\sqrt{\delta^2 + \kappa^2}\, z), \qquad (11.28) \\
E_2 &= \frac{dE_1}{dz} \exp(2j\delta z) \frac{1}{\kappa_{12}} \\
&= E_{2,0} \exp(j\delta z)[\cos(\sqrt{\delta^2 + \kappa^2}\, z) - \frac{j\delta}{\sqrt{\delta^2 + \kappa^2}} \sin(\sqrt{\delta^2 + \kappa^2}\, z)].
\end{aligned}$$

$$(11.29)$$

Die Amplituden der beiden Moden ändern sich also sinusförmig. Das Ergebnis ist in Abb. 11.2 dargestellt. Nach der Kopplungslänge L_c ist die ursprünglich in den Wellenleiter 2 eingekoppelte Lichtleistung gegebenenfalls vollständig auf den anderen Wellenleiter übergekoppelt. Ist das Bauelement noch länger, findet natürlich periodisch eine "Zurück"kopplung statt. Sinnvollerweise wird als Bauelementlänge L die Kopplungslänge L_c gewählt. Ist die Kopplung schwächer, fällt einfach die Kopplungslänge größer aus; an

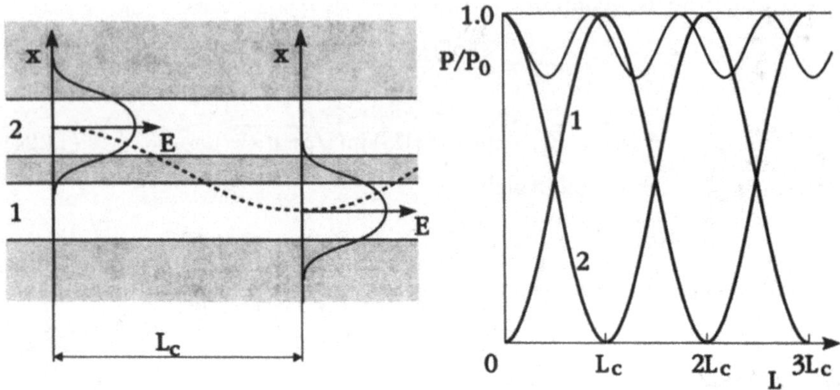

Abb. 11.2: Modenkopplung am Beispiel des Richtkopplers. Die Leistungen P
werden entlang des Bauelements sinusförmig in Abhängigkeit von der Aus-
breitungsstrecke L übergekoppelt. Bei symmetrischen Bauelementen findet
eine 100%-ige Durchmodulation der Kurven statt

der prinzipiellen Situation ändert sich nichts. Wie aus Gl. (11.29) an dem
$-(j\delta/\sqrt{\delta^2 + \kappa^2})\sin(\ldots)$-Term zu sehen ist, ist eine vollständige Überkopp-
lung nur für den Fall ohne Verstimmung der Wellenleiter ($\delta = 0$) möglich.
Ist eine Verstimmung vorhanden, ist die Überkopplung nicht vollständig, die
Durchmodulation der Kurven in Abb. 11.2 nicht maximal.

Es fällt auf, daß bei Verstimmung die Kopplungslänge sinkt; denn:

$$L_c = \frac{\pi}{2}\frac{1}{\sqrt{\delta^2 + \kappa^2}}. \tag{11.30}$$

Dieses Ergebnis scheint der Intuition zu widersprechen, da mit einer Störung
der Kopplung gedanklich unwillkürlich eine vergrößerte Kopplungslänge verbunden wird. Das Problem liegt in der Definition der Kopplungslänge; es
ist diejenige Entfernung in Ausbreitungsrichtung, nach der die in der speziellen Situation (δ und κ) maximal mögliche Energie übergekoppelt ist.
Da bei großer Verstimmung eine Überkopplung kaum möglich ist (es sei an
die Analogie ungleich langer gekoppelter Pendel erinnert), kann diese Kopplungslänge recht klein werden.

Um einen (räumlichen) optischen Schalter zu realisieren, muß eine Möglich-

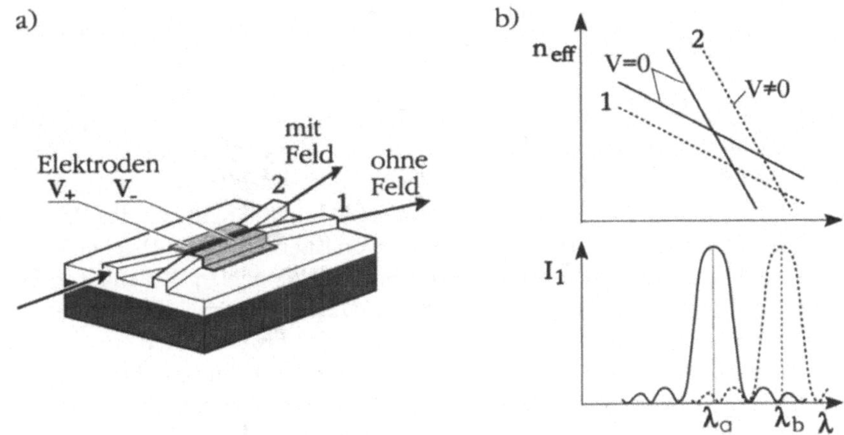

Abb. 11.3: Elektrooptischer Richtkoppler: a) Aufbauprinzip mit Elektroden; b) Dispersionskurven beider Zweige eines speziellen Richtkopplers, eines sogenannten Richtkoppler-Filters, und Ausgangsintensität I_1 des Koppelzweigs in Abhängigkeit von der Wellenlänge λ

keit gefunden werden, die Kopplung zwischen den Wellenleitermoden zu beeinflussen. Wie schon erwähnt, wird bei nicht inversionssymmetrischen Kristallen dazu häufig der Pockels-Effekt ausgenutzt. Wie in Abb. 11.3a gezeigt, wird dazu auf eine Richtkopplerstruktur der Länge $L = 1\,L_c$ eine geeignete Elektrodenanordnung bei der Herstellung aufgebracht. Über die Elektroden werden externe Spannungen angelegt, die eine Differenz in den effektiven Brechungsindizes der beiden Wellenleiter und auch der Ausbreitungskonstanten hervorrufen. Das bedeutet eine Verstimmung der beiden Wellenleiter. Die Spannung und damit die Verstimmung werden so gewählt, daß die Kopplungslänge bei Verstimmung (mit Spannung) gerade der halben Kopplungslänge ohne Verstimmung (ohne Spannung) gleicht. Dann koppelt die Energie auf der Bauelementlänge hin und wieder zurück, verbleibt also letztlich am Ausgang des Richtkopplers auf dem Wellenleiter, in den sie eingekoppelt wurde. Ohne Spannung liegt der sogenannte Kreuzzustand vor, mit Spannung der sogenannte Gleichzustand.

Bei der beschriebenen Form des elektrooptischen Richtkopplers gibt es einige Nachteile dadurch, daß der eine Zustand gar keine Spannung benötigt, der andere eine relativ hohe (im Bereich von einigen Volt je nach Stärke des Pockels-Effekts und Anordnung des Richtkopplers auf dem Kristall). Daher gibt es eine Reihe von Varianten, die hier aber nicht besprochen werden sollen, da sich am Prinzip nicht viel ändert.

Eine Variante des elektrooptischen Richtkopplers mit einem speziellen Zweck soll noch erläutert werden. Ein schon von der Herstellung her asymmetrischer Richtkoppler zeigt im allgemeinen für den gesamten Spektralbereich eine Verstimmung, die bei starker Asymmetrie - unabhängig von der Bauelementlänge - nur eine geringe Überkopplung von Energie zuläßt. Das bedeutet, daß die effektiven Brechungsindizes der Moden in den beiden Wellenleitern im gesamten Spektralbereich (die sogenannten Dispersionsverläufe der Wellenleiter) unterschiedlich sind. Wird die Asymmetrie teilweise durch eine andere Asymmetrie kompensiert (zum Beispiel mit einer Brechungsindexerhöhung durch Dotierung in einem geometrisch schmaleren Wellenleiter) kann die Verstimmung für eine Wellenlänge aufgehoben werden; die Dispersionskurven schneiden sich für eine Wellenlänge. Für diese einzelne Wellenlänge wird (ohne Anlegen von Spannungen auf den Elektroden) die Energie vollständig übergekoppelt, wie in Abb. 11.3b angedeutet. Es handelt sich also zunächst um einen Richtkoppler, der als festes Wellenlängenfilter dienen kann. Werden zusätzlich Spannungen an die Elektroden angelegt, können die Dispersionskurven unterschiedlich verschoben werden. Dadurch verändert sich ihr Schnittpunkt. Die "überkoppelnde Wellenlänge" verschiebt sich. So kann der asymmetrische elektrooptische Richtkoppler als dynamisches Wellenlängenfilter in Demultiplexern eingesetzt werden.

11.3 Nichtlinearer optischer Richtkoppler

Obwohl nichtlineare räumliche optische Schalter noch nicht weit genug für den Einsatz in existierenden optischen Nachrichtenübertragungs- und Datenverarbeitungssystemen entwickelt sind, soll hier am Beispiel des Richtkopplers auf das Prinzip und die Möglichkeiten dieser nichtlinearen Schalter eingegangen werden.

Räumliche Schalter basieren auf einer Änderung der Brechzahlverteilung des Bauelements, die zu einer Änderung der Modenkopplung führt. Im Beispiel der elektrooptischen Schalter wird der Pockels-Effekt ausgenutzt; externe Spannungen bewirken die erforderliche Änderung des Brechzahlprofils. Bei nichtlinearen räumlichen optischen Schaltern wird die Änderung durch das Licht selbst erzeugt, solche Schalter sind also inhärent "rein-optisch".

Mit "nichtlinear" ist in diesem Fall die Lichtfeldstärke- oder Intensitätsabhängigkeit der Brechzahl gemeint, die sich aber erst bei relativ hohen Lichtleistungen P oder -intensitäten I bemerkbar macht [MI2 91]. Bei Halbleitern und Betriebswellenlängen im Bereich der Wellenlänge, die der Bandlückenenergie entspricht, ist üblicherweise eine Verringerung der Brechzahl in Abhängigkeit der Intensität I zu beobachten:

$$n = n_0 \; + \; n_2 \cdot I, \tag{11.31}$$

$$n_2 \; < \; 0, \tag{11.32}$$

mit $n_0(x, y, z)$ als sogenanntes lineares, also intensitätsunabhängiges Brechzahlprofil und $n_2(x, y, z)$ als nichtlinearer Brechungsindexkoeffizient. Das Produkt $n_2 \cdot I$ ist die sogenannte nichtlineare Änderung der Brechzahl aufgrund des Einflusses der Lichtintensität. In Analogie zum elektrooptischen Kerr-Effekt, bei dem die Änderung der relativen Dielektrizitätskonstanten proportional zum Quadrat des externen elektrischen Felds ist, wird eine Nichtlinearität, die in der Form der Gl. (11.31) beschrieben werden kann, als optischer Kerr-Effekt bezeichnet. Wenn der Koeffizient n_2, wie bei Halbleitern mit Photonenenergien in der Nähe der Bandlückenenergie negativ ist, wird von einer selbstdefokussierenden Nichtlinearität gesprochen. Denn ein hochintensiver gebündelter oder fokussierter Lichtstrahl wird durch die von ihm selbst hervorgerufene Brechzahlabsenkung defokussiert. Im anderen Fall ist von einer selbstfokussierenden Nichtlinearität die Rede. Dies ist zum Beispiel in Glasmaterialien der Fall, die allerdings sehr kleine positive Koeffizienten n_2 aufweisen. Von einer idealen Kerr-Nichtlinearität wird gesprochen, wenn der nichtlineare Brechungsindexkoeffizient n_2 selbst nicht mehr von der Intensität abhängt.

An der Entstehung der Nichtlinearität können im Prinzip viele Effekte - auch gleichzeitig - beteiligt sein. Bei Halbleitern mit Photonenenergien in der Nähe der Bandlückenenergie sind dies im wesentlichen:
1) die dynamische Bandfüllung mit $n_2 < 0$, bei der eine sättigbare Absorption zu einer Verringerung der Wechselwirkung zwischen dem Licht und der Materie führt,
2) die Absorption freier Ladungsträger mit $n_2 < 0$,
3) die Sättigung der exzitonischen Absorption mit $n_2 < 0$,
4) die Abschirmung von Ladungsträgern oder Renormalisation mit $n_2 > 0$
5) die Abschirmung von an Exzitonen beteiligten Ladungsträgern mit $n_2 > 0$.

Trotz der positiven Brechzahländerung der letzten beiden Effekte hat der Nettoeffekt einen negativen Koeffizienten n_2, da die Effekte (1) und (2) sehr

stark sind. Bei Gläsern mit positivem n_2 ist eine Verzerrung der Elektronenorbitale für die Veränderung der Wechselwirkung und die daraus folgende
Brechzahländerung verantwortlich. Dieser Effekt ist sehr schnell - vermutlich
in der Größenordnung von 10 fs. Die resonanten Effekte bei Halbleitern (an
der Absorptionskante) sind dagegen mit der Generation von Ladungsträgern
verknüpft. Anstiegs- und Relaxationszeiten liegen im Bereich von 1 ns bis
einige Nanosekunden. Dafür sind die resonanten Effekte deutlich stärker.
Während zum Beispiel in Quarz ein nichtlinearer Brechungsindexkoeffizient
von etwa $n_2 \approx 10^{-16} cm^2/W$ gemessen wird, ist bei resonanten Halbleiter-
nichtlinearitäten im unstrukturierten Material mit Werten im Bereich von
$n_2 \approx -10^{-12} cm^2/W$ bei Wellenlängen 20 bis 30 nm oberhalb der Wellenlänge
der Absorptionskante zu rechnen. Werden darüber hinaus quantenmechanische Strukturen, i.e. in diesem Zusammenhang häufig Vielfachquantenfilme,
eingesetzt, steigt die Stärke der Nichtlinearität um weitere vier Größenordnungen auf etwa $n_2 \approx -10^{-8} cm^2/W$. Hierzu trägt besonders die exzitonische Absorption und die Absorption an den Subbandkanten bei. Denn das
Integral der Zustandsdichte über der Energie ist relativ klein, so daß sie
mit relativ geringer Intensität abgesättigt werden können, was zu deutlichen
Nichtlinearitäten führt. Die Leistungen, die zur Erzielung einer merklichen
optischen Nichtlinearität notwendig sind, können dadurch in den Bereich
von etwa 1 mW rutschen. Dies macht optische Nichtlinearitäten für praktische Anwendungen interessant. Denn damit sollten praktikable rein-optische
Schaltelemente möglich sein. Die zum Teil aufwendigen Elektrodenstruktu-
ren bei elektrooptischen Schaltern und die häufige Wandlung optischer Steu-
ersignale in elektrische und umgekehrt wäre damit - zumindest teilweise -
überflüssig. Deshalb sind nichtlinear-optische Schalter Gegenstand der aktiven Forschung.

Abbildung 11.4 zeigt das Funktionsprinzip eines nichtlinearen optischen
Richtkopplers. In Teilbild (a) ist das Funktionsprinzip im Fall des Selbstschal-
tens gezeigt, das heißt für den Fall, bei dem sich der Signalstrahl durch seine
eigene Intensität selbst auf einen der beiden Ausgänge schaltet. Der Informa-
tionsfluß bestehe aus mindestens zwei verschiedenen Kanälen, von denen der
eine auf einen und der andere auf den zweiten Ausgangsport geschaltet werden sollen. Ist das Bauelement eine Kopplungslänge lang (definiert über den
sogenannten linearen Bereich geringer Intensität) koppelt ein wenig intensi-
ves Signal von dem Einkoppelwellenleiter auf den Koppelwellenleiter über.
Ein hochintensives Signal frustriert auf die eine oder andere Art die Kopplung - zum Beispiel infolge einer Verstimmung der Wellenleiter, die durch die
Brechzahländerung hervorgerufen wird. Dadurch "verbleibt" das starke Si-

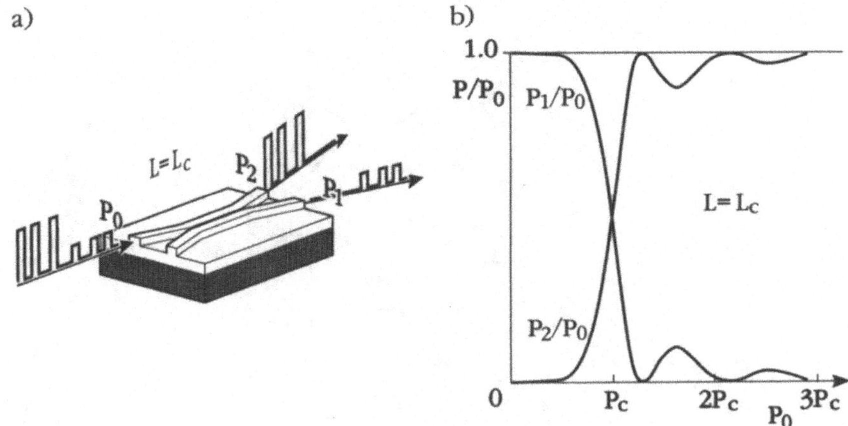

Abb. 11.4: Nichtlinear-optischer Richtkoppler: a) Funktionsprinzip beim Selbstschalten; b) optische Kennlinie für ein Bauelement mit $L = L_c$

gnal auf dem Wellenleiter, in den es eingekoppelt wurde. Im Teilbild b ist die Unterscheidung zwischen starken und schwachen Signalen an der optischen Kennlinie für eine Bauelementlänge von $L = L_{c,linear}$ zu sehen. Bei kleinen Leistungen unterhalb einer kritischen Leistung P_c koppelt die Leistung auf den Koppelwellenleiter über. Ab etwa der kritischen Leistung ändert sich das Bild. Die Kopplung wird frustriert. Die Energie bleibt am Ende des Bauelements mehr oder weniger vollständig in dem Einkoppelwellenleiter, so daß ein intensitätsabhängiges Schaltverhalten festzustellen ist.

In Abb. 11.5 ist der Übergang vom linearen in den nichtlinearen Bereich auf andere Art dargestellt. Aufgetragen ist die Ausgangsleistung über der Bauelementlänge für verschiedene Eingangsleistungen, die sich für $L = 0$ ablesen lassen. Deutlich unterhalb der kritischen Leistung ist für eine symmetrische Wellenleiterstruktur die Überkopplung 100 %-ig. Zwar kommt es in der Nähe der kritischen Leistungen auch schon zur Vergrößerung der Kopplungslänge, da zum Beispiel durch den mittelintensiven Lichtstrahl eine leichte Veränderung der Brechzahl und damit eine gewisse Frustration der Kopplung induziert wird. Aber der Punkt, bei dem die Hälfte der Energie übergekoppelt wird, wird noch in endlicher Entfernung erreicht. An diesem Punkt sind die Veränderungen in beiden Armen des Richtkopplers gleich stark, dadurch ist die Nettoverstimmung Null. So kann es zu einer vollständigen Überkopplung der Energie kommen, obwohl die Kopplung gestört ist, was sich in der

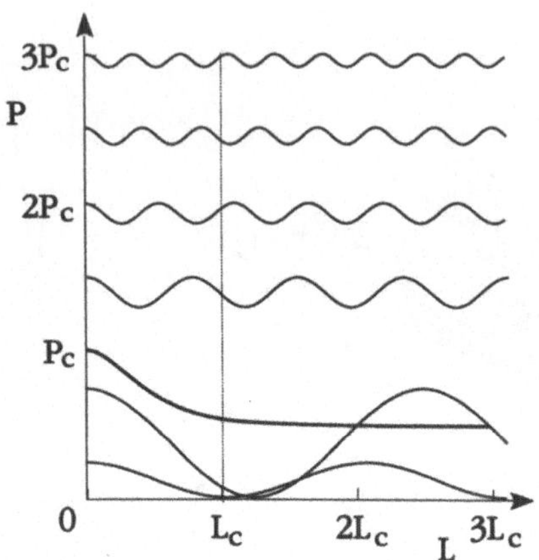

Abb. 11.5: Ausgangsleistungen P des nichtlinearen optischen Richtkopplers als Funktion der Bauelementlänge L für verschiedene Eingangsleistungen; diese lassen sich for $L = 0$ auf der P-Achse ablesen. Die Normierung der L-Achse durch L_c erfolgt für eine sehr geringe Lichtleistung, also im linearen Bereich

vergrößerten Kopplungslänge zeigt. Wenn die Eingangsleistung gleich der kritischen Leistung ist, wird der Punkt der Energieaufteilung zu gleichen Teilen auf beide Arme im Unendlichen erreicht (so ist P_c definiert). Es handelt sich um einen labilen Gleichgewichtszustand des Systems. Bei Eingangsleistungen oberhalb der kritischen Leistung ist die Frustration der Kopplung so stark, daß eine Energieaufteilung zu gleichen Teilen in den Armen nicht mehr erfolgen kann. Die "Nettostörung" zwischen den Armen wird nicht mehr Null. Die Kopplung ist deutlich frustriert. Die Kurven werden nur noch relativ schwach durchmoduliert. Ähnlich wie beim elektrooptischen Richtkoppler nimmt die Kopplungslänge mit zunehmender Störung ab.

In obigen Ausführungen wurde davon gesprochen, daß eine Verstimmung ein Beispiel für Methoden darstellt, mit denen die Kopplung frustriert und somit "nichtlinear geschaltet" werden kann. In Abb. 11.6 beim Vergleich sogenannter Vertikal- und Horizontalkoppler wird dies klarer werden. III-V-Halbleitermaterialien sind in der Optoelektronik ohnehin sinnvoll und wegen ihrer starken resonanten optischen Nichtlinearitäten praktisch notwendig für den Bau nichtlinearer Schalter. Die Abbildung bezieht sich auf das Materialsystem AlGaAs/GaAs als Beispiel. Zur weiteren Verstärkung der Nichtli-

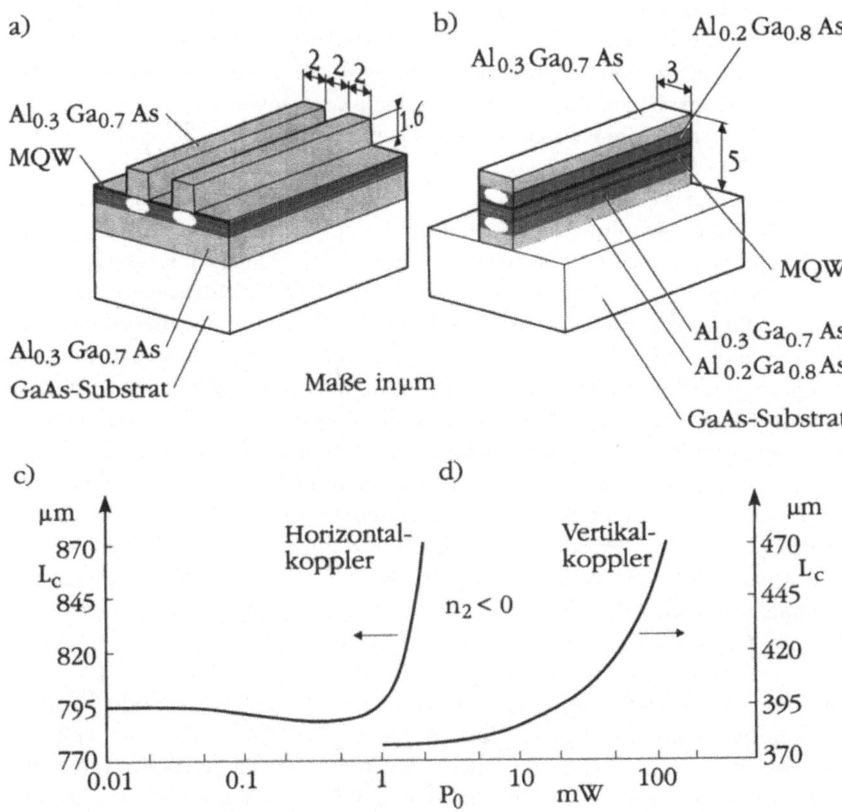

Abb. 11.6: Vergleich von Halbleiter-Vertikal- und -Horizontalkopplern am Beispiel des AlGaAs/GaAs-MQW-Materialsystems: a&b) Aufbau, c&d) berechnete Abhängigkeit der Kopplungslänge L_c von der Eingangsleistung P_0

nearität werden Vielfachquantenfilme (MQW) eingesetzt.

Beim Vertikalkoppler (Teilbild b in Abb. 11.6) liegen die Wellenleiter des Richtkopplers in einer Ebene senkrecht zu den Schichtenoberflächen, daher der Name Vertikalkoppler, beim Horizontalkoppler (a) sind die Wellenleiter parallel in einer Ebene parallel zu den Oberflächen angeordnet. Das Entscheidende im Vergleich der beiden Strukturen ist aber, daß beim Horizontalkoppler durch geeignete Einstellung der Schichtzusammensetzungen und damit der Brechzahlen beide Wellenleiter (sowie mehr oder weniger zwangsläufig auch die Kopplungszone dazwischen und die beiden Randbereiche) im MQW-Bereich liegen. Dadurch kann die starke Nichtlinearität sehr gut ausgenutzt werden. Mit ihr ist aber eine hohe Absorption verbunden, die die Einfügungsdämpfung des Bauelements deutlich in die Höhe treibt. Beim Vertikalkoppler sind die Zusammensetzungen der Schichten so gewählt, daß nur im Kopplungsbereich die stark nichtlineare MQW-Schichtenfolge vorhanden ist. Wenn die evaneszenten Ausläufer der Wellen in Erinnerung gerufen werden, wird zwar klar, daß der Kopplungsbereich von der Gesamtleistung nur geringe Teile enthält, so daß die kritische Lichtleistung höher sein wird als beim Horizontalkoppler. Dafür ist aber die Absorption in den Wellenleitern bei geeigneter Wahl der Zusammensetzungen gering, denn ohne starke Nichtlinearität kann auch die Absorption klein gewählt werden. Im Vergleich mit dem Horizontalkoppler darf nicht vergessen werden, daß dessen Eingangsleistung wegen der Absorption so hoch gewählt werden muß, daß die bei der Ausbreitung der Welle entlang des Bauelements verbleibende Leistung niemals unter die kritische Schaltlichtleistung sinkt; sonst entstünden undefinierte Zustände.

In den Teilen c und d der Abb. 11.6 werden Ergebnisse numerischer Berechnungen mit Hilfe der BPM an Horizontal- und Vertikalkopplern nebeneinandergestellt - mit ähnlichen Parametersätzen, wie in den Teilbildern a und b gezeigt. Aufgetragen ist die berechnete Kopplungslänge als Funktion der Eingangslichtleistung. Dabei sind die absoluten Werte für die Kopplungslänge relativ unwichtig, da sie von den exakten Parametern abhängen und in gewissen Grenzen beliebig eingestellt werden können. Wesentlich an der Darstellung sind die qualitativ unterschiedlichen Kurvenformen. Zwar ist in beiden Fällen ein Anstieg der Kopplungslänge gegen Unendlich für hohe Lichtleistungen zu sehen, was auf die erwünschte Frustration der Kopplung, das nichtlineare Schalten, hinweist. Aber im Fall des Horizontalkopplers zeigt die Kurve ein Minimum. Offenbar konkurrieren hier zwei Effekte miteinander. Zunächst nimmt die Kopplungslänge mit steigender Lichtleistung ab, da die

Kopplungsstärke zunimmt. Dies ist darauf zurückzuführen, daß die Absenkung der Brechzahl ($n_2 < 0$) in dem Wellenleiter mit dem hochintensiven Strahl zu einer Verringerung des Füllfaktors führt. Dadurch wird die Kopplung zwischen den Wellenleitermoden verbessert. Erst bei höheren Leistungen setzt sich der schon früher angesprochene Effekt der Verstimmung aufgrund der unterschiedlichen Ausbreitungskonstanten der Moden in den beiden Wellenleitern durch und führt letztendlich zu dem Schaltverhalten. Beim Vertikalkoppler kann die Verstimmung erst bei Leistungen auftreten, die um mehrere Größenordnungen rechts von dem gezeichneten Skalenabschnitt liegen, so daß die Verstimmung als Ursache des gewünschten Schalteffekts nicht in Frage kommt. Das Ausschlaggebende ist die Tatsache, daß die Absenkung der Brechzahl im Kopplungsbereich zu einem größeren Füllfaktor führt. Das heißt, die beiden Wellenleiter werden stärker entkoppelt; die Kopplung wird - wie gewünscht - frustriert. Dadurch daß beim Horizontalkoppler zwei Effekte gegeneinander wirken, sind die erforderlichen Schaltlichtleistungen nur etwa eine Größenordnung unter denen beim Vertikalkoppler.

Nichtlineare Vertikal- und Horizontalkoppler sind komplizierte Bauelemente, bei denen alle Parameter sehr genau abgestimmt werden müssen, um einen sinnvollen Kompromiß zwischen Stärke der Nichtlinearität und dem Ausmaß der Absorption zum einen und zwischen Stärke der Kopplung und Leichtigkeit der Frustration der Kopplung zum anderen zu erzielen [FOU 94]. Daher bleibt es noch fraglich, ob diese Bauelemente für eine kostengünstige Herstellung und einen sinnvollen Einsatz in der Anwendung taugen.

Für die Praxis ist ein Schaltkonzept sinnvoll, bei dem zwei Lichtstrahlen verwendet werden. Der eine Strahl, der Kontroll- oder Steuerstrahl, würde eine relativ hohe Intensität aufweisen und das Bauelement im oben geschilderten Sinne verändern. Ein schwacher Signalstrahl würde dieses veränderte Bauelement "sehen" und umgeschaltet werden, das heißt im Fall der nichtlinearen Schalter nicht auf den anderen Wellenleiter übergekoppelt werden. Dieses Zweistrahlschaltverhalten eröffnet einige Möglichkeiten. Erstens können alle Signale gleich behandelt werden und müssen nicht schon mit deutlich unterschiedlichen Leistungen generiert oder später verstärkt werden. Zweitens könnten die Signalstrahlen in ihrer Wellenlänge so gewählt werden, daß sie geringer Absorption unterliegen, so daß akzeptable Einfügungsdämpfungen möglich sein sollten. Und drittens ist eine starke Absorption des Kontrollstrahls sogar sinnvoll, damit er nur lokal auf einen Schalter wirkt und nicht noch auf dahinterliegende (in einem Umschaltnetzwerk aus vielen Schaltern). In diesem Sinne könnte das Zweistrahlschalten sogar die scharfen

Herstellungstoleranzen relaxieren und die Bauelemente für die Anwendung
geeigneter machen.

Schlußbemerkungen

Dieses Buch soll einen Überblick über die integrierte Optoelektronik und die technische Optik geben. Es sollte deutlich geworden sein, wie sehr klassische und moderne Gebiete der Optik moderne Forschungs- und Entwicklungsgebiete durchdringen. Die Miniaturisierung und gegebenenfalls Integration von verschiedenen Bauelementen auf einem Chip erfordern immer ausgefeiltere Konzepte, Herstellungsmethoden und Simulationsverfahren zur Optimierung.

Neben der Miniaturisierung und Integration ist eine Tendenz zur Kombination von Bauelementen aus verschiedenen physikalischen Bereichen zu verzeichnen. Mechanik, Elektronik und Optik rücken immer näher zusammen, so daß übergreifend von dem Begriff der Mikrosystemtechnologie die Rede ist [BUE 91]. Zum Teil ist diese Entwicklung auf die deutlich verbesserten Möglichkeiten der Materialherstellung (→ Epitaxie), der Probenstrukturierung (→ Lithografie) und der Verbindungstechniken inklusive schwieriger Materialkombinationen (→ Heteroepitaxie) zurückzuführen, die Konzepte möglich machen, auf die noch vor kurzer Zeit kaum ein Mensch zu hoffen wagte. Zum Teil ist diese Entwicklung durch verschärfte Anforderungen initiiert worden. Bauelemente und Systeme müssen immer leistungsfähiger, immer platzsparender, immer kostengünstiger sein.

Durch Aufhebung der Barrieren zwischen Mechanik, Elektronik und Optoelektronik sind völlig neue Ansätze möglich. Abbildung 12.1 zeigt ein prinzipielles Beispiel für ein solches Konzept. Drei Chips seien miteinander über Glasfasern verbunden, über die der Signalfluß zwischen den Subsystemen optisch stattfindet. Im linken oberen Teil ist ein Sensor-Chip dargestellt. Eine schwingende Membran messe einen Gasfluß. So könnte zum Beispiel die Membran die eine Platte eines Kondensators sein, dessen Kapazitätsänderung zur Messung verwendet werden kann. Das elektrische Signal wird in einer integriert-elektronischen Schaltung aufbereitet und in codierter Form auf einen Laserdioden-Treiber gegeben. Das emittierte Licht gelangt über eine der erwähnten Glasfasern auf einen Steuerchip. Dort wird über eine Fotodiode das optische Signal in ein elektrisches rückverwandelt und als sol-

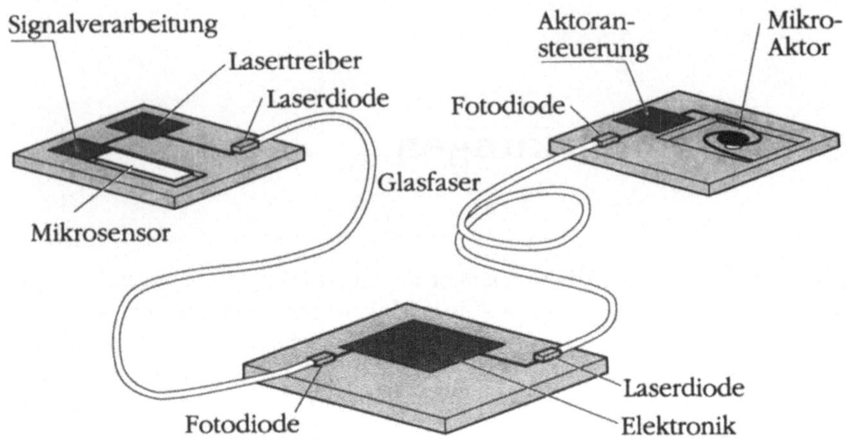

Abb. 12.1: Beispiel für ein Mikrosystem mit mechanischen, elektronischen und optoelektronischen Komponenten - nähere Erläuterungen im Text

ches weiterverarbeitet. Beispielsweise könnte in Abhängigkeit des gemessenen Gasflusses ein Wert für einen Parameter errechnet werden, der zur Regulierung des Flusses verändert werden muß. Diese Information gelangt wieder optisch über eine Glasfaser auf einen Aktorchip, der in diesem Beispiel ein Mikroventil enthalten soll. Das Ventil sei eine Spirale, die bei Aufladung infolge elektrostatischer Abstoßung ihrer Teilbereiche eine Ausweichbewegung nach unten (bei geeigneter Symmetriebrechung) vollführt und dabei ein Loch, durch das das Gas strömt, mehr oder weniger verschließt. Eine Vielzahl solcher und ähnlicher Konzepte sind für moderne Erfordernisse der Praxis denkbar und sinnvoll.

Diese neueren Entwicklungen stellen natürlich neue Anforderungen an die Wissenschaftler und Techniker. Sie müssen immer mehr fächerübergreifend denken und von Anfang an in ihrer Konzeption die spezifischen Vor- und Nachteile der Einzelbaugruppen berücksichtigen. Wahrscheinlich wird es erforderlich sein, in nicht allzu langer Zeit Studien- und Ausbildungspläne entsprechend zu ändern. Vielleicht gibt es dann bald den Ingenieur oder die Ingenieurin mit der Fachrichtung Mikrosystemtechnologie.

Literaturverzeichnis

[ALO 77]   Alonso, M.; Finn, E. J.:
Fundamental university physics
Volume II Fields and waves.
Reading: Addison-Wesley 1977

[BER 87]   Gobrecht, H. (Hrgb.):
Bergmann · Schaefer Lehrbuch der Experimentalphysik
Band III Optik.
Berlin: Walter de Gruyter 1987

[BOR 83]   Born, M.; Wolf, E.: Principles of Optics.
Oxford: Pergamon Press 1983

[BUE 91]   Büttgenbach, S.: Mikromechanik.
Stuttgart: B. G. Teubner 1991

[CAP 90]   Capasso, F. (Ed.): Physics of quantum electron devices.
Berlin: Springer 1990
Series in Electronics and Photonics 28

[CAS 78]   Casey, H. C. Jr.; Panish, M. B.:
Heterostructure lasers - Part A Fundamental principles.
New York: Academic Press 1978
Series in Quantum Electronics - Principles and Applications

[COL 71]   Collier, R. J.; Burckhardt, C. B.; Lin, L. H.:
Optical Holography.
New York: Academic Press 1971

[DEL 94]   Delonge, Th.; Freye, R.; Fouckhardt, H.:
           Numerical analysis of InGaAsP/InP-based two-dimensional
           antiresonant reflecting optical waveguides (2D-ARROW).
           eingereicht für ECOC'94 Florenz 1994 (Tagungsband)

[DUG 86]   Duguay, M.A.; Kokubun, Y.; Koch, T.L.; Pfeiffer, L.:
           Antiresonant reflecting optical waveguides
           in SiO_2-Si multilayer structures.
           Appl. Phys. Lett. 49 (1986) 13-15

[EBE 92]   Ebeling, K. J.: Integrierte Optoelektronik.
           Berlin: Springer 1992

[FIC 79]   Fick, E.:
           Einführung in die Grundlagen der Quantentheorie.
           Wiesbaden: Akademische Verlagsgesellschaft 1979

[FOU 94]   Fouckhardt, H.; Delonge, Th.; Daniel, R.;
           Müller, Th.; Freye, R.:
           "Vertical" vs. "horizontal" nonlinear directional couplers
           in epitaxial AlGaAs structures with MQW layers.
           im Druck J. Opt. Comm. (1994)

[FRA 58]   Franz, W.:
           Einfluß eines elektrischen Felds
           auf eine optische Absorptionskante.
           Z. Naturforschg. 13a (1958) 484-489

[FRE 94]   Freye, R.; Delonge, Th.; Fouckhardt, H.:
           Two-dimensional ARROWs.
           wird veröffentlicht in J. Opt. Comm (1994)

[GER 89]   Gerthsen, Ch.; Kneser, H. O.; Vogel, H.: Physik.
           Berlin: Springer 1989

[GIB 85]   Gibbs, H. M.:
Optical bistability: controlling light with light.
Orlando: Academic Press 1985
Series in Quantum Electronics - Principles and Applications

[GOO 88]   Goodman, J. W.: Introduction to Fourier optics.
New York: McGraw Hill 1988

[GRE 78]   Greiner, W.:
Theoretische Physik
Band 3 Klassische Elektrodynamik.
Thun: Verlag Harri Deutsch 1978

[HAK 80]   Haken, H.; Wolf, H. C.: Atom- und Quantenphysik.
Berlin: Springer 1980

[HEC 89]   Hecht, E.: Optik.
Bonn: Addison-Wesley 1989

[HER 89]   Herman, M.A.; Sitter, H.:
Molecular beam epitaxy
Fundamentals and current status.
Berlin: Springer 1989
Series in Material Science

[HUN 84]   Hunsperger, R. G.:
Integrated optics: theory and technology.
Berlin: Springer 1984
Series in Optical Sciences

[IIZ 87]   Iizuka, K.: Engineering Optics.
Berlin: Springer 1987
Series in Optical Sciences 35

[KAT 92]   Kathman, A.; Johnson, E.:
Binary optics: new diffractive elements
for the designer's tool kit.
Phot. Spectra 9 (1992) 125-132

[KEL 58]   Keldysh, L. V.:
Effect of a strong electric field on the optical properties
of insulating crystals.
Sov. Phys. JETP 34 (1958) 788-790

[KEL 65]   Keldysh, L. V.:
Ionization in the field of a strong electromagnetic wave.
Sov. Phys. JETP 20 (1965) 1307-1314

[KOK 86]   Kokubun, Y.; Baba, T.; Sakaki, T.; Iga, K.:
Low-loss antiresonant reflecting optical waveguide
on Si substrate in visible-wavelength region.
El. Lett. 22 (1986) 892-893

[KOW 88]   Kowalsky, W.:
Optical modulation at $1.3\,\mu$m wavelength
in the InGaAsP/InP - system.
Appl. Phys. B 46 (1988) 27-33

[KOW 94]   Kowalsky, W.:
Dielektrische Werkstoffe der Elektronik und Photonik.
Stuttgart: B.G. Teubner 1994

[LAU 93]   Lauterborn, W.; Kurz, Th.; Wiesenfeldt, M.:
Kohärente Optik.
Berlin: Springer 1993

[LEN 92]   Lentine, A. L.; Cloonan, T. J.; McCormick, F. B.:
Photonic switching nodes
based on self electro-optic effect devices.
Opt. & Quant. El. 24 (1992) 443-464

[MAE 88]   Mähnß, J.; Kowalsky, W.; Ebeling, K. J.:
           Optical waveguide phase modulator in GaInAsP
           using depletion edge translation.
           El. Lett. 24 (1988) 518-519

[MAN 91]   Mann, M.; Trutschel, U.; Wächter, C.;
           Leine, L.; Lederer, F.:
           Directional coupler based on an
           antiresonant reflecting optical waveguide.
           Opt. Lett. 16 (1991) 805-807

[MEY 74]   Meyer, E.; Guicking, D.: Schwingungslehre.
           Braunschweig: Vieweg 1974

[MI1 84]   Miller, D. A. B.; Chemla, D. S.; Damen, T. C.;
           Gossard, A. C.; Wiegmann, W.; Wood, T. H.;
           Burrus, C. A. Jr.:
           Novel hybrid optically bistable switch:
           the quantum well self electro-optic effect device.
           Appl. Phys. Lett. 45 (1984) 13-15

[MI1$_1$ 85]   Miller, D. A. B.; Chemla, D. S.; Damen, T. C.;
           Gossard, A. C.; Wiegmann, W.; Wood, T. H.; Burrus, C. A.:
           Electric field dependence of optical absorption
           near the band gap of quantum-well structures.
           Phys. Rev. B 32 (1985) 1043-1060

[MI1$_2$ 85]   Miller, D. A. B.; Chemla, D. S.; Damen, T. C.;
           Wood, T. H.; Burrus, C. A. Jr.; Gossard, A. C.;
           Wiegmann, W.:
           The quantum well self-electrooptic effect device: optoelectronic
           bistability and oscillation, and self-linearized modulation.
           IEEE J. QE 21 (1985) 1462-1476

[MI2 91]   Mills, P. L.: Nonlinear optics.
           Berlin: Springer 1991

[PAN 71]   Pankove, J. I.: Optical processes in semiconductors.
           New York: Dover Publications 1971

[PAP 68]	Papoulis, A.:
Systems and transforms with applications in optics.
New York: Wiley 1968

[PRE 89]	Press, W.H.; Flannery, B. P.; Teukolsky, S.A.;
Vetterling, W. T.:
Numerical Recipes in Pascal.
Opt. Lett. 16 (1991) 919-921

[RAS 91]	Rastani, K.; Orenstein, M.; Kapon, E.; Von Lehmen, A. C.:
Integration of planar Fresnel microlenses
with vertical-cavity surface-emitting laser arrays.
New York: Cambridge University Press 1989

[SAR 74]	Sargent, M. III; Scully, M. O.; Lamb, W. E. Jr.:
Laser physics.
London Addison-Wesley 1974

[SC1 90]	Schaumburg, H.: Werkstoffe.
Stuttgart: B.G. Teubner 1990
Reihe Werkstoffe und Bauelemente der Elektrotechnik

[SC2 90]	Schlachetzki, A.: Halbleiter-Elektronik.
Stuttgart: B.G. Teubner 1990
Teubner Studienbücher Angewandte Physik

[SC3 87]	Schröder, G.: Technische Optik.
Würzburg: Vogel Buchverlag 1987

[ST1 63]	Stern, F.:
Elementary theory of the optical properties of solids.
Solid State Phys. 15 (1963) 299-408

[ST2 80]	Streetman, B. G.: Solid state electronic devices.
Englewood Cliffs: Prentice Hall 1980
Series in Solid State Physical Electronics

[ST3 91]	Streibl, N.: Hologramme als optische Elemente
Siemens-Zeitschrift 4 (1991) 22-27

[TAM 88]   Tamir, T. (Ed.): Guides-wave optoelectronics.
Berlin: Springer 1988
Series in Electronics and Photonics 26

[UNG 92]   Unger, H.-G.: Optische Nachrichtentechnik II.
Heidelberg: Hüthig Buch Verlag 1992

[VAL 86]   Valdmanis, J. A.; Mourou, G.:
Subpicosecond electrooptic sampling: principles and applications.
IEEE J. QE 22 (1986) 69-78

[VER 81]   Verdeyen, J. T.: Laser electronics.
Englewood Cliffs: Prentice Hall 1981

[VOG 80]   Vogel, A.:
Ein Praktikumsversuch zur optischen Fourieranalyse
und kohärenten Filterung.
Staatsexamensarbeit Göttingen (Univ. - III. Phys. Inst.) 1980

[WAL 92]   Walther, M.; Kapon, E.; Christen, J.; Hwang, D. M.; Bhat, R.:
Carrier capture and quantum confinement in GaAs/AlGaAs
quantum wire lasers grown on V-grooved substrates.
Appl. Phys. Lett. 60 (1992) 521-523

[WEB 78]   Weber, H.; Herziger, G.:
Laser - Grundlagen und Anwendungen.
Weinheim: Physik Verlag 1978

[YAR 85]   Yariv, A.: Optical Electronics.
New York: Holt-Saunders 1985

Sachwörterverzeichnis

Teubner Studienbücher

Physik

Lohrmann: **Hochenergiephysik.** 4. Aufl. DM 36,80 / ÖS 287,– / SFr 36,80

Mahnke/Schmelzer/Röpke: **Nichtlineare Phänomene und Selbstorganisation.**
DM 27,80 / ÖS 217,– / SFr 27,80

Mayer-Kuckuk: **Atomphysik.** 4. Aufl. DM 36,80 / ÖS 287,– / SFr 36,80

Mayer-Kuckuk: **Kernphysik.** 5. Aufl. DM 42,– / ÖS 328,– / SFr 42,–

Mommsen: **Archäometrie.** DM 38,– / ÖS 297.– / SFr 38.–

Neuert: **Atomare Stoßprozesse.** DM 28,80 / ÖS 225,– / SFr 28.80

Nolting: **Quantentheorie des Magnetismus.**
Teil 1: Grundlagen. DM 38.– / ÖS 297.– / SFr 38.–
Teil 2: Modelle. DM 38.– / ÖS 297.– / SFr 38.–

Raeder u. a.: **Kontrollierte Kernfusion.** DM 42.– / ÖS 328,– / SFr 42,–

Renk: **Meßdatenerfassung in der Kern- und Teilchenphysik.**
DM 24,80 / ÖS 194,– / SFr 24,80

Rohe: **Elektronik für Physiker.** 3. Aufl. DM 29,80 / ÖS 233,– / SFr 29,80

Rohe/Kamke: **Digitalelektronik.** DM 28,80 / ÖS 225,– / SFr 28,80

Schatz/Weidinger: **Nukleare Festkörperphysik.** 2. Aufl. DM 34,80 / ÖS 272,– / SFr 34,80

Schlachetzki: **Halbleiter-Elektronik.** DM 44,80 / ÖS 350,– / SFr 44,80

Schmidt: **Meßelektronik in der Kernphysik.** DM 28,80 / ÖS 225,– / SFr 28,80

Spatschek: **Theoretische Plasmaphysik.** DM 44,80 / ÖS 350,– / SFr 44,80

Theis: **Grundzüge der Quantentheorie.** DM 34,– / ÖS 265,– / SFr 34,–

Walcher: **Praktikum der Physik.** 7. Aufl. DM 39,80 / ÖS 311,– / SFr 39,80

Wegener: **Physik für Hochschulanfänger.** 3. Aufl. DM 48,– / ÖS 375,– / SFr 48,–

Wiesemann: **Einführung in die Gaselektronik.** DM 34,– / ÖS 265,– / SFr 34,–

Wille: **Physik der Teilchenbeschleuniger und Synchrotronstrahlungsquellen.**
DM 34,80 / ÖS 265,– / SFr 34,80

Preisänderungen vorbehalten.

B. G. Teubner Stuttgart